T0222890

Wie man erfolgreich Mathematik studiert

Lara Alcock

Wie man erfolgreich Mathematik studiert

Besonderheiten eines nicht-trivialen Studiengangs

Aus dem Englischen übersetzt von Bernhard Gerl

 Springer Spektrum

Lara Alcock
Loughborough University,
Mathematics Education Centre
Leicestershire, Großbritannien

ISBN 978-3-662-50384-3   ISBN 978-3-662-50385-0 (eBook)
DOI 10.1007/978-3-662-50385-0

Die Deutsche Nationalbibliothek verzeichnet diese Publikation in der Deutschen Nationalbibliografie;
detaillierte bibliografische Daten sind im Internet über http://dnb.d-nb.de abrufbar.

Springer Spektrum
Englische Originalausgabe erschienen bei Oxford University Press, Oxford, 2012

Einbandabbildung: iStock
Planung: Iris Ruhmann
Übersetzung: Übersetzung der englischen Ausgabe: How to Study for a Mathematics Degree von Lara
Alcock, erschienen bei Oxford University Press 2013, (c) Lara Alcock 2013. Alle Rechte vorbehalten. This
translation is published by arrangement with Oxford University Press. Springer is solely responsible for
this translation from the original work and Oxford University Press shall have no liability for any errors,
omissions or inaccuracies or ambiguities in such translation or for any losses caused by reliance thereon.

Gedruckt auf säurefreiem und chlorfrei gebleichtem Papier

Springer Spektrum ist Teil von Springer Nature
Die eingetragene Gesellschaft ist Springer-Verlag GmbH Germany
Die Anschrift der Gesellschaft ist: Heidelberger Platz 3, 14197 Berlin, Germany

Vorwort

Jedes Jahr beginnen Tausende von Studenten damit, Mathematik im Haupt-oder Nebenfach zu studieren. Viele von ihnen sind sehr intelligent und fleißig, trotzdem haben sogar die Besten Schwierigkeiten mit den Anforderungen beim Umstieg auf die höhere Mathematik. Manche Probleme hängen damit zusammen, dass sie sich erst daran gewöhnen müssen, selbstverantwortlich zu lernen und Vorlesungen nachzuarbeiten. Andere sind jedoch grundlegender: Der Schwerpunkt der Mathematik liegt plötzlich nicht mehr auf dem Rechnen, sondern dem Beweisen, und es wird von den Studenten erwartet, dass sie sich damit auf unterschiedliche Art und Weise auseinandersetzen. Diese Veränderungen haben nichts Geheimnisvolles an sich – die Mathematikdidaktik hat viele Einsichten in die notwendigen Neuausrichtungen geliefert –, aber sie sind nicht offensichtlich und müssen erklärt werden.

Dieses Buch will Studenten eine derartige Erklärung liefern und unterscheidet sich von ähnlichen, die bereits für diese Zielgruppe geschrieben wurden. Es handelt sich nicht um ein populärwissenschaftliches Buch über Mathematik; es hat weniger die mathematischen Kuriositäten oder Anwendungen im Blick, sondern zeigt, wie man mit wissenschaftlichen Inhalten umgeht. Es ist keine allgemeine Anleitung, wie man studiert, sondern konzentriert sich auf die Herausforderung, wie man mit formaler abstrakter Mathematik vor dem Bachelorabschluss umgeht. Am wichtigsten ist, dass es sich nicht um ein Lehrbuch handelt. Es existieren bereits viele Lehrbücher für den „Übergang", solche, die als „Brücke" dienen oder „Grundlagen" legen sollen. Diese sind sehr gut geeignet, um neue mathematische Inhalte zu vermitteln und dem Leser Übungsmaterial zur Verfügung zu stellen, doch meiner Ansicht nach setzen sie immer noch zu viel Wissen darüber voraus, wie abstrakte Mathematik funktioniert und worauf es bei ihr ankommt. Ein Student, der glaubt, in der Mathematik gehe es um Verfahren, die er nachahmen kann, weiß nicht, wie er mit einem Material umgehen soll, das in Form von Definitionen, Sätzen und Beweisen vorgelegt wird. Die Forschung hat gezeigt, dass ein derartiger Student vermutlich einen Großteil des erklärenden Textes ignorieren und sich unverhältnismäßig stark auf die offensichtlichen symbolischen Teile und die Übungen konzentrieren wird. Dieses Buch hat zum Ziel, dies abzuwenden, indem es den Studenten dort abholt, wo er ist; es erkennt bestehende Fähigkeiten an, weist auf gemeinsame Erfahrungen und Erwartungen hin und erlaubt Studenten eine Neuorientierung, sodass sie wissen, worauf sie in Texten und Vorlesungen über abstrakte Mathematik achten sollen. Es kann deshalb als universelles Vorspiel für Studienanfänger im Allgemeinen und als Standard-Übergangs-Lehrbuch im Besonderen gesehen werden.

Weil dieses Buch für Studenten gedacht ist, ist es in einem freundlichen, gut lesbaren (wenn auch anspruchsvollen und zum Nachdenken anregenden) Stil als Selbsthilfebuch geschrieben. Deshalb werden Mathematiker und andere Mathematiklehrer den Ton weitaus erzählender und plaudernder empfinden, als es in Mathematikbüchern üblich ist. Insbesondere könnten sie der Ansicht sein, dass manche technische Details, die sie betonen würden, zu unklar dargestellt sind, wenn Konzepte zum ersten Mal eingeführt werden. Ich habe mit Bedacht diesen Ansatz gewählt, um mich nicht schon in einem frühen Stadium in Details zu verlieren und den Fokus auf die großen Veränderungen legen zu können, die für eine erfolgreiche Interpretation der Mathematik bei Studienanfängern notwendig sind. Auf technische Dinge wie die genaue Spezifikation der Elemente in der Menge oder der Definitionsmenge einer Funktion usw. wird in Fußnoten verwiesen oder sie werden gesondert in späteren Kapiteln von Teil 1 genauer besprochen.

Um Studenten zu weiteren Überlegungen über solche Punkte anzuregen und um nicht Material zu wiederholen, das anderswo schon sehr gut dargestellt ist, habe ich am Ende jedes Kapitel einen Abschnitt mit weiterführender Literatur eingefügt. Diese Leselisten dienen mehr zur Anregung, sollen also nicht vollständig abgearbeitet werden, wobei ich hoffe, dass jeder Student, der sich wirklich für die Mathematik interessiert, vieles davon lesen und so von den Einsichten einer Vielzahl von Experten profitieren wird.

Dieses Buch wäre ohne die Untersuchungen von vielen Forschern, deren Arbeiten in der Bibliografie aufgeführt sind, nicht möglich gewesen. Mein aufrichtiger Dank gilt auch Keith Mansfield, Clare Charles und Viki Mortimer von Oxford University Press, den Gutachtern des ursprünglichen Buchentwurfs, sowie den folgenden Kollegen, Freunden und Studenten, die so freundlich waren, mir eine genaue und wohlüberlegte Rückmeldung zu Vorversionen dieses Manuskripts zu geben: Nina Attridge, Thomas Bartsch, Gavin Brown, Lucy Cragg, Anthony Croft, Ant Edwards, Rob Howe, Matthew Inglis, Ian Jones, Anthony Kay, Nathalie Matthews, David Sirl und Jack Tabeart. Dank vor allem an Matthew, der wusste, dass ich zu schreiben plante, mir daraufhin themenbezogene Bücher zum Geburtstag schenkte und mich damit erst dazu brachte, wirklich anzufangen.

Zum Schluss: Dieses Buch ist meinem Lehrer George Sutcliff gewidmet, der mir herauszufinden erlaubte, wie gut ich denken kann.

Symbole

Symbol	Bedeutung	Abschnitt
$\mathbb{N}$	Menge der natürlichen Zahlen	2.3
$\mathbb{Z}$	Menge der ganzen Zahlen	2.3
$\mathbb{Q}$	Menge der rationalen Zahlen	2.3
$\mathbb{R}$	Menge der reellen Zahlen	2.3
$\mathbb{C}$	Menge der komplexen Zahlen	2.3
$\in$	Ist Element von	2.3
$\subseteq$	Ist Teilmenge von	2.3
Φ	Phi (griech. Buchstabe, der oft für Abbildungen benutzt wird)	2.4
$\mathbb{R}^4$	Die Menge aller Vektoren mit vier Komponenten	2.4
$f : \mathbb{R} \to \mathbb{R}$	Funktion f von $\mathbb{R}$ nach $\mathbb{R}$	3.6
$\Phi : U \to V$	Abbildung Φ von der Menge U in die Menge V	4.4
$\Rightarrow$	Daraus folgt	4.5
$\Leftrightarrow$	Ist äquivalent zu (oder „dann und nur dann")	4.5
$\forall$	Für alle	4.7
$\exists$	Es gibt	4.7
$\notin$	Ist nicht Element von	6.3
Σ	Sigma (griech. Buchstabe für eine Summe)	6.4
$\emptyset$	Die leere Menge	8.4
$[a, b]$	Geschlossenes Intervall	8.5
(a, b)	Offenes Intervall	8.5
$\{a, b, c\}$	Die Menge mit den Elementen a, b und c	8.5
$\{x \in \mathbb{R} \mid x^2 < 2\}$	Die Menge aller reellen Zahlen x mit $x^2 < 2$	8.5

Einleitung

Zusammenfassung

Diese kurze Einleitung erklärt das Ziel und die Struktur dieses Buches und regt an, dass verschiedene Lesergruppen die Kapitel in unterschiedlicher Reihenfolge bearbeiten sollen. Für diejenigen, die noch nicht studieren, erläutert es auch einige nützliche Begriffe.

Ziel des Buches

In diesem Buch geht es darum, wie man das Maximale aus einem Abschluss in Mathematik herausholt. Es geht um die Eigenheiten der Mathematik während des Studiums, darum, was Dozenten von der Arbeits- und Denkweise ihrer Studenten erwarten, und darum, wie man den Überblick über das Studium behält, während man das Leben als Student genießt. Es ist für diejenigen geschrieben, die Mathematik studieren wollen, und ebenso für die, die bereits damit angefangen haben.

Wenn Sie zur ersten Gruppe gehören, könnte Folgendes zutreffen: Sie sind angesichts des neuen Lebensabschnitts etwas nervös. Vielleicht waren Sie bisher in Mathematik recht gut, glauben aber, dass Sie diesen Erfolg vor allem Ihrem Fleiß zu verdanken haben. Vielleicht glauben Sie, dass andere ein angeborenes mathematisches Talent haben, welches Ihnen fehlt, und dass Sie an der Universität in einem Hörsaal voller Genies sitzen und letztlich als Hochstapler entlarvt werden. In meiner Tätigkeit als Mathematikdozentin habe ich viele derartige Studenten kennengelernt. Manche von ihnen zweifeln ständig an sich. Sie schaffen ihren Abschluss, genießen ihr Studium aber nicht wirklich. Andere stellen irgendwann fest, dass ihr Denkvermögen genauso gut ist wie das von jedem anderen. Sie entwickeln mehr Selbstvertrauen, haben Erfolg und genießen den ganzen Lernprozess. Wenn Sie ein wenig unsicher sind, dann hoffe ich, dass dieses Buch dazu beitragen wird, dass Sie sich vorbereitet fühlen, um einen guten Start hinzulegen und schließlich in letzterer Gruppe zu landen.

Vielleicht sind Sie aber auch zuversichtlich, dass Sie Erfolg haben werden. So fühlte ich mich, als ich zu studieren begann. Ich war immer die beste Schülerin im Mathematikunterricht der Schule gewesen. Ich hatte keine Probleme damit, gute Noten zu schreiben, und war ziemlich sicher, dass ich Mathematikerin werden wollte. Dann kam ich an die Universität und erkannte, dass ich meine Erwartungen anpassen musste. Nach der Hälfte meines ersten Jahres dachte ich, dass ich vermutlich nur einen schlechten Abschluss schaffen würde und meine Berufswünsche herunterschrauben müsse. Dann bekam ich nach einer erfreulichen Kehrtwende den Bogen des Mathematikstudiums heraus und wurde mit einem sehr guten Abschluss belohnt. Dies geschah vor allem dank einiger Schlüsseleinsichten, die ich mehreren hervorragenden Dozenten zu verdanken habe. Diese Einsichten führten mich zu der Erkenntnis, dass zu erforschen, wie Menschen über Mathematik nachdenken, sogar noch interessanter sein könnte als die Mathematik selbst. So machte ich weiter und promovierte in Mathematikdidaktik. Heute halte ich Vorlesungen für Mathematikstudenten und verbringe den Rest meiner Zeit damit, zu erforschen, wie Menschen lernen und darüber nachdenken.

Eine einfache, aber wichtige Tatsache, die ich erkannt habe, ist: Die meisten Mathematikstudenten müssen, egal mit welchem Gefühl sie an der Universität starten, zunächst viel darüber lernen, wie man effektiv studiert. Sogar diejenigen, die später sehr erfolgreich sind, beginnen meist relativ ineffizient. Deshalb habe ich dieses Buch geschrieben: um Sie ein wenig zu fördern, damit Ihr akademisches Leben an der Universität leichter und angenehmer wird als ohne diese Fingerzeige.

Doch liefert auch dieses Buch keinen leichten Zauberweg, mit dem man einen Abschluss in Mathematik machen kann, ohne sich wirklich anstrengen zu müssen. Ganz im Gegenteil: Es ist viel harte Arbeit notwendig. Damit kann man aber umgehen. Ein Abschluss in Mathematik sollte eine Herausforderung sein – wenn er leicht zu erlangen wäre, hätte jeder einen solchen. Und wenn Sie in Ihrem Studium so weit gekommen sind, wird sich das erhebende Gefühl einstellen, etwas geschafft zu haben, was Ihnen anfangs schwer fiel. Dieses Buch zeigt Ihnen jedoch, wie Sie sicherstellen, dass Sie auf die richtigen Dinge achten, um unnötige Irrwege zu vermeiden, damit sich Ihre harte Arbeit auch auszahlt.

Struktur dieses Buches

Dieses Buch besteht aus zwei Teilen. In Teil 1 werden mathematische Inhalte behandelt und in Teil 2 geht es darum, wie man an der Universität Mathematik lernt.

Teil 1 hätte man mit „Dinge, die Ihnen Ihr Mathematiklehrer zu sagen vergessen hat" überschreiben können. Er skizziert die Struktur von Mathematik an der Universität, erklärt, wie sie sich von der Schulmathematik unterscheidet, und gibt Ratschläge, was Sie tun können, um sie besser zu verstehen.

Ich habe diesen Teil vorangestellt, denn es ist wahrscheinlich das, was diejenigen erwarten, die an der Universität zu studieren beginnen. Sie sollten wissen, dass es nicht mein Ziel ist, Ihnen Hochschulmathematik beizubringen. Das ist die Aufgabe Ihrer Dozenten und Tutoren. Das Buch enthält deshalb nicht sehr viele mathematische Inhalte. Es geht nur darum, Ihnen zu vermitteln, wie man mit diesen Inhalten *umgeht*. Es gibt deshalb detailreiche Illustrationen, aber keine Aufgaben. Wenn Sie üben wollen, können Sie eines der vielen Bücher darüber nutzen. Ich habe einige davon in den Literaturhinweisen am Ende jedes Kapitels aufgeführt.

Im zweiten Teil geht es darum, wie Sie das Maximale aus Ihren Vorlesungen herausholen und sich selbst organisieren, damit Sie bei der Mathematik immer mithalten und sie so genießen können. Ich habe diesen Teil an die zweite Stelle gestellt, denn ich glaube, dass viele Studienanfänger denken werden: „Pah! Ich benötige keine Informationen über Studienfertigkeiten. Ich war schon in Dutzenden von Klausuren gut und bin ganz sicher ein guter Student." Wenn es das ist, was Sie denken, dann ist das durchaus nicht nachteilig. Aber vielleicht wird Sie Teil 1 überzeugen, dass einige kleine Optimierungen bezüglich Ihrer Herangehensweise nützlich sein könnten, weil die Art der Mathematik an der Universität doch ganz anders ist, als Sie es gewohnt sind. Vermutlich werden diejenigen, die mit dem Studium schon begonnen haben, diesen Teil des Buches besonders aufmerksam lesen, weil sie sich mittlerweile im Klaren darüber sind, dass sie ihr Studium nicht optimal organisieren. Vielleicht werden Letztere den zweiten Teil sogar zuerst lesen. Und alle, die so weit zurückliegen, dass sie bereits Panik bekommen, können sich auch gleich dem Kap. 12 zuwenden.

Um den Erwartungen aller Leser gerecht zu werden, habe ich mich entschlossen, für jemanden zu schreiben, der gerade mit dem Studium begonnen hat, und Material genutzt, das für jemanden in dieser Situation interessant und zugleich herausfordernd sein sollte. Dies bedeutet, dass Sie beim Lesen auf neue Konzepte stoßen werden, über die Sie sicherlich intensiver nachdenken müssen. Ich habe mein Bestes getan, um alles klar darzustellen, und Sie sollten sich, wie oben schon gesagt, als Studienanfänger gerne Herausforderungen stellen. Vielleicht werden Sie es nützlich finden, auf einige der Ideen später wieder zurückzugreifen, wenn Sie mehr Erfahrungen haben, von denen Sie zehren können. Ich hoffe, dieses Buch wird während des gesamten Studiums hilfreich für Sie sein.

Nützliche Begriffe

Ich habe versucht, jedes Kapitel in sich abgeschlossen zu gestalten, sodass Sie überall einsteigen können (Im ersten Teil gestaltete sich das allerdings schwieriger, weshalb ich empfehle, diesen in der vorliegenden Reihenfolge zu lesen.). Ich habe auch versucht, notwendige Fachbegriffe zu erklären. Vor dieser Einleitung finden Sie zudem eine Liste, in der jene mathematischen Notationen zusammengefasst werden, die ich in diesem Buch verwende. Sicherlich möchten Sie sich mit den folgenden Begriffen über die praktischen Aspekte an einer Universität vertraut machen. Beachten Sie, dass manche davon an Ihrer Universität vielleicht etwas anders verwendet werden.

Abschluss in Mathematik Wenn ich von einem *Abschluss in Mathematik* spreche, meine ich solche Studiengänge, in denen ausschließlich das Fach Mathematik gelehrt wird (engl. single honours), oder solche, die die Mathematik als ein Fach neben anderen umfassen (engl. joint honours). Dieses Buch ist so gehalten, dass es für beide Formen nützlich ist, wenn auch sein Schwerpunkt auf dem Übergang von der Schul- zur Hochschul- und reinen Mathematik liegt.

Kurse, Vorlesungen und Module An der Universität wird der Begriff Kurs nicht eindeutig verwendet. Manchmal bezieht er sich auf das vollständige, etwa drei Jahre dauernde Programm bis zum Abschluss, manchmal ist aber nur eine Vorlesung zu einem bestimmten Thema während eines Semesters gemeint. Um Verwirrungen zu vermeiden, verwende ich das Wort *Studiengang*, wenn ich die gesamte Ausbildung bis zum Abschluss meine, und *Modul* für eine Vorlesungsreihe, eventuell mit Übungen.

Tutorien und Übungen Manchmal wird mit dem Begriff *Tutorium* eine Lehrsituation bezeichnet, bei der nur wenige Studenten und ein Dozent (oder eine andere Person mit Erfahrung, etwa ein Doktorand) beteiligt sind. An machen Orten werden derartige Treffen auch *Supervisionen* genannt. Manchmal bezieht sich *Tutorium* auf Unterrichtsstunden zu einer bestimmten Vorlesung, bei denen Studenten entweder zusammen oder mithilfe einer Lehrkraft (z. B. einer studentischen Hilfskraft) Probleme lösen. Diese Stunden werden oft – im Folgenden auch von mir – als *Übungen* bezeichnet. Tutorium werde ich kleinere Zusammenkünfte nennen (Anm. des Übers.: In Deutschland werden in der Regel Übungen für 20 bis 30 Studenten abgehalten, meist von einer studentischen Hilfskraft oder einem Doktoranden. Kleinere Einheiten gibt es selten. Der Begriff Tutorium wird hier auch für ergänzende Fragestunden für alle interessierten Studenten verwendet, die der Dozent selbst hält.).

Übungsblätter Dozenten für Mathematik verteilen meist wöchentlich oder am Anfang oder Ende eines Kapitels Blätter mit Aufgaben zum Stoff ihrer Vorlesung. Diese Aufgaben sollen meist zu Hause und selbstständig von den Studenten gelöst werden. Sie werden dann in den Übungen besprochen.

Arbeitsblätter Mathematikdozenten stellen auch Aufgaben, die anders als Übungsblätter benotet werden. Diese gehen eventuell in die Abschlussnote ein oder berechtigen zum Zugang zu einer Abschlussprüfung (schriftlich oder mündlich) einer Vorlesungsreihe. Diese Arbeiten können verschiedene Formen haben: Es gibt Noten für Arbeitsblätter, für separate schriftliche Klausuren oder Tests während der Vorlesung oder an einem Computer. Ich werde diese alle als *Arbeitsblätter* bezeichnen.

Virtuelle Lernumgebungen Normalerweise haben Universitäten Computerumgebungen eingerichtet, die Studenten Zugang zu akademischem Material bieten. Allgemein heißen diese Programme Virtuelle Lernumgebung (VLE, virtual learning environment), oft tragen sie aber auch einen Produktnamen oder einen, der vor Ort festgelegt wurde (an meiner Universität heißt die VLE „Learn"). Der Zugriff auf die VLE funktioniert meist so wie für jede andere Internetseite. Sie müssen sich einloggen, dann erkennt das System, für welche Module Sie eingeschrieben sind, und stellt für jedes davon einen Link auf eine gesonderte Seite zur Verfügung. Auf diese Modul-Seiten stellt Ihr jeweiliger Dozent weiteres Material (Vorlesungsmitschriften, Arbeitsblätter und Lösungen usw.), das Sie downloaden können. Manchmal gibt es auf VLEs auch Links zu Online-Tests. Ihre persönliche Startseite kann auch Links auf andere Dienstleistungen und Einrichtungen enthalten und lässt eventuell auch Geldgeschäfte zu, die mit der Universität zusammenhängen. Natürlich erhalten Sie über all dies Informationen, wenn Sie zum ersten Mal an die Uni kommen.

Ein letzter Begriff, der erwähnenswert sein dürfte, ist *selbstständiges Lernen*. Manchmal verstehen ihn Studenten falsch. Sie wissen, dass an der Universität selbstständiges Lernen erwartet wird, doch manche schließen daraus, dass man allein und ohne Hilfe lernen solle. Dies ist ganz und gar nicht richtig, wie hoffentlich aus diesem gesamten Buch hervorgehen wird. Es wird Herausforderungen geben, und Sie müssen sich durchaus selbst anstrengen. Doch Studenten mit ein wenig Eigeninitiative werden schnell herausfinden, dass viele Möglichkeiten der Hilfe zur Verfügung stehen (vgl. vor allem das Kap. 10) und dass eine gute Frage zu stellen und auf produktive Art nachzudenken, zu schnellen Fortschritten führen kann.

In diesem Sinne wollen wir jetzt beginnen.

Inhaltsverzeichnis

Teil I
Mathematik

Teil II

Lerntechniken fürs Studium

Teil I

Mathematik

1

Rechenverfahren

Zusammenfassung

Dieses Kapitel beschäftigt sich mit Fragen, die bei Studenten am Übergang von der Schul- zur Hochschulmathematik häufig auftauchen. Es bespricht Möglichkeiten, wie Studienanfänger auf ihren bestehenden mathematischen Fähigkeiten aufbauen können. Zudem zeigt es auch, wie sich die Erwartungen an die Mathematik verändern, wenn ein Student von der Schule an die Universität wechselt, und beschreibt verschiedene Lernansätze, wobei die Ansicht vertreten wird, dass bestimmte Methoden für das Mathematikstudium nützlicher sind als andere.

1.1 Rechnen in der Schule und an der Universität

Im ersten Teil dieses Buches geht es um das Wesen der Mathematik an der Universität. Sie hat viel gemein mit der Schulmathematik und Abiturienten besitzen bereits eine Reihe von mathematischen Fähigkeiten, die beim Studium hilfreich sein werden. Auf der anderen Seite ist die Mathematik an der Universität in vielerlei Hinsicht aber auch ganz anders als das, was sie von der Schule gewohnt sind. Daraus folgt, dass die meisten Studenten ihre bestehenden Fähigkeiten ausbauen und anpassen müssen, um weiter gut mitzukommen. Das kann für diejenigen, die sich noch nie Gedanken über das Wesen von Mathematik und die für ein Studium notwendigen Fähigkeiten gemacht haben, schwierig sein, deshalb werden letztere im ersten Teil ausführlich besprochen.

Etwas, was man sicherlich schon gelernt hat, ist mathematische Verfahren anzuwenden, um Antworten auf Standardfragen zu finden. Manche lieben diese Art von Arbeit: Sie genießen es, eine Aufgabenseite mit Antworten zu füllen in der Sicherheit, dass ihre Antworten auch tatsächlich korrekt sein werden, wenn sie regelgerecht vorgegangen sind. Das finden sie besser als manche anderen Fächer, in denen es kein Richtig oder Falsch, sondern nur plausible oder weniger plausible Meinungen gibt.

© Springer-Verlag Berlin Heidelberg 2017
L. Alcock, *Wie man erfolgreich Mathematik studiert*, DOI 10.1007/978-3-662-50385-0_1

Andere mögen diesen Aspekt der Mathematik gar nicht. Sie finden es stumpfsinnig, lauter sich wiederholende Übungen durchzuarbeiten. Sie möchten vielmehr wissen, *warum* die verschiedenen Verfahren funktionieren und wie sie zusammenspielen. Ich werde auf diesen Unterschied später in diesem Kapitel noch genauer eingehen. Erst einmal sollten Sie wissen, dass es sehr wichtig ist, diese Verfahren anwenden zu können, denn ohne flüssiges Rechnen wird es sehr schwierig, sich auf Konzepte zu konzentrieren, die sich auf einer höheren Ebene abspielen.

Wenn Sie an die Universität kommen, erwarten die Dozenten von Ihnen, dass Sie die Methoden, die Sie in der Schule gelernt haben, wirklich beherrschen. Sie sollten in der Lage sein, algebraische Ausdrücke umzuformen, Gleichungen zu lösen, Funktionen zu differenzieren und zu integrieren usw. Dozenten gehen davon aus, dass Sie dies beherrschen, ohne ständig unterbrechen zu müssen, um eine Formel nachzuschauen, und vielleicht verlieren die Hochschullehrer auch einmal die Geduld mit jenen Studenten, die das nicht können. Nicht weil sie generell wenig Geduld mit Studenten hätten – die meisten Dozenten verbringen gerne viel Zeit dabei, mit Ihnen über neue mathematische Konzepte zu sprechen oder Studenten zu unterstützen, die sagen: „Ich weiß, wie ich das machen soll, aber ich habe nie so richtig verstanden, warum gerade so." Aber sie gehen nicht davon aus, Ihnen Dinge erneut beibringen zu müssen, die Sie bereits mehrere Jahre lang gelernt haben. Sie sollten deshalb Ihre Kenntnisse vor Studienbeginn eventuell noch einmal auffrischen, vor allem, wenn Sie sich den ganzen Sommer lang nicht mehr mit Mathematik beschäftigt haben.

Gleich zu Studienbeginn werden Sie feststellen, dass für die Hochschulmathematik neue Verfahren gelernt werden müssen. Es überrascht nicht, dass diese länger und komplizierter sind als jene, die Sie von der Schule her kennen. Ich mache mir keine Sorgen darüber, dass Sie nicht in der Lage sein könnten, lange und komplizierte Verfahren anzuwenden, denn wenn Sie so weit gekommen sind, werden Sie auch das schaffen. Ich möchte mich deshalb hier auf grundlegendere Änderungen in der Art und Weise konzentrieren, wie Sie mit diesen Verfahren umgehen.

1.2   Entscheidungen über und innerhalb von Verfahren

Der erste grundlegende Unterschied ist, dass Sie an der Universität mehr Verantwortung bei der Entscheidung tragen, welches Verfahren Sie anwenden wollen. Natürlich haben Sie das in gewissen Grenzen bereits gelernt. Sie wissen zum Beispiel, wie man Klammern ausmultipliziert und wie man Formeln wie die folgende schreibt:

$$(x + 2)(x - 5) = x^2 - 3x - 10.$$

Aber hoffentlich haben Sie auch gelernt, dass es nicht vernünftig ist auszumultiplizieren, wenn Sie die Aufgabe haben, einen Bruch wie diesen zu vereinfachen:

$$\frac{x^2(x + 2)(x - 5)}{x^2 + 2x}.$$

Beim Bruch ist die Vereinfachung leichter, wenn wir die Faktoren „sichtbar" lassen. Trotzdem multiplizieren viele automatisch aus, vielleicht weil dies das Erste war, was sie im Algebra-Unterricht gelernt haben. Sie würden aber zu effektiveren Mathematikern werden, wenn sie lernten, zunächst innezuhalten und darüber nachzudenken, was sie am besten weiterbringt. Wenn dieses spezielle Beispiel nun nicht auf Sie zutrifft, wie ist es dann aber bei anderen? Haben Sie jemals eine lange Rechnung durchgeführt und erst anschließend erkannt, dass dies gar nicht nötig gewesen wäre? Hätten Sie das vermeiden können, wenn Sie zuerst nachgedacht hätten? Ein Teil der Überlegung, welches Verfahren anzuwenden ist, sollte daraus bestehen, einen Augenblick darüber nachzudenken, statt gleich das zu tun, was einem als Erstes einfällt.

Das mag nun nicht nach einer großen Erkenntnis klingen. Aber überlegen Sie doch kurz einmal, wie oft Sie *keine* Entscheidung darüber fällen müssen, welches Verfahren anzuwenden ist. Oft schreiben Ihnen die Fragen in einem Buch oder einem Test genau vor, was Sie zu tun haben. Dann heißt es zum Beispiel: „Verwenden Sie die Produktregel, um diese Funktion zu differenzieren." Und selbst wenn das nicht explizit dort so steht, geht es häufig aus dem Kontext hervor. In der Schule hat Ihnen der Lehrer eine Stunde lang demonstriert, wie man Doppelwinkelfunktionen verwendet, und dann ein Arbeitsblatt gegeben. Sie können in solch einem Fall mit Sicherheit davon ausgehen, dass die Doppelwinkelformeln benötigt werden. Das war seinerzeit natürlich hilfreich, bedeutete aber auch, dass Sie meist nicht entscheiden mussten, welches Verfahren anzuwenden war. In der universitären Mathematik und in der (Berufs-)Welt werden Entscheidungen weit höher geschätzt und auch erwartet. Deshalb heißt es dort auf Arbeitsblättern oder in Klausuren normalerweise nur: „Lösen Sie dieses Problem!", aber nicht: „Lösen Sie dieses Problem mit folgendem Verfahren."

Ein anderer Fall, bei dem Sie entscheiden müssen, welches Verfahren angewendet werden soll, betrifft solche Aufgabenstellungen, die sich zwar ähneln, aber idealerweise mit verschiedenen Methoden gelöst werden. Betrachten Sie zum Beispiel eine Integration, genauer eine partielle Integration. Vermutlich wissen Sie, dass diese verwendet wird, wenn man das Produkt zweier Funktionen integrieren möchte: Eine davon wird einfacher, wenn wir sie differenzieren, die andere wird nicht schwieriger, wenn wir sie integrieren. So wird zum Beispiel x in $\int x e^{x^2}\,dx$ einfacher, wenn wir es differenzieren, und e^x wird nicht komplizierter, wenn wir es integrieren. Vielleicht wissen Sie auch, dass mathematische Situationen manchmal oberflächlich betrachtet ähnlich aussehen, aber am besten mit verschiedenen Verfahren angegangen werden. Im Falle der Integration kann eine Substitution manchmal der bessere Weg sein. Bei $\int x e^{x^2}\,dx$ würden wir vermutlich eher mithilfe einer Substitution integrieren statt mit partieller Integration. Wissen Sie warum?

Integration mit Substitution ist ein weiterer Punkt, auf den ich hinweisen möchte. Diesmal geht es um Entscheidungen *während* eines Verfahrens. Vielleicht haben Sie das Ende des letzten Absatzes gelesen und gedacht: „Aber welche Substitutionsvariante soll ich verwenden?" Vermutlich haben Ihnen Ihre Lehrer oder Lehrbücher immer gesagt, was Sie verwenden sollen. Das halte ich aber nicht immer für notwendig. Denn nach einer gewissen Zeit hätten Sie bemerken sollen, dass bestimmte Substitutionen im gewissen Fällen nützlich sind. Wenn Sie auf die Strukturen dieser Fälle achten – selbst bei eigener Unsicherheit, eine gute Substitution für einen neuen Fall wählen zu können –, sollten Sie so eine Vorstellung von potenziellen sinnvollen Möglichkeiten entwickeln, die dann versucht werden können. Falls Sie sich bisher darüber noch nicht ganz bewusst Gedanken gemacht haben, sollten Sie das jetzt tun. Nehmen Sie sich einige Fragen über Integration durch Substitution vor und schauen sich die vorgeschlagenen Substitutionen an, ohne die Probleme wirklich zu lösen. Können Sie nachvollziehen, warum diese Substitutionen funktionieren? Ich werde auf dieses Beispiel später in diesem Kapitel noch einmal zurückkommen.

Wie kann also ein Student seine Fähigkeiten für Entscheidungen über bestimmte Verfahren verbessern? Ich habe zwei Vorschläge: Erstens können Sie Übungsaufgaben aus einer Quelle lösen, aus der die anzuwendenden Verfahren nicht offensichtlich hervorgehen. Am besten schaut man in den Übungen am Ende eines Kapitels nach, die meist mehr Material umfassen. Eine andere Möglichkeit liefern, wenn Sie Zugang dazu haben, alte Abituraufgaben oder Oberstufenbücher. Der zweite Vorschlag lautet: Verwandeln Sie normale Übungsaufgaben in eine Gelegenheit zum Nachdenken. Wenn Sie mit einer Übungsaufgabe fertig sind, gehen Sie nicht sofort zur nächsten über, sondern machen erst einmal Halt und denken über die folgenden Fragen nach:

1. Warum hat dieses Verfahren funktioniert?
2. Was kann an der Fragestellung verändert werden, sodass das Verfahren immer noch funktioniert?

3. Was kann an der Fragestellung verändert werden, damit das Verfahren nicht mehr funktioniert?
4. Könnte ich das Verfahren verändern, damit es für einige dieser Fälle funktioniert?

All diese Fragen sollten Ihnen dabei helfen, eine gewisse Flexibilität bei der Anwendung Ihrer Kenntnisse aufzubauen.

1.3 Lernen von einigen (oder keinen) Beispielen

Als Sie in der Schule ein neues Verfahren lernten, hat Ihr Lehrer es vermutlich anhand einiger ausgearbeiteter Beispiele eingeführt. Diese Beispiele unterschieden sich wahrscheinlich ein wenig voneinander, sodass die ersten einfacher, die späteren schwieriger wurden. Ihr Lehrer hat Ihnen dann sicherlich einige Aufgaben vorgelegt, mit denen Sie selbst üben konnten. Sie haben dazu die besprochenen Beispiele verwendet und die Verfahren auf neuen Fälle, die Sie bekommen hatten, übertragen.

An der Universität hat man nicht so oft gleich mehrere besprochene Beispiele zur Hand, wenn man versucht, ein Problem zu lösen, sondern vielleicht nur noch eines oder zwei. Diese werden nicht die gesamten möglichen Abweichungen umfassen, bei denen man ein Verfahren anwenden kann, und deshalb sind Sie selbst dafür verantwortlich herauszufinden, ob Sie es für eine leicht abweichende Situation unverändert einsetzen oder abwandeln müssen.

Für ein einfaches Beispiel, in dem eine Anpassung notwendig wird, betrachten wir Schüler, die gelernt haben, eine quadratische Gleichung wie $x^2 + 5x + 6 = 0$ zu lösen, indem sie diese faktorisieren und dann die Faktoren gleich null setzen. Sie werden etwa Folgendes schreiben:

$$x^2 - 5x + 6 = 0$$
$$(x - 2)(x - 3) = 0$$
$$x - 2 = 0 \text{ oder } x - 3 = 0$$
$$x = 2 \text{ oder } x = 3.$$

Nehmen wir an, der Schüler soll die Gleichung $x^2 - 5x + 6 = 8$ lösen und schreibt:

$$x^2 - 5x + 6 = 8$$
$$(x - 2)(x - 3) = 8$$
$$x - 2 = 8 \text{ oder } x - 3 = 8$$
$$x = 10 \text{ oder } x = 11.$$

Was genau ist hier schiefgelaufen? Sie sollten sicher sein, dass Sie die Antwort kennen – Fehler in logischen Argumenten zu finden, ist eine wichtige Kompetenz. Können Sie erklären, wo der Fehler liegt und warum es ein Fehler ist? Können Sie trotzdem verstehen, warum jemand einen derartigen Fehler machen kann? Tatsächlich ist dies durchaus nachvollziehbar – das Verfahren sieht oberflächlich so aus, als könnte es funktionieren, weil die Gleichungen ähnlich aussehen. Es funktioniert in diesem Fall aber nicht, denn es stimmt zwar, dass für die Gleichung $a \cdot b = 0$ gelten muss: $a = 0$ oder $b = 0$, aber wenn $a \cdot b = 8$, heißt das nicht, dass $a = 8$ oder $b = 8$ ist. Eine vernünftige Veränderung des Verfahrens hätte darin bestanden, zuerst von beiden Seiten 8 zu subtrahieren und dann in der Gleichung mit der Standardform weiterzuarbeiten.

Dies war ein einfaches Beispiel. Und als Sie lernten, derartige Probleme zu lösen, haben Ihre Lehrer vermutlich nicht erwartet, dass Sie nach nur einem einzigen ausgeführten Beispiel wissen, wie mit verwandten, aber nicht identischen Fällen umzugehen ist. In der Schulmathematik lernen Schüler üblicherweise nur Fälle kennen, in denen alles gut funktioniert – es wird verhältnismäßig wenig Zeit darauf verwendet, Beispiele zu erkennen, bei denen Standardverfahren nicht funktionieren. Deshalb haben Sie bislang vielleicht noch nicht viel Übung im kritischen Denken, das notwendig ist, um die Beschränkungen von Rechenverfahren zu erkennen. Sie sollten sich zu Beginn Ihres Studiums darauf einstellen, dass Sie diese Fähigkeit entwickeln müssen.

Während Ihres Studiums werden Sie manchmal sogar aufgefordert, ein Verfahren anzuwenden, *ohne je ein ausgearbeitetes Beispiel* gesehen zu haben. Das scheint manchem zunächst unmöglich, ist es aber nicht, denn verwertbare Informationen werden Ihnen in anderer Form geliefert. Insbesondere geht es bei der Anwendung von Verfahren oft darum, etwas in Formeln einzusetzen. Zum Beispiel gibt es für die Produktregel beim Differenzieren eine Formel, die oft folgendermaßen ausgedrückt wird (Falls die Formel, die Sie verwenden, nicht genauso aussieht, können Sie dann erkennen, wie sie mit der, die Ihnen vertraut ist, zusammenhängt?):

$$\text{Wenn } f = uv, \text{ dann gilt } \frac{\mathrm{d}f}{\mathrm{d}x} = u\frac{\mathrm{d}v}{\mathrm{d}x} + v\frac{\mathrm{d}u}{\mathrm{d}x}.$$

Um die Produktregel anzuwenden, müssen wir uns zunächst entscheiden, was u und v sein sollen, dann können wir all die andere Dinge, die wir benötigen, ausrechnen und in die Formel einsetzen. Als Sie dies zum ersten Mal gesehen haben, hat Ihnen Ihr Lehrer vermutlich einige Beispiele vorgerechnet und so gezeigt, wie Sie damit umgehen können. Aber war das wirklich notwendig? Wenn Sie heute etwas Ähnliches lernen, benötigen Sie dann wirklich jemanden, der Sie Schritt für Schritt durch das Verfahren führt, oder könnten Sie all die geeigneten Substitutionen und Rechenschritte selbst vornehmen?

Um ein weiteres Beispiel anzuführen, betrachten wir die Definition der Ableitung. Diese haben Sie vielleicht schon bei der Einleitung der Differentiation kennengelernt. An der Universität werden Sie sich ausführlich damit beschäftigen, und deshalb verwenden wir sie hier, um zu zeigen, wie man eine allgemeine Formel anwendet, ohne eine Beispielrechnung zu haben. Sie lautet:

Definition

$$\frac{\mathrm{d}f}{\mathrm{d}x} = \lim_{h \to 0} \frac{f(x+h) - f(x)}{h},$$

wenn dieser Grenzwert existiert.

Die Frage, warum dies eine vernünftige Definition darstellt, ist natürlich wichtig, insbesondere warum „wenn dieser Grenzwert existiert" zu ergänzen ist. Doch wollen wir uns darum hier nicht kümmern (Sie werden die Antworten darauf in einem Fach wie Analysis erfahren). Jetzt stellen wir uns nur vor, dass wir diese Definition erhalten haben und aufgefordert werden, die Ableitung der Funktion f, gegeben durch $f(x) = x^3$, zu bestimmen. (Ich weiß, Sie kennen die Antwort, aber folgen Sie mir noch einen weiteren Augenblick lang.) Was können wir tun? Nun, wir wollen $\mathrm{d}f/\mathrm{d}x$ berechnen, deshalb kann die Formel genauso verwendet werden, wie sie ist – wir müssen sie nicht vorher umformen. Wir haben eine Formel für f, deshalb können wir einfach einsetzen:

$$\frac{\mathrm{d}f}{\mathrm{d}x} = \lim_{h \to 0} \frac{(x+h)^3 - x^3}{h}.$$

Dann können wir den Ausdruck, der sich daraus ergibt, vereinfachen:

$$\begin{aligned}
\frac{\mathrm{d}f}{\mathrm{d}x} &= \lim_{h \to 0} \frac{(x+h)^3 - x^3}{h} \\
&= \lim_{h \to 0} \frac{x^3 + 3x^2h + 3xh^2 + h^3 - x^3}{h} \\
&= \lim_{h \to 0} \frac{3x^2h + 3xh^2 + h^3}{h} \\
&= \lim_{h \to 0} 3x^2 + 3xh + h^2.
\end{aligned}$$

Wenn wir schließlich bedenken, dass h gegen 0 geht, bleibt $3x^2$, wie es ist, aber sowohl $3xh$ als auch h^2 gehen gegen null. Der Grenzwert ist demnach

$3x^2$. Wenn wir also in die Definition einsetzen, haben wir bestimmt, dass gilt:

$$\frac{\mathrm{d}f}{\mathrm{d}x} = 3x^2.$$

Das ist genau das, was wir erwartet haben.

Wenn Sie erkennen, dass Sie allgemeine Formeln selbstständig auf Beispiele anwenden können, sollten Sie sich mathematisch sicherer fühlen. Vielleicht beruhigt es Sie, wenn sich jemand Ihre Beispielaufgaben ansieht, doch meist werden Sie diese Art von Unterstützung nicht mehr benötigen.

1.4   Sich selbst Beispiele überlegen

Wie ich schon sagte, rechnen Hochschuldozenten nur wenige Beispiele vor und stellen Ihnen nur wenige Übungsaufgaben zur Verfügung. Zum Beispiel wird zunächst gezeigt, wie man beweisen kann, dass die Funktion f, gegeben durch $f(x) = 2x$, stetig[1] ist, und Sie werden dann aufgefordert, einen ähnlichen Beweis für $f(x) = 3x$ durchzuführen. Danach gehen die Dozenten davon aus, dass Sie wissen, wie man einen ähnlichen Beweis für $f(x) = 4x$ und für $f(x) = 265x$ usw. durchführt. Selbst wenn Sie dazu in der Lage sind, tun Sie gut daran, trotzdem einige weitere Beweise dieser Art durchzurechnen, um mehr Routine darin zu erlangen. In der Schule hat vermutlich Ihr Lehrer darüber entschieden, wie viel Sie üben sollen, aber ein Dozent wird wahrscheinlich nur ein Beispiel präsentieren und Ihnen dann die Entscheidung überlassen, ob es für Sie hilfreich sein könnte, noch ähnliche zu untersuchen.

Es ist sicher auch empfehlenswert, einmal innezuhalten und sich selbst zu fragen, wo die Grenzen eines derartigen Beweises liegen. Funktioniert er zum Beispiel auch mit negativen Werten? Kann er sofort auch auf $f(x) = -10x$ übertragen werden? Oder müsste man in diesem Fall irgendeine Art von Anpassung vornehmen? Wie ist es mit $f(x) = 0x$? Könnte man die Formel verallgemeinern und einen Beweis für $f(x) = cx$ schreiben? Muss c irgendwie eingeschränkt werden? Für Mathematiker ist diese Art zu denken ganz natürlich. Sie haben das vermutlich immer schon aus eigenem Antrieb so gemacht, ohne dass man Sie dazu auffordern musste. Sie sollten dabei bleiben.

Das Fazit dieses Kapitels ist, dass Sie an der Universität beim Mathematikstudium keinen Erfolg haben werden, wenn Sie immer nur versuchen, Probleme zu lösen, indem Sie etwas suchen, was ähnlich aussieht, und es dann kopieren. In manchen Fällen werden Sie bei derart unreflektiertem Kopie-

---

[1] Wenn Sie nicht verstehen, warum es da etwas zu beweisen gibt, dann gedulden Sie sich noch bis zur Diskussion in Kap. 5.

ren nichts weiter als Unsinn niederschreiben, weil etwa eine Eigenschaft, die für die Beispielrechnung galt, in Ihrem vorliegenden Problem nicht vorausgesetzt werden kann. In anderen Fällen kann das Kopieren einer Methode auch einfach ineffizient sein – der Ansatz, den Sie wählen, wird vielleicht sehr gut funktionieren, aber doppelt so zeitaufwendig sein wie eine andere Methode. Außerdem kann auch der Fall eintreten, dass es einfach kein Beispiel gibt, an das Sie sich halten können. Sie müssen lernen zu erkennen, dass eine bestimmte Definition oder ein Satz angewendet werden kann, ihn anschließend anwenden und so durch geeignetes Einsetzen direkt von einer allgemeinen Aussage zu Ihrem speziellen Fall kommen.

Das macht die Hochschulmathematik anspruchsvoller als die Schulmathematik. Sie müssen stärker hinterfragen, ob Ihre Umformungen für das Beispiel, an dem Sie arbeiten, auch möglich sind. Das ist nicht immer leicht, aber auch dies können Sie trainieren, indem Sie sich die Fragen am Ende von Abschn. 1.2 stellen.

1.5 Rechenschritte aufschreiben

Wenn Sie die Inhaltsangabe zu diesem Buch gelesen haben, ist Ihnen vielleicht aufgefallen, dass sich ein ganzes Kapitel damit beschäftigt, wie man Mathematik aufschreibt. Ich möchte deshalb hier gar nicht viel darüber sagen, aber doch einige Anmerkungen machen, die besonders wichtig sind, wenn wir über Rechenverfahren sprechen.

Es gibt vermutlich einige Verfahren, bei denen Sie alles im Kopf behalten und nur wenig aufschreiben müssen, doch auch andere, bei denen sich schnell einmal ein Fehler einschleicht, sodass es lohnend ist, Schritt für Schritt vorzugehen und alles auch so niederzuschreiben. Wenn Sie bislang gelernt (und verinnerlicht) haben, *immer* alles aufzuschreiben, ist es jetzt an der Zeit, sich davon zu verabschieden. Eines der großartigen Dinge an Mathematik ist, dass sie sich als sehr verdichtbar erweist: Wir können komplexe Ideen verstehen, indem wir sie im Geiste in ihre einzelnen Bestandteile zerlegen, die für sich selbst stehen. Wenn Sie zum Beispiel Klammern ausmultiplizieren, haben Sie vermutlich ursprünglich gelernt, alles auszuschreiben, etwa so:

$$(x + 2)(x - 5) = x^2 + 2x - 5x + 2(-5) = x^2 - 3x - 10.$$

Aber weil Sie vermutlich einiges davon im Kopf rechnen können, schreiben Sie nur:

$$(x + 2)(x - 5) = x^2 - 3x - 10.$$

Dadurch können Sie Rechnungen viel schneller durchführen und sich besser auf das Problem konzentrieren, das Sie eigentlich lösen wollen.

In der Schule lag es vielleicht in Ihrem eigenen Interesse, ein bestimmtes Arbeitspensum hinzuschreiben, um Ihren Lehrer zufriedenzustellen, aber Sie können jetzt selbst überlegen, was Sie wirklich benötigen. An der Universität werden Sie nun feststellen, dass Dozenten davon ausgehen, dass Routinerechnungen beherrscht werden; sie lassen Schritte aus und erwarten, dass Sie diese selbst einfügen können. Wenn wir als Beispiel noch einmal zur Integration durch Substitution zurückkehren, bin ich froh, nur Folgendes hinschreiben zu müssen:

$$\int x\cos(x^2)\mathrm{d}x = \frac{1}{2}\sin(x^2) + c.$$

Ich kann die Integration sehr schnell im Kopf durchführen, weil ich weiß, dass ich nach etwas suche, was nach dem Differenzieren $x\cos(x^2)$ ergibt. Ich weiß schon, dass die Antwort etwas wie $\sin(x^2)$ sein muss, also schreibe ich das schon einmal hin. Ich erkenne, dass ich, wenn ich $\sin(x^2)$ differenziere, $2x\cos(x^2)$ erhalte, also muss ich $\sin(x^2)$ noch durch 2 teilen, damit sich das ergibt, was ich brauche. Wenn Sie das so noch nicht gemacht haben, sollten Sie einen ähnlichen Gedankengang einmal für das Integral $\int xe^{x^2}\,\mathrm{d}x$ versuchen, das in diesem Kapitel bereits verwendet wurde.

Jede Rechnung kann vollständig mit der Substitution $u = x^2$ ausgeschrieben werden (wenn Sie unsicher sind, dann versuchen Sie es und werden feststellen, dass Sie mehr oder weniger die gleichen Überlegungen anstellen werden wie ich gerade). In einer Vorlesung für Studienanfänger erwarte ich vielleicht noch, dass ein Student alles ausführlich aufschreibt, aber in höheren Semestern gehe ich davon aus, dass Studenten das im Kopf erledigen. Ich hätte vermutlich auch nichts dagegen, wenn sie einfach nur die Antwort hinschreiben würden. Der Unterschied liegt darin, dass sie diese Berechnungen als Teil eines größeren Problems ausführen, und ihre Antworten darauf sind prägnanter, wenn nicht jedes kleinste Detail aufgeführt wird. Wenn ich diese Berechnung also in einer Vorlesung benötige, werde ich nur die Antwort hinschreiben und erwarten, dass die Studenten selbst in der Lage sind zu prüfen, ob sie richtig ist. Wenn Sie sich erst einmal daran gewöhnt haben, dass Mathematik kompakt dargestellt wird, werden Sie damit keine Probleme mehr haben.

Ich möchte allerdings betonen, dass Ihre Lehrer nichts falsch gemacht haben mit der Vorgabe, Ihre gesamte Rechnung niederzuschreiben. Denn das hat sicherlich auch Vorteile: Es ermöglicht, dass Sie Ihre Arbeit auf Fehler prüfen und sich leichter daran erinnern können, welche Gedankengänge Sie entwickelt haben, falls später noch einmal auf dieses Problem zurückgegriffen werden muss. Aber auch die kompakte Schreibweise ist wichtig, womit gezeigt wird, dass Sie sich Gedanken darüber gemacht haben, wie Sie einem Leser Ihre Argumentationsweise insgesamt verständlich machen. Wir werden auf diese Überlegungen im Laufe dieses Buches immer wieder zurückkommen.

1.6 Fehlersuche

Wenn Sie in der Mathematik bereits so weit gekommen sind, haben Sie vermutlich auch schon zahlreiche mathematische Fehler gemacht. Manche davon waren unbedeutend, etwa eine Konstante übersehen oder unabsichtlich „+" statt „−" geschrieben zu haben. Einige davon werden Sie sofort bemerkt haben, andere dagegen werden länger für Verwirrung gesorgt haben. Bei meinen eigenen Abiturprüfungen war ich zum Beispiel vollkommen durcheinander, weil bei einer einfachen Rechnung etwas Falsches herausgekommen ist. Mein Lehrer hat mich erst einige Tage lang suchen lassen, dann hat er gelacht (nicht unfreundlich) und mich darauf hingewiesen, dass ich an einer Stelle addiert statt multipliziert hatte. Das Gefühl, ein bisschen dämlich gewesen zu sein, wurde deutlich durch die Erleichterung übertroffen, dass ich nicht über Nacht alles verlernt oder das ganze Problem grundlegend falsch verstanden hatte. Jedenfalls werden Sie vermutlich Ihre Arbeit gewohnheitsmäßig nach kleineren Rechenfehlern prüfen, und das ist gut so.

Doch manche Fehler sind schwerwiegender. In unserem Problem der Faktorisierung einer quadratischen Gleichung zeigt der geschilderte Fehler, dass die Person nicht verstanden hat, warum die Methode funktioniert. Sie sollten also die Augen nach solchen Problemen offen halten und dann prüfen, ob jeder Schritt wirklich so funktioniert, wie Sie zu wissen glauben. Dabei kann es natürlich passieren, dass Sie nicht die erwartete Antwort erhalten. In diesem Fall sollten Sie sich dann nicht scheuen, mit jemandem darüber zu sprechen. Viele Fragen, mit denen sich Studenten an mich wenden, klingen nach: „Ich weiß, dass das nicht funktioniert, aber ich finde den Fehler in meinem Ansatz nicht." Der Lernzugewinn bei einer anschließenden gemeinsamen Untersuchung ist dann oft groß, weil die Studenten dann feststellen, dass sie unbewusst mit Annahmen arbeiten. Wenn man sich eine Eigenschaft und ein Prinzip klarer bewusst gemacht hat, wird man sie/es später in anderen Situationen wiedererkennen und bei weiteren Überlegungen aktiv mit einbeziehen.

Andere Fehler wiederum sind zwar nicht schwerwiegend, aber für Dozenten ärgerlich, weil sie Schlampigkeit vermuten lassen. Etwa wenn Studenten Lösungen abgeben, bei denen leicht zu erkennen ist, dass sie nicht richtig sein können. Wenn die Lösung eine Zahl ist, könnte sie beispielsweise viel zu groß oder viel zu klein sein. Oft passieren derartige Fehler durch den Taschenrechner. Doch wir alle wissen: Elektronische Geräte sind zwar schnell, aber auch dumm. Sie geben liefern immer eine Antwort, ganz unabhängig davon, ob die Frage richtig gestellt wurde. Wenn Sie die falsche Taste drücken oder nicht wissen, wie Ihr Taschenrechner mit einer bestimmten Art von Eingabe umgeht, oder wenn Sie in Grad statt Radiant rechnen, wird Ihr Taschenrechner das nicht erkennen können. Er wird Ihnen dennoch pflichtbewusst auf die Frage antworten, von der er ausgeht, dass Sie sie gestellt haben. Und nur Sie können entscheiden, ob das Ergebnis auch plausibel ist.

Aber so etwas kann auch in anderer Hinsicht passieren. Manchmal geben Studenten eine Antwort, die *nicht einmal die richtige Art von mathematischem Objekt* beinhaltet. So nennen sie eine Zahl, wenn ein Vektor die Antwort sein sollte, oder eine Funktion, wenn die Antwort eine Zahl ist usw. Das ist schnell mal der Fall: etwa wenn Studenten nach der Lösung von $f'(2)$ gefragt werden und dann $f'(x)$ (eine Funktion) nennen, aber vergessen, in der endgültigen Antwort 2 für x einzusetzen, und so keine Zahl erhalten. Oder es passiert auf komplexere, was oft Anzeichen dafür ist, dass ein Student die Frage nicht wirklich verstanden, sondern nur ein Verfahren kopiert hat, welches vordergründig Ähnlichkeiten aufweist, aber eben nicht das Erforderliche leistet. Ich werde in Kap. 2 noch einmal darauf zurückkommen, wie man diese Art von Fehlern erkennt und wie man sie vermeidet.

Bis dahin gebe ich Ihnen aber schon hier einen kleinen Rat, vor allem für Klausuren: Wenn Sie eine Rechnung durchgeführt haben und wissen, dass Ihr Ergebnis falsch sein muss, dann fügen Sie eine kurze Bemerkung an, um darauf hinzuweisen (etwa: „Muss falsch sein, weil es zu klein ist."). Die Person, die Ihre Arbeit korrigiert, erkennt so zumindest, dass Sie über die Frage nachgedacht haben. Natürlich ist es besser, wenn Sie angeben können, wo der Fehler passiert ist, und noch besser, wenn Sie ihn ausbessern. Doch wenn das in der zur Verfügung stehenden Zeit nicht mehr machbar ist, können Sie auf diese Weise zumindest zeigen, dass Sie wissen, wie eine vernünftige Antwort hätte aussehen müssen.

1.7 Mathematik besteht nicht nur aus Rechnen

In diesem Kapitel ging es vor allem um Rechenverfahren. Aber ich möchte noch einmal betonen: Das Wissen darum, wie man ein Verfahren anwendet, ist nur eine Seite für das umfassende Verständnis von Mathematik. Die Meisten wissen um den Unterschied zwischen dem mechanischen Lernen, ein Verfahren anzuwenden, und dem Verständnis dafür, warum ein Verfahren funktioniert. Das mechanische Rechnen hat einige Vorteile: Es ist im Allgemeinen schnell und ziemlich unkompliziert. Doch es birgt auch Nachteile: Wenn Sie lernen, Verfahren ohne Reflexion anzuwenden, werden Sie diese schneller vergessen, falsch anwenden oder vermischen. Die Entwicklung eines sorgfältigen Verständnisses dafür, warum etwas funktioniert, ist im Allgemeinen schwieriger und zeitaufwendiger, doch Sie werden es nicht mehr so schnell vergessen und es hilft Ihnen besser dabei, flexibel und genau nachzudenken.

Welche Erfahrungen Sie auch immer bislang gemacht haben, es gibt sicherlich einiges, das Sie sehr gut verstanden haben, und anderes, bei dem Sie nur die mathematischen Verfahren kennen. Zum Beispiel können Sie wahrscheinlich erklären, warum wir das Vorzeichen ändern, wenn wir 5 auf die linke Seite bringen, um die Gleichung $x + 3 = 2x - 5$ zu lösen. Sie könnten sagen: „Was wir in Wirklichkeit tun, ist auf beiden Seiten 5 zu addieren. Damit sind sie immer noch gleich, weil die beiden Seiten vorher gleich waren und wir auf beiden Seiten das Gleiche getan haben." Dies zeigt ein gutes Verständnis, weil Sie nicht nur wissen, *dass* wir bestimmte Dinge tun, sondern auch, *warum* das vernünftig ist. Sie sind in der Lage, eine wirklich mathematische Erklärung zu liefern, und das ist weit besser als zu sagen: „So steht es im Buch", oder: „So hat es mir mein Lehrer beigebracht."

Es ist unsinnig, ein „vollständiges" mathematisches Verständnis fordern zu wollen, denn es gibt derart viele Verbindungen zwischen verschiedensten Gebieten der Mathematik, dass heutzutage kaum jemand noch mit allem vertraut sein kann (vor allem nicht in einer Welt, wo ständig neue Mathematik entwickelt wird, vgl. Kap. 14). Wenn Sie zum Beispiel die Diskussion über die Definition der Ableitung nachvollzogen haben, sollten Sie erklären können, warum die Ableitung von $f(x) = x^3$ gleich $f'(x) = 3x^2$ ist. Das wäre für sich genommen sehr gut, aber diese Erklärung sagt noch nichts darüber, wie die Graphen der Funktionen mit diesem Ergebnis zusammenhängen oder warum die Ableitung von $f(x) = x^n$ gleich $f'(x) = nx^{n-1}$ ist. Sie sagt uns auch nicht, warum Mathematiker vor allem diese Definition benutzen. (Vielleicht wissen Sie warum. Wenn dem nicht so ist, dann denken Sie darüber nach, lesen Sie es irgendwo nach bzw. halten Sie danach im Laufe Ihres ersten Studienjahrs Ausschau.)

Tatsächlich sollten Sie Ihr Verständnis nicht überschätzen, selbst bei scheinbar unkomplizierter Mathematik. Es gibt vielleicht Dinge, die Sie seit Langem kennen und sicher anwenden, aber dann doch nicht so gut erklären können, wie Sie glauben. Sie wissen zum Beispiel, dass man bei der Multiplikation zwei negative Zahlen multipliziert, eine positive erhält. Aber wissen Sie wirklich warum? Könnten Sie es so erklären, dass Sie einen skeptischen Dreizehnjährigen damit überzeugen? Weitere Beispiele: Sie wissen, dass $5^0 = 1$ ist, aber warum ist das so? Sie wissen, dass man nicht durch null teilen darf, aber warum? Warum können wir nicht einfach sagen: $1/0 = \infty$? Wenn Sie versucht sind, auch nur eine dieser Fragen mit „Das ist eben so!" zu beantworten, müssen Sie sich darüber klarwerden, dass es für all das gute Gründe gibt, die Sie eben nur noch nicht kennen. Vielleicht wollen Sie dann in der weiterführenden Literatur nachlesen, um herauszufinden, wie professionelle Mathematiker auf diese Fragen antworten.

In der Zwischenzeit wird es andere neue Dinge geben, die Sie nur verstehen, weil Sie das Rechenverfahren kennen. Vielleicht können Sie die quadratische Formel anwenden, würden sich aber schwertun zu erklären, warum sie funktioniert (wir werden uns das in Kap. 5 ansehen). Vielleicht sind Sie sehr gut beim partiellen Integrieren, haben aber nicht die geringste Idee, woher die Formel stammt. Vielleicht können Sie mit den Formeln für eine einfache harmonische Schwingung umgehen, wissen aber nicht wirklich, was die Symbole bedeuten oder warum es vernünftig ist, besagte Gleichungen zu verwenden, um diese Art von Bewegung zu beschreiben. Eines der großartigen Dinge an der Universität ist, dass Sie Erklärungen für viele dieser Formeln und Beziehungen erwarten dürfen.

Tatsächlich werden Ihnen viele Mathematiker sagen, dass es schlecht ist, mechanische Rechenverfahren zu lernen, und Sie immer nach einem tieferen Verständnis streben sollten. Eine gut gemeinte Forderung, aber auch ein wenig unrealistisch. Anfangs wird es viele Situationen geben, in denen ein gutes Verständnis, realistisch gesehen, nicht zugänglich ist. Die Grenzwerte haben Sie vielleicht schon im Mathematik-Leistungskurs gelernt, sie wurden aber eher informell behandelt. An der Universität werden Sie die formelle Definition eines Grenzwertes lernen, außerdem erfahren, wie man sie anwendet und wie man damit verschiedene Sätze beweist. Doch die Definition ist logisch komplex und wenn es Ihnen wie den meisten Menschen geht, werden Sie sich anstrengen müssen, um den Umgang damit zu lernen. Wenn das dann erst einmal geschafft ist, werden Sie feststellen, dass sich Ihr Verständnis wesentlich verbessert hat ... und dass Ihre Lehrer auf der Schule recht daran taten, sie nicht eher einzuführen.

Die Forderung erscheint auch deshalb unrealistisch, weil es sehr nützlich ist, automatisierte Rechenverfahren anwenden zu können. Typische Beispiele aus dem echten Leben sind das Autofahren oder die Bedienung eines Computers. Vermutlich beherrschen Sie mindestens eines davon, haben aber keine Ahnung, wie ein Verbrennungsmotor genau funktioniert oder ein Computer Ihre Eingabe an der Tastatur in Buchstaben umwandelt, die dann auf dem Bildschirm erscheinen. Sie könnten dieses Wissen erlangen, werden aber ohne dieses vermutlich genauso gut durchs Leben kommen. In der Mathematik gibt es viele analoge Situationen. Manchmal lernen wir aus ganz pragmatischen Gründen nichts über gewisse Details – zum Beispiel weil wir nicht genug Zeit haben. Manchmal lernen wir nichts darüber, weil die Hintergründe sehr knifflig sind und deren Erarbeitung uns davon abhalten würde, zu verstehen, was ein Verfahren leisten kann. Es wird also auch an der Universität derartige Situationen geben, dennoch werden Sie aber nun beginnen, mehr und mehr von der Theorie zu verstehen, die dem mathematischen Wissen zugrunde liegt.

Manchmal wird ein Student auch erst gar kein tiefes mathematisches Verständnis entwickeln wollen, da es für jene Aufgaben, die er zu erledigen hat, nicht vonnöten ist. So sind etwa Studenten der Ingenieurswissenschaften bekannt dafür, ungeduldig zu werden, wenn Mathematikdozenten Ihnen zu erklären versuchen, warum ein Verfahren funktioniert, und fordern dann: „Sagen Sie uns einfach, was wir tun sollen!" Wenn Sie eher praktisch orientiert sind, werden Sie vermutlich geneigt sein, ähnlich zu reagieren, zumindest in den Vorlesungen der reinen Mathematik. In der angewandten Mathematik (Mechanik, Statistik, Entscheidungstheorie usw.) liegt der Schwerpunkt tendenziell mehr auf der Problemlösung als auf der Entwicklung abstrakter Theorien. Doch selbst in diesen Fächern werden Sie feststellen, dass es für Mathematiker sehr wichtig ist, zu verstehen, warum eine Berechnungsmethode vernünftig ist. Ein Grund dafür ist, dass Sie dadurch Fehler wie die bereits besprochenen vermeiden können, ein anderer, dass Sie so flexibler bei der Anpassung eines Verfahrens auf ein neues Problem sind, und schließlich auch, weil es einfach Spaß macht.

Ich bin unbedingt der Meinung, dass Sie sich, wann immer möglich, um ein tiefes Verständnis bemühen sollten, warum mathematische Verfahren funktionieren und warum mathematische Konzepte so miteinander zusammenhängen, wie es der Fall ist. Ein derartiges Verständnis ist leistungsfähiger und einprägsamer. Seine Erarbeitung ist harte Arbeit, aber zugleich sehr befriedigend. Trotzdem erwarte ich, dass Sie manches nur durch Rechenverfahren lernen werden, entweder weil es der einzig zugänglich Weg ist oder weil Sie nicht wirklich an einem bestimmten Fach interessiert sind, aber die Klausur bestehen wollen. Meiner Ansicht nach ist das in Ordnung, solange Sie sich darüber im Klaren sind, dass damit die Anfälligkeit für Fehler wächst. Wie viele Vorschläge in diesem Buch überlasse ich auch Ihr persönliches Lernverhalten ganz Ihrer eigenen Verantwortung.

Fazit

- Bevor Sie zu studieren beginnen, sollten Sie Ihre Kenntnisse in Bezug auf Standard-Rechenverfahren auffrischen, denn Dozenten gehen davon aus, dass Sie diese flüssig beherrschen.
- An der Universität werden Sie selbstverantwortlich entscheiden müssen, welche Verfahren Sie anwenden. Vielleicht ist es eine gute Idee, dies zu üben, indem Sie Übungen aus Quellen bearbeiten, in denen Ihnen nicht gesagt wird, was Sie genau tun sollen.
- Er wird auch erwartet, dass Sie in der Lage sind, Verfahren auf eine vernünftige Art und Weise anzupassen und zu bestimmen, wie Sätze und Definitionen angewendet werden können, ohne viele Beispielrechnungen gesehen zu haben.

- Es werden Ihnen vielleicht nur wenige Übungsaufgaben gestellt; um mehr zu üben, müssen Sie sich vielleicht eigene überlegen.
- Sie werden in Mathematik an der Universität nicht weit damit kommen, Probleme zu lösen, indem Sie etwas suchen, was ähnlich aussieht, und es dann kopieren. Sie werden mehr nachdenken müssen.
- Sie müssen Rechnungen nicht immer voll ausschreiben. Ihre Dozenten werden zuweilen Schritte überspringen und Sie sollten das Gleiche tun, wenn es die Lösung eines Problems deutlicher macht.
- Versuchen Sie Taschenrechnerfehler zu vermeiden, indem Sie sich fragen, ob die Antwort auf eine bestimmte Fragestellung plausibel ist. Überlegen Sie auch, welche Art von Objekt (z. B. eine Zahl oder eine Funktion) als Antwort auf eine Frage zu erwarten ist.
- In der Mathematik geht es nicht nur um Rechenverfahren. Natürlich ist es wichtig, diese gut zu beherrschen, doch in vielen Fällen sollten Sie nach einem tieferen Verständnis darüber streben, warum ein Verfahren funktioniert.

Weiterführende Literatur

Für die Leistungskurse in der Oberstufe gibt es je nach Bundesland verschiedene Lehrbücher mit unzähligen Übungsaufgaben am Ende jedes Kapitels.

Anleitungen, um effektiver beim Lösen mathematischer Probleme zu werden, sind:

- Mason, J., Burton, L. & Stacey, K: *Mathematisch denken, Mathematik ist keine Hexerei.* Oldenbourg, München (2012)
- Pólya, G.: *Vom Lösen mathematischer Aufgaben: Einsicht und Entdeckung, Lernen und Lehre.* Birkhäuser, Basel (2013)

Einblicke, wie Mathematiker auf eine komplizierte Art über Zahlen und Rechnen nachdenken, erhalten Sie bei:

- Gowers, T.: *Mathematics: A Very Short Introduction.* Oxford University Press, Oxford (2000)

Wenn Sie tiefer über Schulmathematik nachdenken wollen, können Sie Folgendes lesen:

- Usiskin, Z., Peressini, A., Marchisotto, E. A. & Stanley, D.: *Mathematics for High School Teachers: An Advanced Perspective.* Prentice Hall, Upper Saddle River, NJ (2003)

Mehr über das Verständnis mathematischer Begriffe von Kindern finden Sie in:

- Ryan, J. & Williams, J.: *Children's Mathematics 4–15: Learning from Errors and Misconceptions.* Open University Press, Maidenhead (2007)

2

Abstrakte Objekte

Zusammenfassung
Dieses Kapitel erklärt, wie man in Form abstrakter Objekte über Mathematik nachdenkt. Manche dieser abstrakten Objekte, wie Zahlen und Funktionen, sind Ihnen sicherlich vertraut, andere, wie zweistellige Verknüpfungen und Symmetrien, nicht. Diese Kapitel erklärt, warum es wichtig ist, über Konzepte in Form von Objekten, die in hierarchischen Strukturen gegliedert sind, nachdenken zu können. Es weist auf Dinge hin, die bei Studenten, die das nicht schaffen, schieflaufen können und stellt einige Arten zu denken vor, die besonders nützlich sind, wenn man Vorlesungen in abstrakter reiner Mathematik besucht.

2.1 Zahlen als abstrakte Objekte

In diesem Kapitel geht es um abstrakte mathematische Objekte. Nehmen Sie zum Beispiel die Zahl 5. Als Sie der 5 zum ersten Mal begegnet sind, ging es vermutlich darum, Dinge zu zählen (Orangen, Holzklötze, Steckwürfel oder was auch immer). Sie haben 5 also mit dem Vorgang, 1, 2, 3, 4, 5 zu sagen und dabei auf die Dinge zu zeigen, in Verbindung gebracht. Ab einem bestimmten Zeitpunkt benötigten Sie die physikalischen Objekte nicht mehr. Sie haben nicht einmal mehr *fünf von irgendetwas* gedacht und konnten sich 5 als etwas vollkommen Unabhängiges vorstellen. Das scheint nichts Besonderes zu sein, doch tatsächlich ist dies eine unglaubliche Leistung des menschlichen Geistes. Und gleichzeitig ist es etwas, was entscheidend für den Erfolg in Mathematik ist, denn es bedeutet, dass Sie das abstrakte Objekt 5 vom möglicherweise lange dauernden Vorgang des Zählens unterscheiden können.

Um zu verstehen, warum das so wichtig ist, überlegen Sie einmal, was Sie alles über die 5 wissen. Sie wissen, dass $5 + 2 = 7$, dass $5 + 5 = 10$, dass $5 \cdot 5 = 25$ usw. ist. Haben Sie an irgendwelche physikalischen Objekte gedacht, als Sie dies gelesen haben? Selbst wenn, waren es vermutlich nicht 25 Orangen. Und wie steht es damit: Können Sie Ihr Wissen, das mit der 5 zusammenhängt, nutzen, um andere Ergebnisse herzuleiten, über die Sie sich noch nie Gedanken gemacht haben? Sie können bestimmt mit großem Selbst-

© Springer-Verlag Berlin Heidelberg 2017
L. Alcock, *Wie man erfolgreich Mathematik studiert*, DOI 10.1007/978-3-662-50385-0_2

vertrauen behaupten, dass $6015 + 5 = 6020$ ist. Vermutlich haben Sie sich über diese spezielle Summe vorher noch nie Gedanken gemacht und konnten sie trotzdem sehr leicht ausrechnen. Ich wette, Sie haben auch nicht an 6020 Orangen gedacht. Die Zahl 5 erhält ihre Kraft nicht dadurch, dass sie mit irgendwelchen Dingen verbunden ist, sondern dadurch, dass sie mit anderen Zahlen in einer vorhersehbaren Art und Weise zusammenwirkt.

Der Grund, warum das so wichtig ist, besteht darin, dass Zählen viel Zeit kostet. Es ist viel langsamer, als Tatsachen nur über die Beziehungen zwischen Zahlen zu manipulieren. $6015 + 5$ durch Zählen zu bestimmen, würde ewig dauern. Vermutlich würden Sie nicht einmal bis $13 + 18$ zählen wollen, weil das einige Zeit dauert und auch fehleranfällig wäre. Wenn Sie zählen müssten, weil Sie nicht viel über das Rechnen wissen oder nicht so leicht neue Tatsachen daraus folgern können, kämen Sie vermutlich zu dem Schluss, dass Rechnen unmöglich ist. Das scheint zunächst weit hergeholt, aber Forschungen der Mathematikdidaktik haben gezeigt, dass genau das passiert. Wenn kleine Schüler nicht gut rechnen können, dann oft deshalb, weil sie es nicht schaffen, diese Regelmäßigkeiten zu erkennen und damit umzugehen. Stattdessen rechnen sie meist, indem sie zählen. Sie versuchen $13 + 18$ zu lösen, indem sie erst bis 13 zählen und dann bis 18 und dann das Ganze noch einmal. Und das ist nicht das Schlimmste: Stellen Sie sich vor, Sie wenden das auf $31 - 14$ an. Ein Schüler, der dies als Zählanweisung sieht, hat viel zu tun. Schnell zu zählen, wird extrem mühsam, und um Fortschritte zu machen, muss man aufhören, eine Zahl als Zählanweisung zu betrachten und sie stattdessen als Objekt zu sehen, das in bestimmter Weise mit anderen Zahlen und Operationen zusammenwirkt.

Diejenigen, denen das gelingt, erkennen derartige Regelmäßigkeiten; sie bauen sich ein umfangreiches und stark zusammenhängendes System bekannter Tatsachen auf, aus denen sie schnell und sicher neue ableiten können. Mathematikstudenten haben auch keine Probleme mit der Einführung von Brüchen, Dezimalstellen, Funktionen, Algebra und Ähnlichem, das viele andere anfangs verwirrt. Sie können selbst über Objekte nachdenken, die weit abstrakter als Zahlen sind, und das wird Ihnen an der Universität sehr helfen. Es dürfte für Sie wenig überraschend sein, dass Sie das nun freilich schneller, flexibler und mit beträchtlich komplizierteren Objekten werden tun müssen. In diesem Kapitel wird gezeigt, wie Sie das schaffen.

2.2 Funktionen als abstrakte Objekte

Wir beginnen mit einem weiteren Begriff, über den man auf unterschiedliche Art und Weise nachdenken kann: Funktionen. Als Sie zum ersten Mal Funktionen kennenlernten, war das sicherlich in Form einer Art „Maschine", die eine Eingabe annimmt und eine Ausgabe produziert. Ihre Aufgabe bestand darin, eine bestimmte Eingabe (z. B. 6) vorzunehmen, die Funktion „auszuführen" (z. B. mit 2 zu multiplizieren und 1 zu addieren) und die Antwort aufzuschreiben. Sie mussten also nur einen einzelnen Eingabewert wählen und bestimmten Anweisungen folgen, das war alles.

Später wurde es dann schwieriger. Vielleicht sollten Sie eine Tabelle mit bestimmten Eingabe- und Ausgabewerten benutzen, um herauszufinden, wie die Funktion aussieht. Dazu mussten Sie um die Existenz eines zugrundeliegenden Prozesses wissen, der mit jedem Eingabewert das Gleiche macht, und sich überlegen, was für ein Prozess das sein könnte. Vielleicht wurden Sie auch aufgefordert, inverse Funktionen zu finden, was ebenso erforderlich machte, dass Sie sich eine Funktion als Vorgang vorstellen können – in diesem Fall einen solchen, der eine Abbildung umdreht.

Schließlich haben Sie gelernt, Funktionen als etwas zu betrachten, was nicht nur Zahlen auf andere Zahlen abbildet, sondern sie als eigenständige Objekte wahrzunehmen. In gewisser Hinsicht erscheint uns das ganz normal. Zum Beispiel sprechen wir von der „Funktion Sinus x". In solch einem Ausdruck ist die Funktion ein Substantiv – die Sprache behandelt sie also als ein Objekt. Auch grafisch ist dies unsere „natürliche" Vorstellung einer Funktion. Denn wir sind daran gewöhnt, den Graphen einer Sinusfunktion zu sehen, und aufgrund dieser Darstellung stellen wir uns diese Funktion als ein einziges eindeutiges Objekt vor.[1]

In anderer Hinsicht kann es dagegen weniger selbstverständlich erscheinen, wenn man eine Funktion als eigenständiges Objekt auffasst. Betrachten Sie zum Beispiel den Vorgang des Differenzierens. Bei der Differentiation wird eine Funktion als Eingang verwendet, etwas damit getan und dann eine andere Funktion ausgegeben. Wenn wir zum Beispiel die Funktion $f(x) = x^3$ nehmen und sie differenzieren, erhalten wir die Funktion $f'(x) = 3x^2$. Wenn wir die Funktion $g(x) = e^{5x}$ differenzieren, erhalten wir die Funktion $g'(x) = 5e^{5x}$. In diesem Fall können wir uns die Differentiation als einen Vorgang auf einer höheren Ebene vorstellen. Wo eine Funktion eine Zahl nimmt und eine andere Zahl als Ergebnis liefert, nimmt die Differentiation Funktionen und liefert andere Funktionen als Ergebnis. Vielleicht ist es nützlich, wenn Sie andere Fälle suchen, bei denen Vorgänge als Objekte behandelt werden. Wir werden auf diese Gedanken später in diesem Kapitel noch einmal zurückkommen.

---

[1] Übrigens, als Sie zum ersten Mal auf die Vorstellung des Sinus eines Winkels getroffen sind, haben Sie vermutlich einiges an Zeit damit verbracht, Längen zu messen und den Sinus von bestimmten Winkeln zu berechnen. Wenn wir über den Sinus als Funktion sprechen, dann meinen wir die Funktion, die den Sinus von jedem Winkel bildet, wir behandeln also alle möglichen Sinus-Berechnungen auf einmal. Das ist ganz ähnlich wie etwa bei Polynomen, abgesehen davon, dass wir die Eingabe nicht nur als Zahl, sondern auch als Winkel betrachten können.

2.3   Um welche Art von Objekt handelt es sich wirklich?

Welche Art von Mathematik Sie bisher auch gelernt haben mögen, Sie werden bereits mit einer Vielzahl verschiedener Arten mathematischer Objekte vertraut sein. Neben Zahlen und Funktionen kennen Sie wahrscheinlich Vektoren, Matrizen, komplexe Zahlen usw. und können gut damit umgehen. Sie kennen alle Arten von Beziehungen und damit zusammenhängende Rechenverfahren. Aber wie gut können Sie sich diese Objekte als *Objekte* vorstellen? Bevor wir fortfahren, wollen wir darüber nachdenken.

Überlegen Sie sich zuerst einmal, welche Art von Objekt 10 ist. Das ist keine Fangfrage. Es handelt sich offensichtlich um eine Zahl. Gut, aber ist es auch ein Bruch? Wenn Sie instinktiv mit „Nein" antworten wollen, dann halten Sie kurz inne und überlegen, wie Sie eine alternative Frage beantworten würden: Ist ein Quadrat ein Rechteck? Auf diese zweite Frage würden viele kleine Kinder mit „Nein" antworten – Sie verstehen vermutlich warum. Doch ein Quadrat ist auch ein Rechteck, denn es hat alle Eigenschaften, die es dazu benötigt. Es hat außerdem noch zusätzliche Eigenschaften, aber mathematisch gesehen ist das für die Frage irrelevant. Erkennen Sie jetzt die Analogie zwischen dieser und der Frage nach der 10? Normalerweise schreiben wir 10 nicht als Bruch, doch das könnten wir sehr leicht. Es ist zuerst einmal 10/1, aber auch 20/2 oder 520/52 oder wie auch immer. 10 ist natürlich auch eine ganze Zahl, was wiederum bedeutet, dass sie alle Eigenschaften besitzt, um als Bruch zu gelten, sowie einige Zusatzeigenschaften.

Um es so wie an der Universität auszudrücken: 10 ist eine *ganze Zahl*. Dies ist der korrekte mathematische Begriff, und die Menge aller ganzen Zahlen wird mit $\mathbb{Z}$ bezeichnet, was für das Wort „Zahl" steht. Wir schreiben $10 \in \mathbb{Z}$ und meinen damit: „10 ist ein Element der Menge der ganzen Zahlen." (10 ist auch eine *natürliche Zahl*[2], wobei die natürlichen Zahlen 1, 2, 3, ... mit $\mathbb{N}$ bezeichnet werden.) 10 ist auch eine *rationale Zahl*, wobei die rationalen Zahlen all jene sind, die in der Form p/q geschrieben werden können, wobei p und q ganze Zahlen sind und q ungleich null ist.[3] Wir haben gerade einige Möglichkeiten kennengelernt, wie man 10 in dieser Form schreiben kann. Die Menge aller rationalen Zahlen wird mit $\mathbb{Q}$ für Quotient bezeichnet. In mathematischer Ausdrucksweise sagen wir, dass $\mathbb{Z}$ eine Teilmenge von $\mathbb{Q}$ ist (denn $\mathbb{Q}$ enthält natürlich noch mehr Elemente), und schreiben das als $\mathbb{Z} \subseteq$

---

[2] Manche schließen auch 0 in die Menge der natürlichen Zahlen ein, andere nicht. Sie sollten also die Konventionen kennen, die Ihr Dozent verwendet.
[3] Sie sollten die Bezeichnung „rationale Zahlen" statt „Bruch" verwenden, wenn Sie diese Menge meinen. „Bruch" wird in einem weiteren, weniger exakten Sinn verwendet, und es ist „mathematischer", hier das richtige Wort zu verwenden.

ℚ. Das Symbol ⊆ sieht wie ≤ aus, nur abgerundet. Verstehen Sie, warum das eine vernünftige Wahl für eine Notation ist? Mathematikern gefällt diese Art von Gleichförmigkeit.

10 ist also eine rationale Zahl. Ist es auch eine komplexe Zahl? Ja, 10 kann als $10 + 0i$ geschrieben werden, ist also eine perfekte komplexe Zahl – und zufällig auch noch eine ganze Zahl und eine rationale Zahl und auch eine reelle Zahl. Übrigens bezeichnen wir die Menge der *komplexen Zahlen* mit ℂ und die der reellen Zahlen mit ℝ. Das alles ist wenig überraschend.

Derartige Eigenschaftshäufungen treten ziemlich häufig auf. Oft können wir Objekte als Elemente unterschiedlicher Mengen betrachten, je nachdem, was uns gerade besser weiterhilft. Außerdem kann es hilfreich sein zu klären, um welche Art von Objekt es sich gerade handelt, wenn unterschiedliche Aneinanderreihungen von Symbolen vorliegen. Dazu eine kleine Beispielaufgabe: Um welche Art von Objekten handelt es sich zum Beispiel hier?

$$\int_1^5 3x^2 + 4\mathrm{d}x, \quad \int 3x^2 + 4\mathrm{d}x.$$

Eine vernünftige Antwort lautet: Es sind beides Integrale. Sie könnten hinzufügen, dass das erste ein bestimmtes und das zweite ein unbestimmtes Integral ist. Aber wenn wir etwas weiterdenken, wird noch mehr deutlich. Sobald wir die Berechnungen für das bestimmte Integral durchführen, erhalten wir:

$$\int_1^5 3x^2 + 4\mathrm{d}x = \left[x^3 + 4x\right]_1^5 = 125 + 20 - 1 - 4 = 140.$$

Das ist eine Zahl. Das muss auch so sein, denn ein bestimmtes Integral liefert uns die Fläche unter einer Kurve zwischen zwei bestimmten Endpunkten.[4] In einer zentralen Hinsicht ist $\int_1^5 3x^2 + 4\mathrm{d}x$ also eine Zahl, selbst wenn es nicht *aussieht* wie eine Zahl, sondern wie eine Anweisung, etwas zu tun. Aber wir haben ja schon festgestellt, dass Dinge, die auf einer Ebene wie eine Anweisung oder eine Rechenvorschrift aussehen, auf einer komplizierteren Ebene als Objekte betrachtet werden können (für Sie war $5 + 3$ erst einmal eine Anweisung zu zählen, das ist es jetzt aber nicht mehr). Dieses bestimmte Integral ist nur eine verrückte Art und Weise, die Zahl 140 darzustellen.

---

[4] Wenn wir dieses Integral verwenden würden, um die Fläche unter einer Kurve zu bestimmen, in der die Geschwindigkeit gegen die Zeit aufgetragen ist, würden wir den Abstand zur Ursprungsposition finden. Aber ich gehe davon aus, dass wir uns hier mit reiner Mathematik beschäftigen und deshalb im Sinne von Zahlen denken können.

Natürlich enthält es auch viele Zusatzinformationen über die Beziehung zwischen dieser Zahl und einer bestimmten Funktion.

Wie sieht es jetzt mit dem unbestimmten Integral aus? Wenn wir hier die Integration durchführen, erhalten wir:

$$\int 3x^2 + 4\mathrm{d}x = x^3 + 4x + c.$$

Sie haben Derartiges vermutlich so oft geschrieben, dass Sie sich schon gar keine Gedanken mehr darüber machen, was es bedeutet. Wir wollen das deshalb jetzt nachholen. Offensichtlich ist das Ergebnis dieser Rechnung keine Zahl. Es ist nicht einmal eine einzige Funktion, denn c steht für eine beliebige Konstante. Das Ergebnis dieser Rechnung ist also tatsächlich eine unendliche Menge von Funktionen, die alle die Form $f(x) = x^3 + 4x + c$ haben. Algebraisch gesehen ist das sinnvoll, denn wenn wir diese Funktion ableiten, erhalten wir wieder $3x^2 + 4$. Auch grafisch ergibt es Sinn, denn all diese Funktionen gehen durch eine vertikale Verschiebung auseinander hervor, sie haben also überall die gleiche Steigung. Fragt man aber, um welche Art von Objekt es sich jeweils handelt, ist der Unterschied zwischen diesem und dem bestimmten Integral gewaltig. Die oben dargestellten Integrale sehen ganz ähnlich aus und wir benutzen auch die gleiche Art von Rechenvorschrift, um sie auszurechnen. Doch liefert das bestimmte Integral eine Zahl, das unbestimmte Integral dagegen eine Menge von Funktionen.

2.4 Objekte, die sich aus Rechenverfahren ergeben

Diese Einsichten können sehr nützlich sein. Vor allem hängen sie mit den Bemerkungen aus Kap. 1 über Studenten zusammen, die als Antwort auf eine Übungsaufgabe die falsche Objektart angeben. Sie erinnern sich an meine Worte, dass derartige Dinge offenbar dann passieren, wenn jemand versucht, eine Reihe von Symbolen in einer gestellten Aufgabe mit einer ähnlichen Reihe von Symbolen aus seinen Aufzeichnungen in Übereinstimmung zu bringen. Das Beispiel mit den Integralen zeigt, dass Dinge, die sehr ähnlich aussehen, dennoch ganz unterschiedliche Objekte repräsentieren können.

Um Ihnen ein Gefühl dafür zu geben, wie derartige Fälle auch in der Hochschulmathematik auftreten, folgt hier eine Aufgabe, die viele meiner Übungsgruppenteilnehmer aus dem eben geschilderten Grund falsch beantworteten. Die Frage war so aufgebaut:

Finden Sie $dim(ker(\Phi))$, wobei $\Phi : \mathbb{R}^4 \to \mathbb{R}^3$ durch die Matrix

$$\begin{pmatrix} 1 & 0 & 4 & 4 \\ 2 & 2 & 3 & 1 \\ 5 & 2 & 2 & 2 \end{pmatrix}$$

gegeben ist.

Wenn Sie noch keine lineare Algebra gehört haben, werden Sie das vielleicht nicht verstehen. Deshalb werde ich Ihnen hier gerade genug erklären, dass Sie verstehen können, was bei meinen Studenten schiefgelaufen ist. Dazu werde ich meine Erklärung in Form von Objektarten formulieren. Ich werde das in Schritte zerlegen, um es zu vereinfachen, doch vielleicht ist es noch zu abstrakt für Sie; dann nehmen Sie es sich besser noch einmal vor, sobald Sie diese Vorlesung gehört haben.

- Wir beginnen mit Φ (ausgesprochen „fi"). Hier ist Φ eine Funktion, die als *lineare Transformation* bekannt ist. Statt Zahlen als Ein- und Ausgabe benötigt sie einen Vier-Komponenten-Vektor (also etwas in der Form (a, b, c, d)) als Eingabe und liefert einen Drei-Komponenten-Vektor (also etwas in der Form (a, b, c)) als Ergebnis. Genau das ist mit $\Phi : \mathbb{R}^4 \to \mathbb{R}^3$ gemeint.
- $ker(\Phi)$ ist eine Abkürzung für den Kern von Φ, das ist die Menge aller Vier-Komponenten-Vektoren als Eingabewerte, für die Φ das Ergebnis $(0,0,0)$ liefert. Deshalb ist $ker(\Phi)$ eine Menge aus Vektoren mit vier Komponenten.
- Nun zeigt sich, dass wir über etwas, was wir als Basis für eine Menge derartiger Vektoren wie $ker(\Phi)$ bezeichnen, sprechen können. Dabei ist eine Basis eine kleine Zahl von Vektoren, die wir so auf verschiedene Art und Weise addieren können, dass wir alle anderen damit erzeugen. Also ist eine Basis für $ker(\Phi)$ eine weitere, vermutlich kleinere Menge von Vier-Komponenten-Vektoren.
- Schließlich bedeutet dim *Dimension*, das ist die Zahl der Vektoren, die wir benötigen, um eine Basis zu erzeugen. Das Fazit davon ist, dass die Antwort auf die Frage insgesamt eine Zahl sein sollte. (Lesen Sie die Frage noch einmal, damit Sie dies auch sicher verstehen.)

Die Meisten meiner Übungsgruppenteilnehmer fanden eine Basis für $ker(\Phi)$ und hörten dann auf, ließen also den letzten Schritt weg. Deshalb waren ihre Antworten falsch: Sie haben eine Menge von Vektoren angegeben statt einer einzigen Zahl. Eine wohlwollende Interpretation dessen, was passiert ist, lautet, dass sie den letzten Schritt einfach vergessen haben. Doch das scheint wenig wahrscheinlich, denn für den letzten Schritt muss nur gezählt werden, wie viele Vektoren man erhalten hat, und das konnten nicht mehr als vier sein (in der linearen Algebra werden Sie herausfinden, warum das so ist). Es ist also nicht wirklich schwierig, eigentlich sogar leichter als die anderen Schritte. Ich glaube deshalb, dass die Frage nicht wirklich verstanden wurde; statt sich Gedanken darüber zu machen, welche Art von Objekt sie erwarten, fanden sie eine Beispielrechnung in ihren Aufzeichnungen, die ganz ähnlich aussah, und kopierten sie. Unglücklicherweise ging es in dieser Beispielrechnung darum, eine Basis zu finden, was für diese Frage zwar sehr nützlich ist, doch nicht ausreicht, um sie vollständig zu beantworten.

Wenn man also eine Frage nicht ganz versteht, kann das zu einer Antwort führen, die nicht richtig sein kann, weil sie nicht die passende Art von Objekt liefert. Für Mathematiker sind diese Unterschiede sehr wichtig. Wenn Sie also an die Universität kommen, ist es empfehlenswert, die eigene Denkweise anzupassen bzw. neu auszurichten und sich weniger darauf zu konzentrieren, was „so ähnlich aussieht", sondern mehr auf die zugrunde liegenden Objekte und Strukturen.

2.5 Hierarchische Gliederung von Objekten

Nicht nur in der Mathematik gibt es abstrakte Objekte, sondern auch in allen anderen Gebieten; man denke nur an Begriffe wie „Gravitation" oder „Gerechtigkeit" oder „Wut". Offensichtlich hat noch niemals jemand eine Gravitation gesehen. Doch die Mathematik ist in dieser Hinsicht vermutlich einzigartig oder zumindest extrem in dem Ausmaß, wie abstrakte Objekte in hierarchischen Strukturen geordnet sind.

Wir haben ein Beispiel dafür gerade bei der Frage nach $dim(ker(\Phi))$ kennengelernt. Beachten Sie, dass die Frage nach der Dimension insgesamt keinen Sinn ergibt, wenn Sie weder wissen, was eine Basis ist, noch dass der Kern etwas ist, was eine Basis haben kann. Das Konzept des Kerns ist sinnlos, wenn Sie Transformationen nicht als eine Art von Funktion verstehen, die mit Vektoren als Eingangs- und Ausgangswerte arbeiten usw. Diese Konzepte können also als aufeinander aufbauend betrachtet werden, wie die folgende Grafik zeigt (Abb. 2.1): Man muss die unten stehenden verstehen, damit die höheren einen Sinn ergeben.

Um ein vertrauteres Beispiel zu verwenden, betrachten wir das Ableiten. Das Konzept der Ableitung ergibt erst dann einen Sinn, wenn Sie Funktionen verstehen, und dazu müssen Sie Zahlen kennen. Wieder bauen die Konzepte aufeinander auf, denn wir verstehen die Objekte auf einer Ebene nur dann,

Abb. 2.1 Konzepte
sind aufeinander auf-
bauend strukturiert

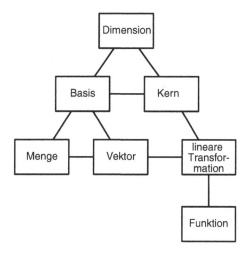

wenn wir die darunter liegenden verstehen (Abb. 2.2). Das war gemeint, als ich sagte, die Mathematik sei hierarchisch aufgebaut.

Manchmal ist es schwierig, auf einer neuen Ebene in einer derartigen Hierarchie zu arbeiten, denn dafür muss man lernen, mit einer neuen Art von Objekt umzugehen. Dazu kann gehören, dass man einen Vorgang zusammenfassen muss, um ihn als eigenständiges Objekt aufzufassen, wie wir zu Anfang bei der Diskussion über Zahlen und Funktionen gesehen haben. Eine derartige Verdichtung kann schwierig sein, denn Sie müssen sich quasi an Ihren eigenen Haaren herausziehen: Sie können nicht wirklich einen Prozess einer höheren Ebene anwenden, bevor Sie nicht das existierende Ding als Objekt auffassen, und doch gibt es nicht wirklich einen Grund, das bekannte Ding als Objekt zu sehen, bis Sie es als Eingangswert für einen Vorgang auf einer höheren Ebene benötigen. Wenn Sie deshalb lernen, auf einer höheren Ebene zu arbeiten, werden Sie eine Phase durchlaufen, in der Sie nur „Symbole herumschieben" und die richtigen Antworten geben, ohne aber zu verstehen, warum

Abb. 2.2 Hierarchische
Struktur des Konzepts
der Ableitung

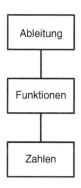

das, was Sie da tun, sinnvoll ist. Doch diese Phase wird vermutlich vorüberge-
hen, wenn Sie Durchhaltevermögen zeigen; vielleicht verstehen Sie alles aber
auch schneller, wenn Sie den Grund für Ihre Verwirrung in der Einführung
eines neuen Objekttyps erkennen.

Was ich sagen will: Es ist eigentlich nichts falsch dabei, Symbole herumzuschieben. Ihre Fähigkeiten dazu befähigt sie geradezu für Mathematik. Um
mich noch einmal zu wiederholen: Ich muss nicht 6015 Orangen und dann
noch einmal fünf davon zusammentragen, um das Ergebnis von $6015 + 5$ zu
bestimmen – sondern ich verwende einfach die Gesetzmäßigkeiten im Sym-
bolsystem und komme schnell zu Ergebnissen, wenn ich damit arbeite. Ein
solches System ist eben sehr nützlich, auch wenn man manchmal vergisst,
„um was es eigentlich geht" und stattdessen die Symbole entsprechend den
geltenden Standardregeln verarbeitet. Ich werde darauf in den Kap. 4, 5 und 6
noch einmal zurückkommen. Aber wie ich oben erklärt habe: Wenn Sie ausschließlich Symbole herumschieben können, werden Sie anfällig für gewisse
Arten von Fehlern sein. Deshalb ist es hilfreich, auch ein objektorientiertes
Verständnis zu entwickeln.

2.6 Wie man Rechenverfahren in Objekte verwandelt

Im Mathematikstudium werden Sie viele neue Rechenverfahren kennenlernen, und gelegentlich wird von Ihnen erwartet, dass Sie diese sehr schnell als
Objekte behandeln können. Wenn Sie zum Beispiel eine Vorlesung in der
sogenannten abstrakten Algebra oder Gruppentheorie hören, wird Ihnen das
Konzept einer *Restklasse* begegnen. Die ersten Erfahrungen mit Restklassen
werden Sie durch Berechnungen machen – es wird Ihnen gezeigt, wie man
Restklassen bestimmter Elemente in verschiedenen Gruppen bestimmt. Aber
vielleicht wird Ihr Dozent diese Restklassen schon in der nächsten Vorlesung
als eigenständige Objekte behandeln. Insbesondere wird sie oder er Operationen auf diesen Restklassen durchführen – sie zum Beispiel addieren oder
Ähnliches. Wenn Sie den Begriff „Restklasse" immer noch mit dem Rechen-
vorgang in Verbindung bringen, werden Sie verblüfft sein, genauso wie Sie als
Achtjährige(r) verblüfft waren, als Sie 19 und 27 zusammenzählen sollten, wo
Sie bis dahin immer noch gewohnt waren, alles zu zählen. Deshalb sollten Sie
auf derartige Prozess-zu-Objekt-Übergänge vorbereitet sein.

Um zu zeigen, wie das geht, folgt etwas, was Ihnen vielleicht hilft, das
Beispiel mit der Ableitung besser zu verstehen. An der Universität werden
Sie *Differentialgleichungen* untersuchen (vielleicht haben Sie damit im Leis-
tungskurs der Oberstufe schon begonnen). Um zu verstehen, was Differenti-

algleichungen sind, können wir sie mit normalen algebraischen Gleichungen vergleichen. Wenn wir eine normale Gleichung lösen, verwenden wir x als Platzhalter für die Lösung, während wir einige Umformungen ausführen, und erwarten, dass die Ergebnisse Zahlen sein werden.[5]

Differentialgleichungen sind anders. Statt zum Beispiel eine unbekannte Zahl x mit verschiedenen Potenzen ihrer selbst in Beziehung zu setzen, bringen wir eine unbekannte Funktion $y = f(x)$ mit verschiedenen Ableitung davon in Beziehung (und manchmal zu anderen Funktionen von x). Eine Differentialgleichung könnte also so aussehen:

$$\frac{d^2 y}{d^2 x} + 6x\frac{dy}{dx} - y = 0.$$

Die Lösung einer derartigen Gleichung ist eine Funktion, und zwar irgendeine Funktion $y = f(x)$, die die Differentialgleichung erfüllt. Das ist sinnvoll, weil y eine Funktion von x ist, also auch dy/dx und $d^2 y/d^2 x$. Alles, was wir also tun, ist zu behaupten, dass die Addition einer Kombination dieser drei Funktionen null ergibt. Wenn Sie sich dessen nicht bewusst sind, werden Sie am Ende viele Rechenregeln lernen, mit denen man Differentialgleichungen lösen kann, ohne wirklich zu verstehen, was Sie damit erreichen. Sie werden dagegen ein viel besseres Verständnis entwickeln, wenn Sie sich daran erinnern, warum die Lösung einer Differentialgleichung eine Funktion sein sollte.

2.7 Neue Objekte: Relationen und zweistellige Verknüpfungen

Bei Fällen, in denen Sie neue mathematische Inhalte lernen, indem Sie bestehende Verfahren als Objekte behandeln, hilft uns oft die Sprache. Ein Lehrer spricht zum Beispiel ständig von der „**Funktion** Sinus von x". Doch in anderen Fällen erschaffen wir neue Objekte durch ein anderes Vorgehen, und manchmal ist die Sprache auch gar nicht hilfreich, weil die Dinge, die wir als Objekte betrachten möchten, anfangs zu umfangreich oder zu vielschichtig sind, um sie als „Dinge" in einer aussagekräftigen Art bezeichnen zu können.

Ein hervorragendes Beispiel dafür ist die Bezeichnung von „$=$" („ist gleich"). Jüngere Kinder neigen dazu, „$=$" als Handlungsanweisung zu lesen. Sie sehen $5 + 8 = ?$ und behandeln dieses „$=$" als die Aufforderung: „Bitte berechne das Ergebnis." Das scheint kein Problem zu sein, aber es kann tatsächlich dazu werden. Kinder, die diese Vorstellung von „$=$" haben, lassen

---

[5] Vielleicht führen die Umformungen auch zu dem Schluss, dass es tatsächlich keine Lösungen gibt, doch in der Regel gehen wir so vor, als würden wir welche finden.

sich durch Probleme wie $6 + ? = 20$ verwirren, weil die „Anweisung" an der falschen Stelle steht (sie antworten vielleicht mit 26 – verstehen Sie warum?). Noch mehr irritieren sie Aussagen wie $6 + 14 = 14 + 6$, weil es in diesen Fällen gar nichts zu tun zu geben scheint.

Erfolgreiche Schüler erkennen, dass „=" nichts weiter bedeutet als dass das, was auf der rechten Seite steht, genau das Gleiche ist wie das, was auf der linken Seite steht, wenn es vielleicht auch anders ausgedrückt ist. Trotzdem wird es Sie vielleicht überraschen, dass Mathematiker dieses „=" als eigenständiges mathematisches Objekt auffassen, genau genommen ist es ein Beispiel für eine *Relation*. Es scheint jetzt keinen Grund dafür zu geben, einen derartigen Namen zu verwenden. Wenn wir sagen: „Das Gleichheitszeichen ist eine Relation", können wir dadurch keine einzige Gleichung leichter lösen – Sie haben das jahrelang auch ohne dieses Wissen getan. Warum aber gehen Mathematiker so vor? Nun, wenn wir „=" als Objekt betrachten, können wir uns überlegen, wie es *anderen* Relationen ähnelt oder sich davon unterscheidet. Genauso wie sich 5 und 2 ähneln, weil beides Primzahlen sind, aber sich unterscheiden, weil eine davon ungerade ist, so können wir auch „=" mit anderen Relationen vergleichen, wie etwa mit „<". Beachten Sie, dass zwar „=" sowohl für Zahlen als auch für Funktionen eine Bedeutung hat, dass dies aber für „<" nicht klar ist. Was könnte $x^2 < \sin x$ bedeuten? Es ließe sich „kleiner als" für Funktionen auf eine bestimmte Art und Weise *definieren*, doch wie das geschehen könnte, ist nicht so offensichtlich. Ein Unterschied ist also, dass mache Relationen naturgemäß für verschiedene Arten von Objekten funktionieren und manche nicht. Ein weiterer Unterschied ist, dass die Relation „=" *symmetrisch* ist, also wenn $a = b$ ist, dann ist auch $b = a$. Das ist für „<" sicher nicht richtig, selbst wenn man versucht, es irgendwie zu definieren. Für Zahlen kann es nie richtig sein, dass aus $a < b$ auch $b < a$ folgt.

Das Wichtige hier ist, dass uns bewusst ist, dass wir „=" und „<" als Objekte betrachten und uns Gedanken über ihre Eigenschaften machen: „=" ist symmetrisch, „<" ist nicht symmetrisch; „=" ist wohldefiniert für Funktionen, „<" ist das nicht.

Das Fazit ist, dass Ihr Dozent irgendwann in einer Vorlesung über die Grundlagen der mathematischen Logik etwas schreiben wird wie: „Für alle a und b gilt: wenn $a = b$, dann $b = a$." Sie werden sich dann darüber wundern, warum er etwas sagt, was Sie seit Jahren wissen, so als sei es vollkommen neu für Sie. Das ist nicht seine Absicht. Er behandelt vielmehr etwas, was Sie seit Langem kennen, als eigenständiges Objekt, sodass er dessen Eigenschaften mit den Eigenschaften anderer Objekte der gleichen Art vergleichen kann (oder vielleicht um irgendeinen allgemeinen Satz über Objekte, die alle eine bestimmte Eigenschaft gemein haben, zu beweisen). Dazu ist ein wenig intellektuelle Disziplin notwendig. Eine Zeit lang wird sich Ihr Gehirn weigern, über „=" als eigenständiges Objekt nachzudenken, weil das verrückt zu sein scheint. Aber sobald Sie erst einmal die Kurve bekommen haben, werden Sie erkennen, dass das in der Mathematik ständig passiert.

Zur Veranschaulichung gebe ich Ihnen ein weiteres Beispiel: eine Art von Objekt, die man *zweistellige Verknüpfung* nennt. Die Addition ist ein Beispiel für eine zweistellige Verknüpfung. Man benötigt zwei Objekte (deshalb zweistellig) und tut etwas damit (deshalb Verknüpfung), was ein weiteres gleichartiges Objekt ergibt. Betrachtet man „+" als zweistellige Verknüpfung, dann behandelt man es als eigenständiges Objekt. Wieder können wir erkennen, warum das nützlich sein kann, indem wir „+" mit anderen zweistelligen Verknüpfungen vergleichen, etwa mit den bekannten „−", „×" und „:". In welcher Hinsicht ähneln diese dem „+" und in welcher unterscheiden sie sich davon? Ein Gesichtspunkt ist, dass „+" *kommutativ* ist, das bedeutet, dass für zwei beliebige Zahlen a und b gilt: $a + b = b + a$. Gilt das auch für „−"? Nein, sicher nicht. So ist zum Beispiel $7 − 3$ nicht das Gleiche wie $3 − 7$. Die Subtraktion ist also nicht kommutativ. Ist denn die Multiplikation kommutativ? Und wie ist es bei der Division?

Hier ist übrigens eine weitere Gelegenheit zu bemerken, dass Dinge, die auf der einen Seite ganz ähnlich aussehen können, vollkommen verschiedene Arten von Objekten darstellen können. Wir können $3 < 7$ und $3 − 7$ schreiben, was nicht so unterschiedlich aussieht – jeweils zwei Zahlen mit einem Symbol dazwischen. Doch im ersten Fall stellt das Symbol eine Relation dar und der ganze Ausdruck ist eine Aussage über die Beziehung zwischen den zwei Objekten. Das Symbol im zweiten Fall stellt eine zweistellige Verknüpfung dar und der Ausdruck steht für eine Zahl. Es handelt sich also ganz und gar nicht um das Gleiche.

2.8 Neue Objekte: Symmetrien

So manche neue Art von Objekten kann sowohl einen geometrischen als auch einen algebraischen Ursprung haben, dazu gehören die *Symmetrien*. Vermutlich sind Sie dem Konzept der Symmetrie zum ersten Mal in einer Stunde begegnet, als ein Spiegel um eine Zeichnung geführt wurde und Sie bemerken sollten, wann das Spiegelbild das Original wiederzugeben scheint. Irgendwann haben Sie vermutlich die Zeichnung selbst umgedreht und festgestellt, dass sie etwa nach einer Drehung um 90 Grad wieder genauso aussah wie in der Ursprungslage. Dazu mussten Sie wirklich etwas *tun*, also mit einer bestimmten Zeichnung irgendwie umgehen, und konnten so über Symmetrien nachdenken.

Heute können Sie über Symmetrien als Eigenschaften sprechen. Sie können z. B. sagen: „Ein Quadrat hat vier Spiegelsymmetrieachsen", oder: „Figur 2 besitzt eine Rotationssymmetrie der Ordnung 3." In diesen Sätzen behandeln Sie die Zeichnung (oder das imaginäre Quadrat) als ein Objekt und nennen Informationen über seine Eigenschaften, wie sie sich in Bezug auf verschiedene Symmetrien verhalten. Beachten Sie aber, dass sich die Sprache hier etwas verändert hat. Wir können über Symmetrien sprechen, als ob es mehrere Arten davon gäbe, so wie von Käse. Mathematiker gehen jedoch noch einen Schritt weiter und behandeln einzelne „Symmetrien" als eigenständige mathematische Objekte.

Um das zu verstehen, wollen wir uns zuerst einmal Gedanken über die Rotationssymmetrie machen, genauer gesagt über Drehungen. Hier hilft zuerst wieder die Sprache. Man kann etwas sagen wie „eine *Drehung* um 60 Grad um den Punkt (0,0)" und weiß dabei genau, was gemeint ist. Auch „Translation" (Verschiebung) und „Spiegelung" werden Ihnen keine Probleme machen. Bei Letzterer müssen Sie sich vorstellen, ein Blatt Papier umzudrehen, statt es nur herumzuschieben, aber das ist in Ordnung. Sie können sich vermutlich auch vorstellen, wie man Drehungen kombiniert, indem man eine nach der anderen ausführt. Auch die Kombination einer Drehung mit einer Spiegelung ist nicht schwierig oder die einer Drehung mit einer Translation oder einer Translation mit einer Spiegelung.

Natürlich ist es nur dann sinnvoll, diese Bewegungen als *Symmetrien* zu bezeichnen, wenn sie die Ausgangsanordnung zurückliefern. Wenn wir uns zum Beispiel eine unendlich ausgedehnte Ebene vorstellen, die mit regelmäßigen Sechsecken gefüllt ist, dann ist die Drehung um 120 Grad um einen Punkt, an dem die Sechsecke zusammenstoßen, eine Symmetrie. Eine weitere Symmetrie besteht in der Translation um eine Strecke, die dreimal so lang wie eine Seite der Sechsecke ist und die parallel zu dieser Seite verläuft. Nach jeder dieser Bewegungen ergibt sich wieder die Ausgangskonfiguration, und wenn wir diese Symmetrien nacheinander „ausführen", erhalten wir eine weitere. Deshalb behandeln wir Symmetrien nicht nur einfach als Objekte, sondern als solche, die über einen Vorgang auf einer höheren Ebene kombiniert werden können, der – etwas salopp gesagt – ausgedrückt werden kann durch: „Machen Sie erst das und dann etwas anderes." Formal nennt man diese Verbindung eine *Verknüpfung* (oder *Hintereinanderschaltung*), was kein Zufall ist: Es ist genau wie bei der Verknüpfung von Funktionen, denn eine derartige Symmetrieoperation kann man sich auch als Funktion vorstellen, die jeden Punkt der Ebene nimmt und ihn auf einen anderen abbildet. Eine Verknüpfung gehört, wie Sie vielleicht bemerkt haben, zu den zweistelligen Verknüpfungen auf Symmetrien – wenn wir zwei Symmetrieoperationen zusammensetzen, erhalten wir eine weitere. Ist diese zweistellige Verknüpfung kommutativ?

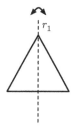

Um genauer zu verstehen, wie Mathematiker diese Ideen nutzen, sehen wir uns die Symmetrien einer einfacheren Struktur an: ein einzelnes gleichseitiges Dreieck (Abb. 2.3). Wenn wir über die Symmetrien dieses Dreiecks sprechen wollen, ist es hilfreich, ihnen Namen zu geben. Bezeichnen wir zum Beispiel mit R eine Drehung um 120 Grad um den Mittelpunkt des Dreiecks. Wir können dann eine Drehung um 240 Grad im Uhrzeigersinn R^2 nennen, weil es das Gleiche ist, wie zweimal R durchzuführen (eine Verknüpfung von R mit sich selbst). Zu beachten ist dabei: Wenn man erst R ausführt und dann R^2, kommt man wieder dorthin, wo man begonnen hat; also wäre es auch praktisch, eine Bezeichnung für „wo man begonnen hat" oder „nichts machen" zu haben. Mathematiker nennen das meist *id* (als Abkürzung für *identische Abbildung*). Dann sind da noch die Spiegelungen. Wenn wir das Dreieck so kennzeichnen, dass die obere Ecke die Nummer 1 erhält, und dann im Uhrzeigersinn die anderen mit 2 und 3 bezeichnen, können wir die Spiegelung entlang der Geraden durch die Ecke 1 r_1 nennen usw.

Sobald wir das geklärt haben, können wir eine Liste sämtlicher Ergebnisse aller möglichen Kombinationen von Symmetrieoperationen zusammenstellen. Wenn wir zum Beispiel R und dann r_1 durchführen, enden wir bei der gleichen Struktur, wie wenn wir nur r_2 angewandt hätten. (Überprüfen Sie das – ein Dreieck aus Papier auszuschneiden könnte dabei hilfreich sein.) Wenn gewünscht, können wir all diese Verknüpfungen in einer Tabelle zusammenstellen (Tab. 2.1).

Wenn das erledigt ist, müssen wir uns keine Gedanken mehr über das Dreieck machen, sondern nur noch darüber, wie Symmetrien einander beeinflussen. Das ähnelt der Situation, als wir aufgehört haben, über eine Menge

Tab. 2.1 Kombination verschiedener Symmetrieoperationen

	id	R	R^2	r_1	r_2	r_3
id	*id*	R	R^2	r_1	r_2	r_3
R	R	R^2	*id*	r_3	r_1	r_2
R^2	R^2	*id*	R	r_2	r_3	r_1
r_1	r_1	r_2	r_3	*id*	R	R^2
r_2	r_2	r_3	r_1	R^2	*id*	R
r_3	r_3	r_1	r_2	R	R^2	*id*

von fünf Orangen nachzudenken, sondern nur noch darüber, wie die Zahl 5 mit anderen Zahlen zusammenwirkt. Was wir letztlich getan haben, ist eine *neue Art des Rechnens* zu konstruieren. Die Objekte dabei sind die Symmetrien auf einem Dreieck in Verbindung mit der Operation der Verknüpfung. Bemerkenswerterweise ist diese neue Art zu rechnen in gewisser Hinsicht „kleiner" als das normale Rechnen. Statt unendlich viele Objekte (Zahlen) und mehrere Operationen (Addition, Subtraktion usw.) hat man nur sechs Objekte (Symmetrien) und eine Operation (Verknüpfung).

So oder so ähnlich denkt man oft in der abstrakten Algebra und der Gruppentheorie, aber auch in anderen Teilgebieten der Mathematik. Wir nehmen eine Art von Objekt, überlegen uns, wie wir derartige Objekte anhand ihrer Eigenschaften vergleichen und auf welche Art und Weise wir sie kombinieren können, um neue Objekte der gleichen Art zu erhalten. Wenn Sie das im Hinterkopf behalten, werden Sie vielleicht feststellen, dass die abstrakte Algebra gar nicht so abstrakt ist, wie sie anfangs erscheint. Außerdem werden Sie merken, dass Sie jetzt besser über mathematische Aussagen verschiedener Arten nachdenken können. Wie das geht, überlegen wir uns im nächsten Kapitel.

Fazit

- Mathematische Konzepte wie Zahlen und Funktionen lernt man oft zuerst über Vorgänge kennen, bei denen physikalische Objekte beteiligt sind. Später lernt man diese Konzepte als Prozesse oder auch Objekte aufzufassen.
- Sich Zahlen im Sinne der Art und Weise vorzustellen, wie sie mit anderen Zahlen und Operationen zusammenwirken, ist wichtig, weil Zählen zeitaufwendig ist.
- Es ist möglich, das Differenzieren als Prozess auf einer höheren Ebene zu verstehen, der auf Funktionen wirkt, wodurch man Differentialgleichungen besser verstehen kann.
- Symbolische Ausdrücke, die auf einer Seite ganz ähnlich aussehen, können vollkommen verschiedene Arten von Objekten repräsentieren. Diese Unterscheidungen sind für Mathematiker sehr wichtig.
- Studenten, die eine Frage nicht richtig verstanden haben, geben oft Antworten, die schon deshalb nicht richtig sein können, weil sie nicht einmal die richtige Art von Objekt nennen.
- Mathematische Objekte kann man als hierarchisch organisiert auffassen.
- Zu lernen, Objekte auf einer höheren Ebene zu verstehen, kann sehr schwierig sein, wenn man dazu einen Prozess als eigenständiges Objekt auffassen muss. An der Universität werden Sie manchmal sehr schnell neue Prozesse als neue Objekte behandeln müssen.
- Es kann einiges an geistiger Disziplin erfordern, zu lernen, Konzepte wie Relationen, zweistellige Verknüpfungen und Symmetrien als Objekte aufzufassen, aber es ist sinnvoll, weil wir so ihre Eigenschaften vergleichen können.
- Wenn wir eine Menge aus Objekten haben, von denen je zwei so kombiniert werden können, dass sich ein gleichartiges Objekt ergibt, haben wir einen Weg gefunden, eine neue Art des Rechnens zu konstruieren.

Weiterführende Literatur
Leicht verständliche Einführungen in die Art, wie Mathematiker über abstrakte Konzepte der höheren Mathematik denken, sind:

- Gowers, T.: *Mathematik* (Universal-Bibliothek). Reclam, Stuttgart (2011)
- Katz, B. P. & Starbird, M.: *Distilling Ideas: An Introduction to Mathematical Thinking*. Mathematical Association of America (2013)
- Stewart, I.: *Concepts of Modern Mathematics*. Dover Publications, New York (1995)

Mehr lehrbuchartige Einführungen in formale Ideen über Zahlen und axiomatische Systeme sind:

- Liebeck, M. A.: *Concise Introduction to Pure Mathematics* (3rd Edition). CRC Press, Boca Raton (2011)
- Stewart, I. & Tall, D.: *The Foundations of Mathematics*. Oxford University Press, Oxford (1977)

Mehr darüber, wie Kinder mathematische Konzepte verstehen, finden Sie in:

- Ryan, J. & Williams, J.: *Children's Mathematics 4–15: Learning from Errors and Misconceptions*. Open University Press, Maidenhead (2007)

3

Definitionen

Zusammenfassung

Dieses Kapitel erklärt, welchen Stellenwert Definitionen in der mathematischen Theorie haben. Es vergleicht Definitionen mit Axiomen und Sätzen und erklärt Faktoren, die einen Einfluss darauf haben, wie eine Definition formuliert ist. Es bespricht, wie sich mathematische Definitionen von Definitionen in Wörterbüchern unterscheiden, und beschreibt Strategien, wie man Definitionen bekannter und unbekannter Begriffe verstehen kann.

3.1 Axiome, Definitionen und Sätze

Im letzten Kapitel habe ich gesagt, man könne mathematische Konzepte oft als eigenständige Objekte auffassen. Das erweist sich als nützlich, wenn man versucht, verschiedenartige mathematische Aussagen zu verstehen. In diesem Kapitel werde ich erklären, inwiefern dies auch in Bezug auf Definitionen zutrifft. In den darauffolgenden Kapiteln werde ich dann erklären, wie es auch auf Sätze und Beweise angewendet werden kann.

Am Anfang wollen wir klären, was Axiome, Definitionen und Sätze überhaupt sind, und konzentrieren uns dabei auf die Unterschiede (mit Beweisen werden wir uns in Kap. 5 beschäftigen). Die Zeit sollten wir uns nehmen, denn Studienanfänger können die Unterschiede sogar nach einem oder zwei Jahren an der Universität oft nicht nennen, obwohl sie die Begriffe unzählige Male in ihren Aufzeichnungen verwendet haben. Meine Beschreibungen werden nicht sehr formal sein – ich bin mir sicher, dass ein Logiker eine kompliziertere Erklärung geben würde. Aber sie sollten genügen, um ihre Stellung innerhalb der mathematischen Theorie erkennen zu können.

3.2 Was sind Axiome?

Ein Axiom ist eine Annahme, bei der wir übereinstimmen, dass sie gemacht werden kann, weil sie vernünftig erscheint. So ist zum Beispiel ein Axiom für die reellen Zahlen, dass für alle reelle Zahlen a und b gilt: $a + b = b + a$. Wie

© Springer-Verlag Berlin Heidelberg 2017
L. Alcock, *Wie man erfolgreich Mathematik studiert*, DOI 10.1007/978-3-662-50385-0_3

ich schon in Kap. 2 erwähnt habe, wird das *Kommutativität* (der Addition) genannt. Andere zweistellige Verknüpfungen haben diese Eigenschaft nicht zwangsläufig. Das ist ein Grund dafür, warum wir sie überhaupt aufschreiben. Ein weiterer Grund besteht darin, dass Mathematiker die Voraussetzungen, die sie machen, gerne offenlegen. In diesem Fall scheint es das kaum wert zu sein, weil jeder sofort zustimmen würde. Aber es kann Fälle geben, in denen zwei Personen unabsichtlich annehmen, dass verschiedene subtilere Axiome gelten, und dann verwirrt über die Behauptungen des jeweils anderen sind. Um das zu vermeiden, ist es gute mathematische Praxis, alle verwendeten Axiome am Anfang zu nennen.

In diesem Zusammenhang müssen Sie sich merken, dass wir nicht versuchen, Axiome zu beweisen. Ein Axiom ist etwas, bei dem wir uns alle einig sind, dass es wahr ist und wir es verwenden können, um interessantere Dinge zu beweisen. (Ich vereinfache hier ein wenig; vgl. dazu Kap. 5, in dem noch einmal genauer über das Verhältnis zwischen Axiomen, Definitionen und Beweisen gesprochen wird.)

3.3 Was sind Definitionen?

Anders als bei Axiomen hat eine Definition nichts damit zu tun, ob etwas wahr ist. Sie sagt uns nur, was ein mathematischer Begriff bedeutet. Eine Definition kann eine Art von Objekt oder auch eine Eigenschaft definieren. Im Folgenden sehen Sie einige Beispiele. Machen Sie den Versuch, jede zu verstehen, aber seien Sie nicht beunruhigt, wenn es Ihnen nicht gelingt, denn im Augenblick schauen wir uns nur ihre Struktur an. Später werden wir dann genauer auf die Bedeutung eingehen.

Definition

Eine Zahl n heißt *gerade*, dann und nur dann, wenn es eine ganze Zahl k gibt, sodass gilt: $n = 2k$.

Definition

Eine Funktion $f : \mathbb{R} \to \mathbb{R}$ heißt *steigend*, dann und nur dann, wenn für alle $x_1, x_2 \in \mathbb{R}$ mit $x_1 < x_2$ gilt: $f(x_1) \leq f(x_2)$.

Definition

Eine zweistellige Verknüpfung $*$ auf einer Menge S ist *kommutativ*, dann und nur dann, wenn für alle Elemente s_1 und s_2 in S gilt: $s_1 * s_2 = s_2 * s_1$.

Definition

Eine Menge $X \subseteq \mathbb{R}$ ist *offen*, dann und nur dann, wenn es für jedes $x \in X$ ein $d > 0$ gibt mit $(x - d, x + d) \subseteq X$.

Beachten Sie, dass in jeder Definition nur ein einziges Ding definiert wird. In der ersten Definition wird zum Beispiel die Eigenschaft *gerade* für Zahlen definiert; die zweite definiert *steigend* als eine Eigenschaft von Funktionen. Bemerkenswert ist auch, dass die hierarchische Natur von Mathematik in Definitionen sichtbar wird. Um zu verstehen, was *kommutativ* bedeutet, müssen wir Mengen und zweistellige Verknüpfungen kennen.

Im Wesentlichen habe ich also gerade gesagt, dass uns eine Definition verrät, was ein Wort bedeutet; das wissen Sie allerdings bereits, denn Wörterbücher verwenden Sie schon lange. Doch es gibt zwei sehr wichtige Unterschiede zwischen Definitionen in einem Wörterbuch und in der Mathematik. Wenn Sie die Hochschulmathematik verstehen wollen, ist es entscheidend, dass Sie diesen Unterschied verstehen.

Der erste Unterschied ist folgender: Wenn Mathematiker eine Definition angeben, dann *meinen sie die Aussage auch wirklich*. Sie wollen nicht sagen, das sei eine gute Beschreibung für die meisten Fälle, aber es könnte auch irgendwelche Ausnahmen geben. Es ist also **nicht** so wie bei Definitionen in Wörterbüchern. Würden Sie erwarten, dass die Definitionen identisch sind, wenn Sie zwei beliebige Wörterbücher nehmen und einen alltäglichen Begriff nachschlagen, sei es einen konkreten (wie „Tisch") oder einen abstrakten (wie „Gerechtigkeit")? Vermutlich nicht. Sie würden vermutlich erwarten, dass Sie Dinge in der Welt finden, die der einen Definition entsprechen, nicht aber einer anderen. Oder dass Sie etwas finden, das Sie gerne mit „Tisch" oder „Gerechtigkeit" bezeichnen würden, aber keiner der beiden Definitionen entspricht.[1] Oder dass Sie etwas finden, bei dem die Menschen, obwohl es eine Definition gibt, unterschiedlicher Auffassung sind.

Vergleichen Sie das jetzt damit, was passiert, wenn Sie ein Mathematikbuch zur Hand nehmen und die Definition von „gerade Zahl" nachschlagen. Würden Sie erwarten, dass Sie eine gerade Zahl finden können, die nicht der Definition genügt? Oder eine ungerade Zahl, die trotzdem der Definition genügt? Ganz bestimmt nicht. Es gibt einfach keine Ausnahmen. Es ist nicht so, dass Sie zum Beispiel eine Zahl finden könnten, die so groß ist, dass sie

---

[1] Ist der vier Meter hohe „Tisch", den ich in einer Kunstausstellung gesehen habe, wirklich ein Tisch? In gewisser Hinsicht ja, aber er erfüllt bestimmte funktionale Kriterien nicht, denn er hat keine flache Oberfläche, auf der man Dinge abstellen kann, und keiner würde hinauflangen können (außerdem war es ohnehin nicht erlaubt, das Ausstellungsstück zu berühren).

gerade, aber nicht durch 2 teilbar ist, oder etwas Ähnliches.[2] Wenn Sie zwei Lehrbücher nehmen, werden Sie zwar nicht erwarten, dass die beiden Definitionen mit genau den gleichen Worten ausgedrückt sind, aber dass sie logisch äquivalent sind, d. h., Sie werden erwarten, dass alle Dinge, die die Definition im ersten Buch erfüllen – und auch nur die –, auch der Definition aus dem zweiten genügen. Das ist also ein Unterschied: Mathematische Definitionen meinen *genau* das, was sie sagen. Es gibt keine Ausnahmen und es mag zwar unterschiedliche Formulierungen geben, doch diese sind logisch identisch.

Der zweite Unterschied ist teilweise eine Folge des ersten und besteht darin, dass man mit mathematischen Definitionen arbeiten kann, wie es mit Definitionen aus dem Wörterbuch nicht möglich wäre. Das heißt, sie enthalten Informationen, die wir in einer algebraischen Rechnung oder einer logischen Beweisführung umformen können. Ich werde später in diesem Kapitel noch genauer erklären, was ich damit meine.

Ein letzter Punkt hier ist noch, dass wir Definitionen nicht „beweisen". Das können wir nicht, weil es nichts zu beweisen gibt: Definitionen legen nur eine Konvention fest, sodass wir darin übereinstimmen, auf welche Weise wir ein Wort verwenden wollen, wenn wir das Gleiche meinen. Ein Dozent wird Ihnen vielleicht irgendwann erklären, wie eine Definition eine intuitive Idee festlegt, doch das ist nicht das Gleiche wie etwas zu beweisen.

3.4 Was sind Sätze?

Es bleiben nur noch die Sätze. Während eine Definition festlegt, was wir mit einem Wort meinen, das ein mathematisches Objekt oder eine Eigenschaft beschreibt, verrät uns ein Satz etwas über die Beziehung zwischen zwei oder mehr Arten von Objekten oder Eigenschaften; er geht davon aus, dass wir schon wissen, was das für Objekte oder Eigenschaften sind. Als Beispiele folgen nun ein paar Sätze.[3] Einige davon werden Sie verstehen, andere nicht, aber wieder schauen wir uns vorerst nur ihre Struktur an.

---

[2] Obwohl ich einmal von einem Doktoranden gehört habe, der an einem Tag der offenen Tür einige Eltern verwirrte, indem er ihnen mit großer Ernsthaftigkeit erzählte hat, dass es zu seinen Forschungsaufgaben gehörte, eine gerade Zahl zwischen 2 und 4 zu finden. Der Humor der Mathematiker beruht zum großen Teil auf solcher Art von Scherzen.

[3] Wenn Sie schon ein wenig Erfahrung mit der Hochschulmathematik haben, werden Sie bemerken, dass man einige dieser Sätze präziser formulieren könnte. Ich habe mich aber für eine einfachere Formulierung entschieden, um nicht jene Leser zu verwirren, die die fortgeschrittene Mathematik noch nicht so gewöhnt sind. Aber ich werde darauf in den Kap. 4 und 8 noch einmal zurückkommen.

Satz

Sind l, m und n aufeinanderfolgende ganze Zahlen, dann ist das Produkt lmn durch 6 teilbar.

Satz

Wenn f eine gerade Funktion ist, dann ist $\frac{df}{dx}$ eine ungerade Funktion.

Satz

Wenn $ax^2 + bx + c = 0$, dann gilt: $x = \frac{-b \pm \sqrt{b^2 - 4ac}}{2a}$.

Satz

Ist $\phi : U \to V$ eine lineare Transformation, dann gilt: $\dim(\ker(\phi)) + \dim(\operatorname{im}(\phi)) = \dim(U)$.

Ich hoffe, Sie erkennen, wie sich diese Sätze von Definitionen unterscheiden. Im zweiten ist zum Beispiel vorausgesetzt, dass wir die Bedeutung der Begriffe *Funktion, gerade, ungerade* und df/dx kennen – keiner davon wird hier definiert, sondern wir erfahren etwas über eine allgemeine Beziehung zwischen ihnen.

Wenn Sie natürlich die Bedeutung aller Begriffe und Symbole nicht kennen, werden Sie das Gefühl haben, den Satz nicht zu verstehen. Beachten Sie aber: Selbst wenn Sie den Satz nicht verstehen, sollten Sie in der Lage sein zu erkennen, dass er eine satzähnliche Struktur aufweist. Denn alle Sätze sind in der folgenden Form aufgeschrieben:

Wenn diese Aussage wahr ist, *dann* ist auch diese andere Aussage wahr.

Auf jeden Fall wird der Teil, der mit *wenn* beginnt, *Voraussetzung, Annahme* oder *Hypothese* genannt. (Ich gebe zu, es ist etwas verwirrend, dass es so viele Begriffe für dasselbe gibt – tut mir leid.) Der Teil, der mit *dann* beginnt, heißt *Schlussfolgerung* oder auch nur *Aussage*. Im echten Leben ist es nicht ganz so einfach, denn es gibt einige Möglichkeiten, einen Satz auszudrücken, bei denen die Wenn-dann-Struktur nicht so offensichtlich ist. Ich werde darauf in Kap. 4 noch genauer zurückkommen.

In einer Hinsicht ähneln Sätze den Axiomen: Beide verraten uns wahre Tatsachen oder Beziehungen zwischen Begriffen. Der Unterschied liegt darin, dass wir die Aussagen bei Sätzen beweisen müssen. Manchmal tun wir das, weil Sätze bei Weitem nicht offensichtlich sind. (Sind die Sätze weiter oben für Sie alle offensichtlich richtig?) Manchmal sind Sätze aber ziemlich offensichtlich richtig und wir beweisen sie aus dem tieferen Grund, dass wir mittels des Beweises erkennen, wie sie alle innerhalb einer kohärenten Theorie zusammenpassen. Ich werde in Kap. 5 noch mehr darüber schreiben.

Bevor wir jedoch weitermachen, möchte ich noch anmerken, dass Axiome, Definitionen und Sätze oberflächlich betrachtet sehr ähnlich aussehen. Ein Student hat mir sogar einmal gesagt, dass er aus diesem Grund dachte, Definitionen und Sätze seien „ungefähr das Gleiche". Sie werden aus Ihren Vorlesungsmitschriften erkennen können, was genau was ist, denn sie sind jeweils passend mit „Axiom", „Definition" oder „Satz" überschrieben (ganz ernsthaft!).[4] Aber sie haben meist eine ähnliche Länge und enthalten eine Kombination von Begriffen und Symbolen, sodass Sie, wenn Sie eine auf einer Seite sehen, nicht sofort ihren logischen Status innerhalb der mathematischen Theorie erkennen können. Ich hoffe aber, Sie erkennen, dass die logische Struktur vor Axiomen, Definitionen und Sätzen in entscheidenden Punkten unterschiedlich ist und dass sie einen verschiedenen Stellenwert haben. Behalten Sie das im Kopf, dann können Sie die übergreifenden Strukturen in Ihren Mathematikvorlesungen besser verfolgen.

3.5   Wie man Definitionen versteht: gerade Zahlen

Der Rest vom ersten Teil dieses Buches bespricht, wie man mit Definitionen, Sätzen und Beweisen umgeht. In diesem Kapitel werden wir uns darauf konzentrieren, Definitionen zu verstehen, indem wir in Form abstrakter Objekte denken. Wir beginnen mit einer ganz einfachen Definition:

Definition

Eine Zahl ist *gerade*, wenn sie durch 2 teilbar ist.

„Ja, klar, ganz offensichtlich", werden Sie denken. Richtig, aber vermutlich wird Ihr Dozent diese Definition anders aufschreiben. Sie werden eher auf etwas wie das Folgende treffen (wie schon oben dargestellt):

Definition

Eine Zahl n heißt *gerade*, dann und nur dann, wenn es eine ganze Zahl k gibt, sodass gilt: $n = 2k$.

Es ist verzeihlich, wenn Sie denken, das verkompliziere die Dinge doch zu sehr. Doch es hat durchaus einige Vorteile. Der erste ist die Präzision. Sie

---

[4] Das mag nicht immer für alle Vorlesungen richtig sein – manchmal führen Dozenten Ideen auf eine mehr erzählende Art und Weise ein –, aber Sie werden feststellen, dass es meist der Fall ist.

erkennen das, wenn Sie es mit dem vergleichen, was Studenten manchmal schreiben, wenn sie versuchen, *gerade* zu definieren. Da heißt es zum Beispiel: „Gerade ist, wenn es durch 2 teilbar ist." Das trifft zwar den Kern der Idee, ist aber nicht sehr genau. Zuallererst einmal, was ist „es"? Klar, bei „es" handelt es sich vermutlich um eine Zahl, doch das ist nicht sorgfältig eingeführt. Im Gegensatz dazu verrät uns die bessere Definition genau, dass wir es mit Zahlen zu tun haben, und gibt ihnen den Namen *n*. Außerdem enthält die Definition des Studenten die Redewendung „ist, wenn". Das klingt etwas plump, nicht nur in der Mathematik, sondern auch in anderen Gebieten. Wenn Sie bemerken, dass Sie selbst in der Mathematik die Ausdrücke „es" oder „ist, wenn" verwenden, dann sollten Sie vermutlich über eine Umformulierung nachdenken. (Viele Anregungen dazu, wie Sie Ihr mathematisches Schreiben verbessern, finden Sie in Kap. 8.)

Den zweiten Vorteil habe ich schon erwähnt: Einsetzbarkeit. Wir können mit mathematischen Definitionen arbeiten, um Dinge zu beweisen. Die bessere Definition liefert uns Möglichkeiten, gerade Zahlen zu erfassen und sie umzuformen, weil sie auf algebraische Weise ausdrückt, was Teilbarkeit bedeutet. Wir können sie zum Beispiel verwenden, um zu beweisen, dass jedes ganzzahlige Vielfache einer geraden Zahl wieder eine gerade Zahl sein muss, etwa indem wir Folgendes schreiben:

Behauptung

Jedes ganzzahlige Vielfache einer geraden Zahl ist wieder eine gerade Zahl.

Beweis

Sei n eine ganze Zahl.

Dann existiert (nach der Definition) eine ganze Zahl k, sodass $n = 2k$.

Sei jetzt z eine beliebige ganze Zahl.

Dann gilt: $zn = z(2k)$.

Dies kann man schreiben als: $zn = 2(zk)$.

Ist zn eine ganze Zahl, dann ist zn gerade, denn es kann in der erforderlichen Form geschrieben werden.

Wir könnten den gleichen Gedankengang verfolgen, wenn wir mit der unpräzisen Schülerdefinition arbeiten würden. Aber die bessere Version hilft uns dabei, Argumente niederzuschreiben, weil sie uns bereits die passende

Notation liefert. Ich werde darauf in den Kap. 5, 6 und 8 noch einmal zurückkommen. (In Kap. 5 finden Sie auch Informationen darüber, warum es
wichtig ist, etwas derart Offensichtliches zu beweisen.)

Kehren wir zu Besprechung der Definition selbst zurück: Es ist nicht
schwierig darüber nachzudenken, wie sie auf bestimmte mathematische Objekte angewendet wird. Die Definition beschäftigt sich mit ganzen Zahlen.
Wir können leicht überprüfen, dass die Definition mit dem formlosen Verständnis gerader Zahlen übereinstimmt, indem wir uns Gedanken darüber
machen, wie sie auf einige dieser Zahlen angewendet werden kann. Bei der
geraden Zahl 24 ist k gleich 12. Für die gerade Zahl 0 ist k gleich 0. Für die
gerade Zahl 156.206.749.386 möchte ich mir jetzt nicht die Mühe machen,
auszurechnen, was k ist, aber ich bin überzeugt, dass ich es könnte, wenn ich
müsste – ein passendes k existiert ganz bestimmt.

Wenn wir uns über einzelne ganze Zahlen Gedanken machen, ist das nur
die Hälfte dessen, was zu tun ist. Wir erwarten, dass die Definition für alle geraden Zahlen gilt, und das stimmt auch. Was aber genauso richtig ist:
Wir erwarten, dass sie alle Zahlen, die nicht gerade sind, *ausschließt*. Auch das
können wir in diesem Fall leicht nachvollziehen. Für die Zahl 3 gibt es keine passende ganze Zahl k. Auch für die Zahl $-10,2$ gibt es keine geeignete
Zahl k usw. Auf diese Art und Weise können wir uns selbst beruhigen, dass
wir die Definition verstehen und dass sie unsere Auffassung von *gerade* auf
eine vernünftige Weise ausdrückt.

3.6 Wie man Definitionen versteht: steigende Funktionen

Das gerade besprochene Beispiel war recht einfach, weil wir mit ganzen Zahlen
sehr vertraut sind. Wir werden jetzt einen Fall besprechen, bei dem die Grundidee wieder vertraut und natürlich erscheint, die Definition aber ein bisschen
komplizierter ist. Wir verwenden die Definition von *steigend* für Funktionen.

Vermutlich könnten Sie sich ziemlich gut vorstellen, was es bedeuten soll,
dass eine Funktion steigend ist. Wahrscheinlich stellen Sie sich dabei einen
Graphen wie den folgenden vor (Abb. 3.1).

Abb. 3.1 Eine steigende Funktion

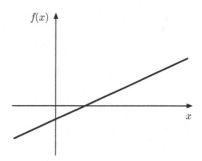

Mit diesem Bild im Kopf wollen wir uns nun die Definition ansehen.

Definition

Eine Funktion $f : \mathbb{R} \to \mathbb{R}$ heißt *steigend*, dann und nur dann, wenn für alle $x_1, x_2 \in \mathbb{R}$ mit $x_1 < x_2$ gilt: $f(x_1) \leq f(x_2)$.

Es ist eine gute Idee, sich zu überlegen, wie das mit dem Graphen in Abb. 3.1 zusammenhängt. Zuerst einmal spricht die Definition von einer Funktion f, die reelle Zahlen auf reelle Zahlen abbildet (das ist mit $f : \mathbb{R} \to \mathbb{R}$ gemeint). Genau dafür sind kartesische Graphen da: Für jeden Eingangswert (reelle Zahl) auf der x-Achse zeigen sie uns einen Ausgangswert (reelle Zahl) auf der y-Achse. Als Nächstes führt die Definition zwei reelle Zahlen ein und nennt sie x_1 und x_2 ($x_1, x_2 \in \mathbb{R}$ bedeutet, dass x_1 und x_2 Elemente aus $\mathbb{R}$ sind). Wir würden die beiden gerne in das Diagramm eintragen, aber vorher müssen wir uns kurz Gedanken darüber machen, denn wir haben zwei vernünftige Kandidaten dafür: Sie könnten Eingangswerte (auf der x-Achse) oder Ausgangswerte (auf der y-Achse) sein. Wenn Mathematiker Dinge benennen, sind diese Namen normalerweise sinnvoll gewählt – und hier haben wir etwas, das $x_{\text{irgendetwas}}$ genannt wurde, deshalb können Sie darauf wetten, dass der Platz dafür auf der x-Achse liegt. Ein Blick auf den Rest der Definition bestätigt das, denn wir müssen f von jeder dieser Zahlen nehmen. Die einzige weitere Information, die wir erhalten, ist, dass wir Fälle anschauen, bei denen $x_1 < x_2$ gilt. Wir können sie also in dieser Zusammenstellung eintragen und ihre Funktionswerte markieren (Abb. 3.2).

Die Definition bringt nun zum Ausdruck, dass, immer wenn $x_1 < x_2$ ist, auch $f(x_1) \leq f(x_2)$ sein sollte. In diesem Bild ist das ganz sicher der Fall. Eigentlich haben wir uns aber nur Gedanken über das Zahlenpaar x_1 und x_2 gemacht, doch die Definition sagt etwas über jedes derartige Paar aus. Grafische Darstellungen sind nützlich, um grundlegende Überlegungen anzustellen: Wir können uns vorstellen, dass wir x_1 und x_2 auf der x-Achse ver-

Abb. 3.2 Graph mit
Funktionswerten

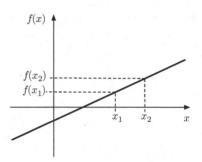

schieben (wobei natürlich $x_1 < x_2$ bleibt), und uns überlegen, was in diesem
Fall mit $f(x_1)$ und $f(x_2)$ passiert. Dies sollte Sie überzeugen, dass die Definition mit Ihrer Intuition für diese bestimmte Funktion übereinstimmt. Was
würden Sie machen, um sich davon zu überzeugen, dass sie ganz allgemein für
jede steigende Funktion gilt? Genau – vorstellen, dass sich auch der Graph der
Funktion ändert.

Wir haben also überprüft, dass die Definition für Funktionen zu gelten
scheint, von denen wir denken, dass sie als steigend klassifiziert werden sollten.
Wie zuvor sollten wir aber auch prüfen, dass sie für Funktionen nicht gilt, die
wir nicht als steigend bezeichnen würden. Zum Beispiel stimmt die Definition
nicht für die Funktion in Abb. 3.3, denn es ist zwar $x_1 < x_2$, nicht aber
$f(x_1) \leq f(x_2)$. Und auch wenn wir x_1 und x_2 auf der x-Achse verschieben,
sehen wir, dass niemals $f(x_1) \leq f(x_2)$ gelten kann.

Wir sollten uns aber bemühen, auch noch kompliziertere Fälle zu bedenken. Betrachten Sie zum Beispiel die Funktion in Abb. 3.4.

Hier haben wir einen Bereich, in dem für $x_1 < x_2$ nicht $f(x_1) \leq f(x_2)$ gilt.
Wenn wir aber x_1 und x_2 auf der x-Achse verschieben, finden wir Bereiche,
in denen $f(x_1) \leq f(x_2)$ richtig ist. Was bedeutet das im Sinne unserer Definition? Wenn wir sie sorgfältig lesen, bemerken wir, dass es heißt: „Für **alle**
$x_1, x_2 \in \mathbb{R}$ mit $x_1 < x_2$ gilt: $f(x_1) \leq f(x_2)$." Es wird Sie nicht überraschen,
dass der Mathematiker, wenn er „alle" sagt, *auch wirklich alle meint*. In diesem

Abb. 3.3 Bei dieser
Funktion ist die De-
finition für steigend
nirgends erfüllt

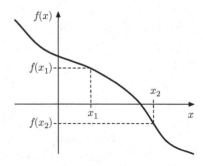

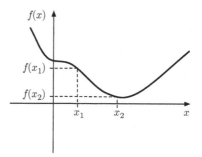

Abb. 3.4 Eine Funktion, die erst fallend, dann steigend ist

Fall gilt die geforderte Beziehung nicht immer, deshalb erfüllt die Funktion nicht die Definition, deshalb ist sie auch nicht steigend.[5]

Erkennen Sie, warum es wichtig ist, von *nicht steigend* statt von *fallend* zu sprechen? In der Mathematik funktioniert das Gegenteil nicht genauso wie in unserer Alltagssprache. Manche Funktionen, die nicht steigend sind, sind auch tatsächlich fallend. Jedoch zeigen manche Funktionen, die nicht steigend sind, ein komplizierteres Verhalten. Wir werden darauf in Abschn. 3.10 noch einmal zurückkommen.

3.7 Wie man Definitionen versteht: Kommutativität

Bisher haben wir zwei Definitionen gesehen, die für vertraute Objekte gelten (Zahlen und Funktionen). Sie werden aber auch auf Definitionen stoßen, über die Sie mehr nachdenken müssen, weil sie für weniger vertraute Objekte gelten. Hier ist ein Beispiel:

Definition

Eine zweistellige Verknüpfung $*$ auf einer Menge S ist *kommutativ*, dann und nur dann, wenn für alle Elemente s_1 und s_2 in S gilt: $s_1 * s_2 = s_2 * s_1$.

Wenn Sie diese Definition lesen, bevor Sie zu studieren beginnen, haben Sie zweistellige Verknüpfungen und Kommutativität vielleicht erst in der Mitte des zweiten Kapitels kennengelernt. Eventuell haben Sie diese Informationen noch nicht so wirklich verstanden, und wenn doch, können Sie nichts

---

[5] Vielleicht sind Sie versucht zu sagen, dass die Funktion zumindest steigend ist, solange x einen bestimmten Punkt auf der x-Achse nicht überschreitet. Das ist in Ordnung. Mathematiker schränken oft ein, dass eine Definition nicht überall gilt, sondern nur in einem beschränkten Bereich.

zeichnen, um diese Definition mit Sinn zu füllen. Trotzdem können wir in ähnlicher Weise wie oben damit verfahren.

Zuerst sollten wir uns wie in den vorhergehenden Definitionen ein explizites Beispiel für eine zweistellige Verknüpfung überlegen und bestimmen, wie es mit der Definition übereinstimmt. Wie schon zuvor wollen wir mit einer beginnen, von der wir wissen, dass sie kommutativ ist: die Addition. Die Addition wird mit „+" geschrieben, aber in unserer Definition findet sich kein solches Zeichen. Jedoch gibt es einen allgemeinen Namen für eine zweistellige Verknüpfung: In dieser Definition wird sie „*" genannt. Das ist das gleiche Hilfsmittel für eine Notation, das auch in den anderen Definitionen verwendet wurde. Wir hatten eine beliebige Zahl n (die wir in Gedanken durch eine bestimmte Zahl ersetzten) und eine allgemeine Funktion f (die wir in Gedanken durch eine bestimmte Funktion ersetzten). Hier haben wir eine beliebige zweistellige Verknüpfung mit dem Namen „*", die wir (jetzt) in Gedanken durch die spezielle zweistellige Verknüpfung „+" ersetzen.

Die Definition beschreibt, dass diese zweistellige Verknüpfung „auf einer Menge S" wirkt. Was könnte das bedeuten? Wenn wir weiterlesen, sehen wir, dass wir es mit zwei Elementen von S zu tun haben (genannt s_1 und s_2) und diese durch die zweistellige Verknüpfung verbunden werden. Wenn wir uns mit „+" beschäftigen, können wir s_1 und s_2 als ganze Zahlen ansehen, deshalb ist es sinnvoll, für die Menge S die Menge der ganzen Zahlen $\mathbb{Z}$ zu verwenden. Nun sollten wir wie üblich zeigen, dass die Definition genauso für unsere zweistellige Verknüpfung gilt, wie wir es erwarten. In diesem Fall stimmt das auch: Für alle Elemente $s_1, s_2 \in \mathbb{Z}$ gilt $s_1 + s_2 = s_2 + s_1$. Dann können wir uns wie vorher weitere Beispiele überlegen. So ist zum Beispiel auch die Mal-Operation „·" kommutativ auf der Menge $\mathbb{Z}$. Das gilt auch für die zweistellige Verknüpfung „+" auf der Menge aller Funktionen von $\mathbb{R}$ nach $\mathbb{R}$ (für zwei beliebige Funktionen f und g gilt $f + g = g + f$). Wie immer sollte man sich auch Gegenbeispiele überlegen. Wie wir zum Beispiel in Kap. 2 gesehen haben, ist die zweistellige Verknüpfung der Subtraktion nicht kommutativ auf ganzen Zahlen; es gibt Paare ganzer Zahlen s_1 und s_2, für die $s_1 - s_2 \neq s_2 - s_1$ gilt. Wie immer sollten Sie sich detailliert Gedanken darüber machen, auf welche Weise dies zeigt, dass die Subtraktion von ganzen Zahlen die Definition nicht erfüllt.

Um exotischere Beispiele zu finden, denken wir an neuere Objektarten. Wir können uns über Symmetrien in Verbindung mit der zweistelligen Verknüpfung der Hintereinanderausführung Gedanken machen (wie in Kap. 2). Wir haben für diese zweistellige Verknüpfung keine spezielle Notation eingeführt, deshalb können wir die allgemeine „*" verwenden. Wenn wir die Symmetrien auf dem gleichseitigen Dreieck betrachten (Abb. 2.3), erinnern wir uns, dass $r_1 * R^2 \neq R^2 * r_1$ galt. Also erfüllt die Hintereinanderausführung auf der

Menge der Symmetrien des gleichseitigen Dreiecks die Definition nicht und ist daher nicht kommutativ.

Wenn Sie schon Matrizen kennengelernt haben, wissen Sie vielleicht, dass die Matrizenaddition auf der Menge der 2×2-Matrizen kommutativ ist, aber die Matrizenmultiplikation nicht. Prüfen Sie wieder genau nach, wie dieses Wissen mit der Definition übereinstimmt.

3.8 Wie man Definitionen versteht: offene Mengen

Wir haben bisher versucht, Definitionen von vertrauten Begriffen zu verstehen, auch von solchen, die wir noch nicht so lange kennen. Doch Ihr Dozent wird auch Begriffe einführen, die vollkommen neu für Sie sind. Hier folgt eine derartige Definition, die Ihnen in einer Vorlesung zu Analysis, metrischen Räumen oder Topologie begegnen wird.

> **Definition**
>
> Eine Menge $X \subseteq \mathbb{R}$ ist *offen*, dann und nur dann, wenn es für jedes $x \in X$ ein $d > 0$ gibt mit $(x - d, x + d) \subseteq X$.

Der Begriff, der hier definiert wird, ist *offen*. Die meisten Menschen wissen, was offen in Bezug auf Türen, Läden, Dosen, Briefumschläge, Restaurants oder Pappschachteln bedeutet. Unglücklicherweise hilft nichts davon unserer Intuition, was der Begriff bedeuten soll, wenn er auf eine Teilmenge der reellen Zahlen angewendet wird. Aber keine Sorge, wir können die neue Bedeutung trotzdem erfassen, wenn wir die oben besprochenen Strategien verwenden.

Wir wollen zuerst ein Beispiel auswählen, über das wir nachdenken können. Wir benötigen eine Teilmenge der reellen Zahlen (erinnern Sie sich, dass $X \subseteq \mathbb{R}$ genau das bedeutet). Und es ist sinnlos, sich das Leben unnötig schwer zu machen, deshalb wähle ich ein ganz einfaches Beispiel: die Menge, die 2, 5 und all die Zahlen dazwischen enthält. Mathematiker schreiben das als $[2, 5]$ (die eckigen Klammern bedeuten, dass die Endpunkte dazugehören). Wenn wir wollen, können wir das mithilfe der Zahlengeraden darstellen (Abb. 3.5).

In der linken Zeichnung sind die eingeschlossenen Endpunkte durch ausgefüllte Kreise dargestellt. Doch das ist ein wenig missverständlich, denn da-

Abb. 3.5 Eine Teilmenge der reellen Zahlen

Abb. 3.6 Ein Punkt x
in der Teilmenge X

durch sieht es so aus, als seien die Endpunkte irgendwie größer, was aber nicht der Fall ist. In der rechten Zeichnung wird der Einschluss der Endpunkte durch eckige Klammern betont, wie es in der algebraischen Notation üblich ist. Das ist nicht so hübsch und passt immer noch nicht mit der Tatsache zusammen, dass die Endpunkte unendlich klein sind. Aber der menschliche Geist sind ziemlich talentiert darin, sich vorzustellen, dass Diagramme idealisierte Situationen beschreiben, deshalb sind beide in Ordnung.

Jetzt können wir uns überlegen, ob die Menge $X = [2, 5]$ offen ist, indem wir prüfen, ob sie die Definition erfüllt oder nicht. In der Definition steht, dass etwas für alle $x \in X$ wahr ist. Sie können versuchen, an alle x in X auf einmal zu denken, doch ich rate Ihnen davon ab. Normalerweise ist es einfacher, zuerst an einen einzigen Punkt davon zu denken und sich dann zu überlegen, ob und wie man dies verallgemeinern kann. Also nehmen wir ein x und kennzeichnen es (Abb. 3.6).

Beachten Sie, dass ich die Endpunkte vermieden habe, als ich das x wählte, und dass ich nicht den Punkt in der Mitte genommen habe. Auf diese Weise will ich vermeiden, ein x zu wählen, das spezielle Eigenschaften hat, denn so stehen die Chancen am besten, dass ich meine Überlegungen auf die meisten anderen Punkte aus X verallgemeinern kann. Ich könnte natürlich für x auch eine spezielle Zahl nehmen (z. B. 4), aber wir wollen schauen, ob wir weiterkommen, ohne so spezifisch zu werden.

Der Rest der Definition sagt: „Es gibt für jedes $x \in X$ ein $d > 0$ mit $(x - d, x + d) \subseteq X$." Natürlich müssen wir zunächst wissen, was mit $(x - d, x + d)$ gemeint ist. Das ähnelt sehr der Notation $[2, 5]$; $(x - d, x + d)$ bedeutet all die Zahlen zwischen $x - d$ und $x + d$ *ohne* die Endpunkte $x - d$ und $x + d$. Auf der Zahlengeraden kann dies wie in Abb. 3.7 dargestellt werden. Beachten Sie, dass es etwas Spielraum gibt, wie man Entfernungen, Punkte usw. einzeichnet.

Als Zweites möchten wir gerne wissen, was dieses d in Verbindung mit der Frage, ob $[2, 5]$ offen ist, sein könnte. Wir wissen, dass d eine Zahl größer als 0 ist, aber das ist auch schon alles. Doch wieder erweist sich das als nicht so schlimm – wir können einfach ein zufällig aussehendes d nehmen und überlegen, ob es das macht, was wir wollen. Wenn wir ein d gewählt haben, kann ich $x - d$ und $x + d$ in die Abb. 3.8 eintragen.

Abb. 3.7 Eine Umgebung vom Punkt x

Abb. 3.8 Die Zahlengerade mit einer Umgebung d von x

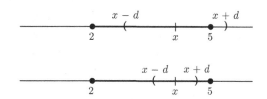

Abb. 3.9 Wir wählen d so, dass die Umgebung in X liegt

Für dieses d gibt es rechts ein Stück aus $(x - d, x + d)$, das außerhalb von X liegt. Können wir also schließen, dass die Definition nicht erfüllt ist? Die Antwort lautet nein, denn in der Definition steht ja nur, dass es eine Zahl $d > 0$ **gibt**, sodass $(x - d, x + d) \subseteq X$. Es steht dort nicht, dass dies für jedes mögliche d so sein muss, nur dass es (mindestens) eines gibt. Und genau das ist der Fall: Wenn wir ein d wählen, das ein bisschen kleiner ist, können wir sicherstellen, dass $(x - d, x + d) \subseteq X$ (Abb. 3.9).

Na gut, das galt aber nur für einen Wert von x, doch unsere Definition sagt: „Für **jedes** $x \in X$ gibt es ein $d > 0$ mit $(x - d, x + d) \subseteq X$." Diese Überlegung gilt verallgemeinert für alle Punkte, die „so ähnlich" sind wie der anfänglich von uns gewählte, in dem Sinne, dass jeder Punkt im Inneren des Intervalls liegt (d. h. keiner der Endpunkte ist). Sogar wenn wir ein x wählen, das wirklich sehr sehr nahe an einem Endpunkt liegt, können wir einfach ein d wählen, das klein genug ist, um $(x - d, x + d) \subseteq X$ zu erfüllen.

Jetzt bleiben nur noch die Endpunkte selbst. Wenn wir zum Beispiel $x = 2$ haben, können wir dann ein geeignetes d auswählen? Die Antwort in diesem Fall ist nein. Ganz egal, wie klein wir d machen, die „linke Hälfte" von $(x - d, x + d)$ wird immer außerhalb von X liegen.[6] Das Entsprechende gilt für die andere Seite des Intervalls. Es gibt also Punkte $x \in X$, für die kein geeignetes d existiert. Deshalb ist die Definition nicht erfüllt und die Menge $X = [2, 5]$ ist nicht offen.

Das Gleiche gilt für jede Menge der Form $[a, b]$. Wir hätten also gleich eine Menge mit dem Namen $[a, b]$ nehmen können und unser Diagramm wie das in Abb. 3.10 zeichnen können.

Das ist ein Vorteil visueller Darstellungen – wir können sie oft verwenden, um eine Verallgemeinerung zu erleichtern.

Abb. 3.10 Eine Teilmenge $[a,b]$ auf der Zahlengeraden

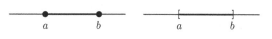

---

[6] Wenn Sie versucht sind zu sagen, „nehmen wir doch $d = 0$", dann sollten Sie sich daran erinnern, dass das durch die Definition verboten ist, welche festlegt, dass $d > 0$ sein muss.

Aber wir haben immer noch kein Beispiel für eine offene Menge gefunden. Doch wir können das, was wir gerade gelernt haben, verwenden, um eine solche zu konstruieren. Es waren nur die Endpunkte des Intervalls, die uns Schwierigkeiten gemacht haben; bei allen Punkten innerhalb konnten wir tun, was die Definition erforderte. Wir können also eine offene Menge konstruieren, indem wir einfach die Endpunkte herausnehmen. Wenn wir eine Menge X der Form (a,b) nehmen, dann gibt es für alle $x \in X$ eine Zahl $d > 0$, sodass $(x - d, x + d) \subseteq X$. Also ist jede Menge der Form (a,b) offen.

Vielleicht interessiert es Sie, dass eine Menge der Form (a,b) als *offenes Intervall*, eine der Form $[a, b]$ als *geschlossenes Intervall* bezeichnet wird.[7] Wenn wir über mathematische Mengen sprechen, sind *offen* und *geschlossen* übrigens keine Gegensätze im herkömmlichen Sinn, genau wie *steigend* und *fallend* bei Funktionen keine Gegensätze im herkömmlichen Sinn sind. Wir können sogar Mengen konstruieren, die sowohl offen als auch geschlossen sind, oder solche, die weder offen noch geschlossen sind. Sie sollten auf so etwas vorbereitet sein, wenn Sie mit dem Mathematikstudium beginnen.

Mit dieser Definition ließ sich schwerer arbeiten als mit den anderen, was auch zu erwarten war, weil wir nicht wussten, was *offen* bedeutet, als wir angefangen haben. Wenn keine Vorkenntnisse über relevante Beispiele bestehen, müssen wir auf eine eher erklärende Art und Weise arbeiten, also zum Beispiel ein Objekt wählen, dann darüber nachdenken und uns fragen, ob es die Definition erfüllt oder nicht. Dabei kann es vorkommen, dass wir viele Möglichkeiten für diese Wahl haben (welche Menge und welche Zahl wir wählen sollen, wie genau wir bei der Wahl sein müssen usw.). Sie werden sich jetzt vielleicht fragen, wie man überhaupt bei der Wahl von Beispielobjekten vorgehen sollte. Vielleicht hätten Sie eher eine Menge mit einer begrenzten Anzahl von Punkten ausgewählt, wie $\{0, 1, 2\}$. Ich würde sagen: Das ist in Ordnung. Wenn Sie vor so einer Situation stehen, ist es besser, ein Objekt zu wählen und sich Gedanken darüber zu machen, als gelähmt dazusitzen und darüber zu grübeln, wie man ein „geeignetes" finden kann. Wenn das von Ihnen gewählte Objekt die gesuchten Eigenschaften besitzt, dann ist es großartig. Wenn nicht, ist es aber auch in Ordnung, denn dann haben Sie etwas über Objekte gelernt, für die die neue Definition nicht gilt, und vermutlich auch darüber, wie Sie ein anderes konstruieren können, für das sie gültig ist. Wenn Sie neue Mathematik lernen, müssen Sie bereit sich, sich die Hände schmutzig zu machen. Viele Dinge auszuprobieren, kann dabei helfen. Und

---

[7] Die Begriffe *offen* und *geschlossen* können tatsächlich so umformuliert werden, dass sie viel allgemeiner gelten, auch jenseits von Teilmengen der reellen Zahlen. Können Sie sich vorstellen, wie *offen* funktionieren könnte, wenn wir von Teilgebieten einer Ebene sprechen statt zum Beispiel über Intervalle auf einer Geraden?

wenn Sie eine Reihe von Beispielobjekten aufbauen, werden Sie routinierter in ihrer Verwendung, um neue Definitionen zu verstehen.

3.9 Wie man Definitionen versteht: Grenzwerte

Wir haben uns bisher Definitionen von einfachen, vertrauten Begriffen angesehen, aber auch solche, die schwieriger zu verstehen sind, weil sie sich mit Objekten befassen, die Sie gerade erst kennengelernt haben oder denen Sie überhaupt noch nicht begegnet sind. Es werden Ihnen auch Definitionen begegnen, bei denen Sie bereits ein sehr gutes Verständnis für die relevanten Objekte entwickelt haben, die Definitionen jedoch so kompliziert scheinen, dass Sie sie kaum damit in Verbindung bringen können. Ein klassisches Beispiel dafür ist die Definition des Grenzwerts:

Definition

Es gilt $\lim_{x \to a} f(x) = L$ genau dann, wenn $\forall \varepsilon > 0$ $\exists \delta > 0$, sodass, wenn gilt $0 < |x - a| < \delta$, dann $|f(x) - L| < \varepsilon$.

Als ich dies zum ersten Mal sah, hielt ich es für großartig – es sah aus wie eine Hieroglyphensprache, und man kann damit hervorragend Menschen beeindrucken, die nicht Mathematik studieren. Doch ich brauchte eine Zeit, bis ich verstand, wie es die Vorstellung eines Grenzwerts zum Ausdruck bringt, und ich habe noch keinen Studenten getroffen, der diese Definition als einfach empfand. Ich werde sie hier nicht erklären, weil uns das zu sehr aufhalten würde, doch der Limesbegriff ist sehr wichtig, und Sie sollten sich beharrlich um ein Verständnis bemühen, wenn diese Definition eingeführt wird.

Natürlich wird Ihr Dozent sie erklären. In der Praxis wird er bei der Neueinführung einer Definition meist einige Beispiele von Objekten geben, für die sie gilt, und vielleicht ein Beispiel eines Objekts, für das sie nicht gilt. Vielleicht erklärt er detailliert, wie die Definition in jedem Fall angewendet werden kann, vielleicht aber auch nicht. Auf jeden Fall wird er von Ihnen erwarten, dass Sie sich über diese geringe Zahl von Beispielen hinaus weitere Objekte überlegen, die die Definitionen erfüllen oder auch nicht, und dass Sie sich klarmachen warum. *Er wird Ihnen vielleicht nicht sagen, dass er genau das von Ihnen erwartet.* Diese Art zu denken ist für Mathematiker so selbstverständlich, dass sie dazu neigen zu vergessen, dass das nicht für jeden so offensichtlich ist. Wenn Sie ein guter Mathematiker werden wollen, sollten Sie sich das auch angewöhnen.

3.10   Definitionen und Intuition

In den vorhergehenden Abschnitten habe ich über Möglichkeiten gesprochen, wie Definitionen mit Ihrem bestehenden, intuitiven Verständnis verschiedener Begriffe korrespondieren könnten. Doch es sollte klar sein, dass Intuition etwas sehr Persönliches ist. Vielleicht stimmt Ihre Intuition in vielen Fällen mit der eines anderen ziemlich gut überein, doch es gibt keine Garantie dafür, dass das immer der Fall sein wird. Daraus folgt, dass es sehr wichtig ist zu wissen, wie man mit mathematischen Definitionen umgeht. In diesem Abschnitt werde ich dies erklären.

Wir wollen zuerst die Funktion in Abb. 3.11 betrachten.[8]

Würden Sie intuitiv sagen, diese Funktion sei steigend oder nicht steigend? Was immer Sie auch meinen, verstehen Sie, dass ein anderer eine abweichende Meinung haben könnte?

Als Mathematiker müssen wir uns über diese Art von Unsicherheit keine Sorgen machen, denn wir fällen solche Entscheidungen, indem wir uns die Definition ansehen. Hier ist sie noch einmal:

Definition

Eine Funktion $f : \mathbb{R} \to \mathbb{R}$ heißt *steigend*, dann und nur dann, wenn für alle $x_1, x_2 \in \mathbb{R}$ mit $x_1 < x_2$ gilt: $f(x_1) \leq f(x_2)$.

Diese Funktion ist steigend, denn immer, wenn wir $x_1, x_2 \in \mathbb{R}$ mit $x_1 < x_2$ wählen, gilt $f(x_1) \leq f(x_2)$. Beachten Sie, dass hier das „oder gleich" im „kleiner oder gleich" wichtig ist. In diesem Fall haben wir an einigen Stellen $f(x_1) = f(x_2)$. Bei den Funktionen, die wir bisher besprochen haben, war

$$f(x) = \begin{cases} x + 1 & \text{für } x < 0 \\ 1 & \text{für } 0 \leq x \leq 1 \\ x & \text{für } x > 1 \end{cases}$$

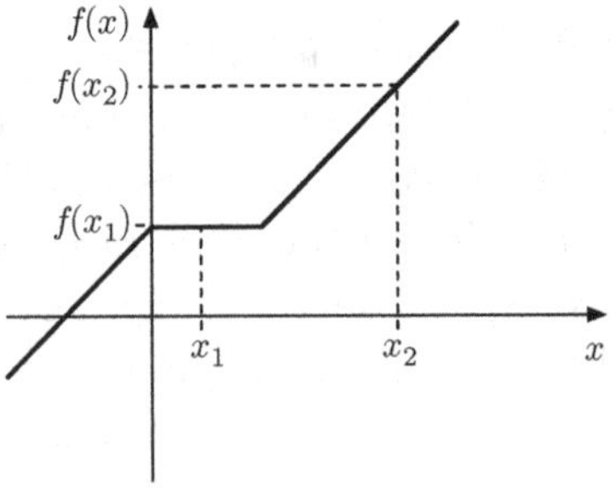

Abb. 3.11   Ist diese Funktion steigend?

---

[8] Vielleicht sind Sie gewohnt, dass eine Funktion durch eine einzige Formel ausgedrückt wird, aber dies hier ist eine perfekte Funktion, die zufällig nur *stückchenweise* definiert ist.

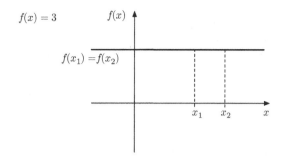

Abb. 3.12 Eine konstante Funktion ist steigend

dies nicht der Fall, und das macht noch einmal deutlich, wie wichtig es ist, darüber nachzudenken, wie ein Beispiel variieren kann.

Je nachdem, wie Sie anfangs geantwortet haben, gefällt Ihnen vielleicht die Tatsache nicht, dass diese Funktion mathematisch als steigend klassifiziert ist. Sie waren vielleicht geneigt zu sagen, dass sie nicht steigend ist, „wegen dem konstanten Teil". Vielleicht gefällt Ihnen die Vorstellung nicht, dass Ihre intuitive Antwort in gewisser Hinsicht falsch war. Vielleicht denken Sie sogar, dass die Definition falsch sein müsse. Wenn dem so ist, versuchen Sie sich davon nicht verwirren zu lassen, denn genau damit beschäftigt sich dieser Abschnitt.

Vielleicht aber hat dieses Beispiel Sie gar nicht irritiert. Wenn das so ist, wie sieht es dann mit dem in Abb. 3.12 aus?

Auch diese Funktion ist steigend. Für alle $x_1, x_2 \in \mathbb{R}$ mit $x_1 < x_2$ gilt: $f(x_1) \leq f(x_2)$, genau wie erforderlich. Zufällig gilt $f(x_1) = f(x_2)$ überall, aber das ist in Ordnung. Die Definition erlaubt diese Möglichkeit. Wie Sie vielleicht schon ahnen werden, ist diese Funktion aus dem gleichen Grund mathematisch gesehen auch *fallend*. (Die Definition von fallend sieht genauso aus, wie Sie vermuten.) Die meisten Menschen finden das wirklich verstörend. Es ist so weit von ihrer intuitiven Antwort entfernt, dass sie zu der Überzeugung gelangen könnten, die Mathematiker müssten alle verrückt geworden sein. Warum das ist nicht der Fall ist, werde ich jetzt erklären und dabei verschiedene Gründe nennen.

Der erste Grund ist, dass Menschen Wörter leicht unterschiedlich verwenden, wenn sie es intuitiv tun. Eventuell neigen Sie dazu, eine bestimmte Funktion als steigend zu bezeichnen, ein anderer würde es vielleicht nicht. Das heißt, die Menge der Funktionen, die Sie als steigend klassifizieren, könnte sich mit der Menge eines anderen so überscheiden, wie es in Abb. 3.13 dargestellt ist.

Sie und die andere Person sind bei „wichtigen" oder „offensichtlichen" Beispielen einer Meinung, aber bei solchen in der Nähe der „Ränder" stimmen Sie nicht überein. Mathematiker mögen diese Art von Situation nicht. Sie verabscheuen sie geradezu! Sie wollen sicher sein, was jeder mathematische Begriff

Abb. 3.13 Unter-
schiedliche Auffas-
sungen, was zu einer
Menge gehört

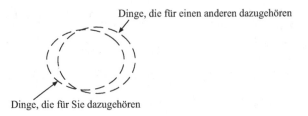

bedeutet, sodass auch alle das Gleiche meinen, wenn sie einen bestimmten Begriff verwenden. Daher führen sie eine Definition ein, um auf präzise Art die Bedeutung zu erfassen, damit alle darin übereinstimmen, sich daran halten zu wollen. So soll sichergestellt werden, dass die Definition sämtliche Fälle umfasst, bei denen alle einer Meinung sind. Doch legen Mathematiker zugleich auch großen Wert auf Einfachheit und Eleganz. Deshalb kommen sie am Ende zu einer Definition, die sich ein klein wenig von der Antwort unterscheidet, die jedermann normalerweise geben würde. Vielleicht überschneidet sich die definierte Menge mit den Vorstellungen von zwei Menschen, wie in Abb. 3.14 dargestellt.

Das erklärt, was bei der Definition von *steigend* passiert ist. Wir möchten nicht sagen: „Eine Funktion ist steigend genau dann, wenn sie im Allgemeinen von links nach rechts immer nach oben geht", denn das wäre nicht sehr präzise. Wir möchten es auch nicht so zum Ausdruck bringen: „Eine Funktion ist steigend, genau dann, wenn für alle $x_1, x_2 \in \mathbb{R}$ mit $x_1 < x_2$ gilt: $f(x_1) \leq f(x_2)$, es sei denn, es ist $f(x_1) = f(x_2)$ für alle $x_1, x_2 \in \mathbb{R}$, in diesem Fall ist sie einfach konstant." Denn das wäre wenig elegant.

Tatsächlich können die historischen Gründe für die Formulierung einer Definition tiefgründiger sein, was uns zum zweiten Grund bringt, warum Definitionen manchmal etwas seltsam klingen. Mathematiker entscheiden sich für gewöhnlich nicht für die genaue Bedeutung eines Begriffs um des Wortes selbst willen, sondern weil sie es für die Formulierung eines Satzes und den zugehörigen Beweis verwenden möchten. Deshalb kann die Abfassung der Definition davon abhängen, was bequem ist, um einen schönen, eleganten und wahren Satz zu formulieren. Das klassische Beispiel dafür ist die Euler'sche

Abb. 3.14 Unter-
schiedliche Auffas-
sungen, was zu einer
Menge gehört, und die
Menge entsprechend
der Definition

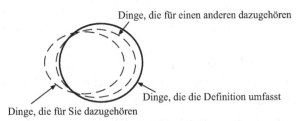

Abb. 3.15 Ein Körper mit einem Loch in der Mitte

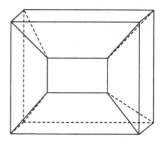

Formel, die die Zahl der Eckpunkte (E), der Kanten (K) und die der Seiten-flächen (S) eines Polyeders zueinander in Beziehung setzt. Die Formel lautet: $E - K + S = 2$. Sie können prüfen, dass sie für Standardfälle wie den Würfel oder ein Tetraeder oder jedes andere Polyeder gilt, das Sie sich vorstellen kön-nen (versuchen Sie es). Doch die Formel stimmt nicht für einen Körper wie jenen, der in Abb. 3.15 dargestellt ist (er weist ein Loch in der Mitte auf).

Die Frage ist nun, was zu tun ist. Sagen wir einfach: „Oh, na ja, macht nichts", und verzichten auf diese hübsche elegante Formel, die in so vielen Fällen gilt? Oder sagten wir: „Gut, dann definieren wir *Polyeder* so, dass es derartige Fälle ausschließt"? Oder definieren wir eine bestimmte Klasse von Polyedern, für die die Formel gilt? Mathematiker fällen derartige Entschei-dungen nicht immer, wenn sie derart vor die Wahl gestellt werden, doch sie müssen solche Überlegungen natürlich mit einbeziehen.

Wenn Sie daran interessiert sind, wie Mathematiker Definitionen formu-liert haben, sollten Sie vielleicht eine optionale Vorlesung zur Geschichte der Mathematik oder zur Philosophie der Mathematik hören. Selbst wenn diese Diskussion für Sie im Augenblick ein wenig zu philosophisch erscheint, soll-ten Sie sich über die Konsequenzen im Klaren sein. Sie sollten wissen, dass Sie manchmal auf mathematische Definitionen treffen werden, die nicht ganz mit Ihrem intuitiven Verständnis übereinstimmen. Es ist ganz in Ordnung, das ein wenig verrückt zu finden, doch Sie müssen damit zurechtkommen. Mathematiker haben ihre kollektiven Entscheidungen aus guten, vernünfti-gen Gründen getroffen. Diese müssen Ihnen nicht immer sofort ersichtlich sein, doch wenn die mathematische Definition eines Begriffs nicht mit Ihrer Intuition übereinstimmt, dann muss Ihre Intuition angepasst werden.

Ich beende dieses Kapitel, indem ich erwähne, dass Sie wissen sollten, dass Mathematiker für steigend/fallend alternativ auch die folgende Definition ver-wenden:

> **Definition**
>
> Eine Funktion $f : \mathbb{R} \to \mathbb{R}$ heißt *streng monoton steigend*, genau dann, wenn für alle $x_1, x_2 \in \mathbb{R}$ mit $x_1 < x_2$ gilt: $f(x_1) < f(x_2)$.

Wenn Sie darüber nachdenken, wie das mit Ihrer Intuition übereinstimmt, wird hoffentlich Ihr Vertrauen in den gesunden Menschenverstand der Mathematiker wiederhergestellt.

Fazit

- Ein Axiom ist eine Annahme, bei der Mathematiker übereinstimmen, dass man sie machen darf. Eine Definition legt die Bedeutung eines mathematischen Begriffs fest. Ein Satz ist eine Aussage über eine Beziehung zwischen zwei oder mehr Arten von Objekten und/oder Eigenschaften.
- Man beweist Axiome und Definitionen nicht (aber ein Dozent könnte erklären, wie eine Definition eine intuitive Vorstellung festlegt), aber man beweist Sätze.
- Mathematische Definitionen sind präzise, sie lassen keine Ausnahmen zu und bieten oft eine algebraische Schreibweise, die man für Beweise verwenden kann.
- Um Definitionen zu verstehen, denkt man sinnvollerweise an Objekte, die die Definition erfüllen, und an solche, die es nicht tun. Dozenten erwarten von Ihnen, dass Sie so vorgehen, auch wenn Sie nicht explizit dazu aufgefordert werden.
- Es ist oft möglich, die Bedeutung einer ganz und gar nicht vertrauten Definition zu erfassen, indem man Beispiele konstruiert, für die sie vielleicht gilt, und dies dann überprüft.
- Gegensätze funktionieren in der Mathematik nicht genauso wie in der Alltagssprache; eine Funktion kann sowohl steigend als auch fallend sein oder keines von beiden.
- Definitionen stimmen nicht notwendigerweise mit der intuitiven Bedeutung von Begriffen überein, das betrifft vor allem „Grenzfälle". Sie sollten sich dessen bewusst sein. Wenn eine Definition nicht mit Ihrer intuitiven Vorstellung übereinstimmt, muss die Intuition daran angepasst werden.

Weiterführende Literatur

Mehr über Definitionen und ihren Platz in der mathematischen Theorie finden Sie in:

- Houston, K.: *Wie man mathematisch denkt: Eine Einführung in die mathematische Arbeitstechnik für Studienanfänger*. Springer Spektrum, Heidelberg (2009)

Lehrbücher, in denen die mathematischen Begriffe aus diesem Kapitel eingeführt werden, sind:

- Liebeck, M. A.: *Concise Introduction to Pure Mathematics* (3rd Edition). CRC Press, Boca Raton (2011)
- Stewart, I. & Tall, D.: *The Foundations of Mathematics*. Oxford University Press, Oxford (1977)

Mehr über das Arbeiten mit Definitionen in Beweisen findet man in:

- Solow, D.: *How to Read and Do Proofs*. John Wiley, Hoboken, NJ (2005)

4
Sätze

Zusammenfassung

In diesem Kapitel geht es sowohl um einfache als auch um komplizierte Sätze. In der ersten Hälfte werden Möglichkeiten besprochen, wie man diese verstehen kann, indem man Beispiele untersucht, die die Voraussetzungen des Satzes erfüllen, und sich überlegt, welche Bedeutung die Schlussfolgerung für diese Beispiele hat. In der zweiten Hälfte sprechen wir über die logische Sprache, in der Sätze geschrieben werden, es werden die Unterschiede zwischen der Alltags- und der in der Mathematik verwendeten Sprache behandelt und auf Dinge hingewiesen, die man sich merken sollte, wenn man die Aussage eines Satzes interpretiert.

4.1 Sätze und logische Notwendigkeit

Erinnern Sie sich daran, dass Sätze etwas über die Beziehungen zwischen mathematischen Objekten und ihren Eigenschaften aussagen? Sie unterscheiden sich von Definitionen, denn diese sagen nur etwas über die Bedeutung eines Begriffs aus. Aber sie unterscheiden sich davon auch noch in einer tiefsinnigeren, philosophischen Hinsicht: Während Definitionen Konventionssache sind – Mathematiker haben sich auf eine Bedeutung geeinigt, doch sie hätten auch eine andere wählen können –, sind Sätze das ganz und gar nicht. Wenn man erst einmal eine Definition festgelegt hat, folgen Sätze aus einer logischen Notwendigkeit. Sobald wir zum Beispiel festgelegt haben, dass gerade Zahlen solche sind, die durch 2 teilbar sind, müssen wir schließen, dass die Summe zweier gerader Zahlen wieder gerade ist. Wir haben bei dieser Art von Schlussfolgerung keine Wahl.

Im Kap. 3 haben wir versucht, Definitionen zu verstehen, indem wir verschiedene Darstellungsweisen von Objekten betrachteten. Bei Sätzen können wir eine ganz ähnliche Strategie anwenden, wobei wir zusätzlich darüber nachdenken müssen, warum die Aussage wahr ist. Im Folgenden finden Sie die Liste der Sätze aus Kap. 3. In diesem Kapitel werden wir uns auf die ersten zwei konzentrieren. Dabei wollen wir nicht so weit gehen, sie zu beweisen, werden aber überlegen, wie wir zu Ideen gelangen, die für die Entwicklung

© Springer-Verlag Berlin Heidelberg 2017

L. Alcock, *Wie man erfolgreich Mathematik studiert*, DOI 10.1007/978-3-662-50385-0_4

eines Beweises hilfreich sein könnten. Auf den dritten Satz werde ich erst in Kap. 5 genauer zurückkommen. Auf den vierten möchte ich dagegen einen kurzen Blick werfen, um zu zeigen, dass wir im Sinne von Objektarten denken können, selbst wenn wir mit den Begriffen noch nicht vertraut sind.

Satz

Sind l, m und n aufeinanderfolgende ganze Zahlen, dann ist das Produkt lmn durch 6 teilbar.

Satz

Wenn f eine gerade Funktion ist, dann ist $\frac{df}{dx}$ eine ungerade Funktion.

Satz

Wenn $ax^2 + bx + c = 0$, dann gilt: $x = \frac{-b \pm \sqrt{b^2 - 4ac}}{2a}$.

Satz

Ist $\Phi : U \to V$ eine lineare Transformation, dann gilt: $\dim(\ker(\Phi)) + \dim(\operatorname{im}(\Phi)) = \dim(U)$.

Am Ende dieses Kapitels werde ich die logische Sprache in Sätzen und in der Mathematik insgesamt ausführlicher besprechen. Das ist wichtig, denn die logische Sprache wird in der Alltagssprache etwas anders verwendet als im mathematischen Vokabular. Dessen müssen Sie sich unbedingt bewusst sein, um mathematische Aussagen richtig interpretieren können und damit Ihr eigenes mathematisches Schreiben exakt wird.

Ich sollte erwähnen, dass in diesem Buch zwar bisher immer der Begriff *Satz* für unsere Aussagen verwendet wurde, doch in der Fachwelt dafür durchaus auch andere Wörter zum Einsatz kommen, zum Beispiel *Theorem, Proposition, Lemma, Behauptung, Korollar* und das scheinbar allumfassende *Ergebnis*. Sehr wichtige Sätze heißen im Deutschen *Theorem* (während das englische *theorem* Sätze und Theoreme umfasst). *Lemma* bezeichnet meist einen kleineren Satz, der dann verwendet wird, um einen größeren, wichtigeren zu beweisen. *Korollar* wird für ein Ergebnis benutzt, das unmittelbar als Konsequenz aus einem größeren Satz folgt. Die anderen Begriffe sind mehr oder weniger austauschbar, wobei ich glaube, dass manche Dozenten sie verwenden, um feine Unterschiede kenntlich zu machen – fragen Sie nach, falls Sie nicht sicher sind. Derartige Unterscheidungen können wichtig sein, wenn ein Dozent etwa Studenten dabei zu helfen versucht, die Struktur einer ganzen Vorlesung zu durchschauen (Was ist wichtig, was nur eine Hilfskonstruktion?). Der Einfachheit halber verzichte ich hier aber darauf, ich nenne alles *Satz*.

4.2 Ein einfacher Satz über ganze Zahlen

Wir konnten schon in Kap. 3 beobachten, dass alle Sätze folgenden Aufbau haben:

Wenn das wahr ist, *dann* ist auch das andere wahr.

Wichtig zu wissen ist, dass Mathematiker derartige Aussagen stets mit einem impliziten „immer" verbinden. Der erste Satz sollte so interpretiert werden, dass er Folgendes bedeutet: Sind l, m und n aufeinanderfolgende ganze Zahlen, dann ist das Produkt lmn *immer* durch 6 teilbar. Beim zweiten Satz ist gemeint: Wenn f eine gerade Funktion ist, dann ist df/dx immer eine ungerade Funktion. Eigentlich sollten Mathematiker etwas wie das Folgende schreiben:

> **Satz**
>
> Für alle ganzen Zahlen l, m und n gilt: Sind l, m und n aufeinanderfolgend, dann ist das Produkt lmn durch 6 teilbar.

Dadurch wird das Ganze aber etwas länger, und weil jeder mit der Standardinterpretation vertraut ist, scheibt man es nur selten so.

Sobald wir das wissen, ist der erste Satz leicht zu verstehen, denn er handelt von ganzen Zahlen. Sie werden das Gefühl haben, ihn ohne irgendein Zutun Ihrerseits zu verstehen, selbst wenn Sie nicht wissen, warum er wahr ist. Aber ich möchte Sie auf einige Punkte hinweisen. Zuerst einmal beachten Sie, dass die Voraussetzung die Objekte einführt, mit denen wir arbeiten werden, und dass sie uns sagt, was wir über ihre Eigenschaften annehmen sollen. In diesem Fall sind die Objekte drei ganze Zahlen, und die einzige Eigenschaft, die sie aufweisen müssen, ist, dass sie aufeinanderfolgen. Die Schlussfolgerung verrät uns etwas, was logisch aus den Voraussetzungen folgt. Sie sagt uns nicht, *warum* sie folgt, nur dass sie es tut. Hier behauptet die Folgerung, dass das Produkt unserer drei aufeinanderfolgenden ganzen Zahlen immer durch 6 teilbar sein wird.

Das heißt, wir können Überlegungen zu diesem Satz anstellen, wenn wir drei aufeinanderfolgende ganze Zahlen wählen und sie miteinander multiplizieren. Wenn wir zum Beispiel 4, 5 und 6 miteinander multiplizieren, erhalten

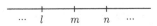

Abb. 4.1   Drei aufeinanderfolgende Zahlen auf der Zahlengerade

wir 120, das ist natürlich durch 6 teilbar. Aber das wäre es ohnehin immer gewesen, denn 6 war einer der Faktoren, mit denen wir begonnen hatten. Das ist also kein sehr erleuchtendes Beispiel. Wie sieht es mit 7, 8 und 9 aus? Wenn wir diese miteinander multiplizieren, erhalten wir 504 und können leicht prüfen, dass diese Zahl durch 6 teilbar ist. Wir können noch andere Mengen aus drei aufeinanderfolgenden ganzen Zahlen ausprobieren: -21, -20 und -19 ist ein perfektes Beispiel, ein weiteres -1, 0, 1. Es ist wichtig, dass man weniger offensichtliche Fälle wie diese verwendet, um zum tieferen Verständnis eines Satzes zu gelangen.

Natürlich ist es nicht meine Absicht, dass Sie Ewigkeiten damit verbringen, Dreiermengen aus aufeinanderfolgenden Zahlen zu multiplizieren. Wenn Sie diese Rechnung immer wieder ausführen, werden Sie vermutlich kaum zu weiteren Einsichten darüber gelangen, warum dieser Satz wahr ist, und es wäre irgendwann auch langweilig. Vielleicht ist es ja nützlich, sich andere Wege zu überlegen, um die Objekte darzustellen. Wir könnten die aufeinanderfolgenden ganzen Zahlen zum Beispiel auf einer Zahlengeraden eintragen (Abb. 4.1).

Andere Darstellungsweisen betonen manchmal verschiedene Aspekte einer mathematischen Situation. Hilft die vorliegende Ihnen, etwas zu bemerken, was nützlich sein könnte? Wir werden darauf in Kap. 5 noch einmal zurückkommen, wenn wir uns einen Beweis ansehen.

4.3   Ein Satz über Funktionen und Ableitungen

Fürs Erste werden wir mit dem zweiten Satz weitermachen:

> **Satz**
>
> Wenn f eine gerade Funktion ist, dann ist df/dx eine ungerade Funktion.

Hier ist mehr Arbeit zu erledigen, denn die Objekte und Eigenschaften sind abstrakter. Wieder werden in den Voraussetzungen die Objekte eingeführt, mit denen wir uns beschäftigen, und uns mitgeteilt, welche Eigenschaften sie haben. In diesem Fall wird nur ein Objekt eingeführt – eine Funktion f – und festgestellt, dass sie gerade ist. *Gerade* ist eine mathematische Eigenschaft, deshalb gibt es dafür eine Definition. Wenn wir nachschlagen, finden wir dazu Folgendes:

Definition

Eine Funktion f heißt *gerade*, genau dann, wenn für alle x gilt: $f(-x) = f(x)$.

Ich möchte betonen, dass Sie Definitionen nachschlagen *müssen*, falls diese Ihnen nicht schon bekannt sind oder Sie nicht genau wissen, was ein Begriff bedeutet. Wenn Sie das nicht tun – sich also gestatten, nur mit einem vagen und schwammigen Verständnis eines Begriffs weiterzuarbeiten –, werden Sie vermutlich kaum eine gute Einsicht in den Satz erlangen.

In diesem Fall hat unsere Funktion f die Eigenschaft[1], dass für alle x gilt: $f(-x) = f(x)$. Vermutlich können Sie sich einige Funktionen mit dieser Eigenschaft vorstellen, selbst wenn Sie bisher kaum damit zu tun hatten. Zum Beispiel hat die Funktion $f(x) = x^2$ diese Eigenschaft. Das Gleiche gilt für $f(x) = \cos x$. Aus diesen Beispielen können wir ganz leicht weitere gewinnen: $f(c) = x^2 + 1, f(x) = 3 \cos x$ usw.

Eine weitere Darstellung ist hier nützlich, weil wir es gewohnt sind, über Graphen nachzudenken. Wenn Sie schon einmal *gerade Funktionen* untersucht haben, wissen Sie vielleicht, dass diese symmetrisch zur y-Achse sind. Wenn nicht, können Sie das leicht einsehen, indem Sie einen Blick auf Abb. 4.2 werfen und über die möglichen Werte von x nachdenken. Sie können auch alle ähnlichen Graphen der Funktionen nehmen, die wir gerade aufgelistet haben.

Es hilft also, die Voraussetzungen zu verstehen, wenn man sich Beispiele und Graphen ausdenkt. Wie sieht es aber mit der Schlussfolgerung aus? Sie sagt aus, dass df/dx eine ungerade Funktion ist. Zuerst müssen wir sicherstellen, dass wir wissen, mit welchen Objekten wir es jetzt zu tun haben. Aus

Abb. 4.2 Der Graph einer symmetrischen Funktion

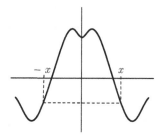

---

[1] Eine Definition könnte auch ausdrücklich erwähnen, dass $(-x)$ im Definitionsbereich von f liegen muss. In der höheren Mathematik werden Sie feststellen, dass man hinsichtlich derartiger technischer Anforderungen immer sorgfältiger wird.

dem zweiten Kapitel sollte Ihnen bekannt sein, dass, wenn f eine Funktion ist, das auch auf df/dx zutrifft. Vielleicht sollten wir uns aber die Definition von *ungerade* ansehen.

Definition

Eine Funktion f heißt *ungerade*, genau dann, wenn für alle x gilt: $f(-x) = -f(x)$.

Diese sieht sehr ähnlich wie die Definition von *gerade* aus, versichern Sie sich also, dass Sie wissen, wo der Unterschied liegt. So etwas sollte Sie nicht langweilen – manchmal macht die Verschiebung eines einzigen Symbols den Unterschied aus.

Wie zuvor können wir prüfen, ob die Folgerung für einige der Objekte gilt, die der Voraussetzung genügen. Nehmen wir zum Beispiel $f(x) = x^2$. Dann ist $df/dx = 2x$. Erfüllt das die Definition von *ungerade*? Ja, denn $2(-x)$ ist immer gleich $-(2x)$. Wir können das auch grafisch veranschaulichen (Abb. 4.3).

Das Gleiche passiert bei den Ableitungen der anderen geraden Funktionen (versuchen Sie es). Aber genau wie beim letzten Satz könnten wir den ganzen Tag damit weitermachen, gerade Funktionen zu konstruieren, sie abzuleiten und dann zu prüfen, ob die Ableitungen ungerade sind, ohne je zu verstehen, *warum* die Folgerung gilt. Bei diesem Satz könnten Sie mehr verstehen, wenn Sie sich Graphen von geraden Funktionen ansehen und die Ableitungen der Funktionen als deren Steigung auffassen. Doch leider wird das Auf-einen-Graphen-Zeigen („Schau mal!") für gewöhnlich nicht als geeignete Art und Weise angesehen, etwas zu beweisen. Wir kommen darauf in Kap. 5 noch einmal zurück.

Abb. 4.3 Die Funktion $f = 2x$ ist ungerade

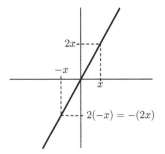

4.4 Ein Satz über weniger vertraute Objekte

Wir werden uns jetzt den vierten Satz ansehen, der etwas schwieriger ist, weil Ihnen die Objekte vollkommen unvertraut sein dürften. Wenn Sie noch nicht studieren oder noch keine Vorlesung in linearer Algebra gehört haben, dann versuchen Sie ein Gefühl für die Inhalte dieses Abschnitts zu entwickeln, aber machen Sie sich keine Sorgen, wenn Sie diese nicht im Detail verstehen. Das Wichtigste ist, dass Sie verstehen, um welche Objekte es sich in diesem Satz handelt – eine Abbildung, Mengen von Vektoren und drei Zahlen – und wie wir eine allgemeine Darstellung von ihnen erhalten. (Falls Sie diesen Abschnitt überhaupt nicht verstehen, machen Sie einfach mit dem Rest dieses Kapitels weiter, denn es beschäftigt sich wieder mit einfacheren Ideen).

Hier ist die Aussage des Satzes noch einmal:

> **Satz**
>
> Ist $\Phi : U \to V$ eine lineare Transformation, dann gilt: $\dim(\ker(\Phi)) + \dim(\operatorname{im}(\Phi)) = \dim(U)$.

Wie immer fangen wir mit den Voraussetzungen an. Hier wird ein Objekt $\Phi : U \to V$ eingeführt und festgestellt, dass es sich dabei um eine lineare Transformation handelt. Wie schon zuvor bedeutet die Notation $\Phi : U \to V$, dass Φ der Name einer bestimmten Funktion ist, die jedes Element der Menge U auf ein Element der Menge V abbildet. In diesem Zusammenhang sind die Mengen U und V *Vektorräume*, also Mengen aus Vektoren (mit bestimmten Eigenschaften). Wir können uns die Situation also wie in Abb. 4.4 gezeigt vorstellen.

Der gekrümmte Pfeil mit der Bezeichnung „Φ" weist darauf hin, dass es sich um eine Abbildung von U auf V handelt. Im unteren Teil der Abbildung sind einige Vektoren aus U und V aufgelistet und die geraden Pfeile

Abb. 4.4 Eine Abbildung zwischen zwei Vektorräumen

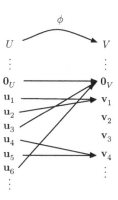

zeigen, wie Φ einen bestimmten Vektor aus U auf einen bestimmten Vektor aus V abbildet (z. B. ist $\Phi(\mathbf{u}_2) = \mathbf{v}_1$). Ich habe einige Weiterführungspunkte eingezeichnet, um anzuzeigen, dass es viel mehr Vektoren geben kann, als eingezeichnet sind. Auch einen Nullvektor habe ich für beide Mengen eingetragen. (Sie werden lernen, dass es in jedem Vektorraum einen Nullvektor gibt.) Beachten Sie, dass uns nichts davon abhält, mehrere Vektoren aus U auf einen einzigen in V abzubilden, und dass nicht unbedingt jeder Vektor aus V abgebildet werden muss.

Die Abbildung zeigt also die Situation, die in der Voraussetzung des Satzes genannt wird. Die Folgerung sagt:

$$\dim(\ker(f)) + \dim(\operatorname{im}(f)) = \dim(U).$$

Wie schon in Kap. 2 erklärt, ist *„dim"* die Abkürzung für *Dimension, „ker"* die für *Kern* und *„im"* die für *Bild* (engl. image). Die Klammern, die in diesem Ausdruck verwendet werden, können als „von" gelesen werden (genau wie man $f(x)$ als „f von x" liest). Die Schlussfolgerung kann also laut ausgesprochen folgendermaßen gelesen werden:

Die Dimension des Kerns von Phi plus die Dimension des Bildes von Phi ist gleich der Dimension von U.

Wir können das mit der Abb. 4.4 in Verbindung bringen, indem wir einige Definitionen nachschlagen. Die Definition des Kerns lautet:

Definition

Sei $\Phi : U \rightarrow V$ eine lineare Transformation. Dann gilt: $\ker(\Phi) = \{\mathbf{u} \in U | \Phi(\mathbf{u}) = 0_V\}$.

Das bedeutet, dass $\ker(\Phi)$ die Menge aller Vektoren $\mathbf{u}$ in U ist, sodass $\Phi(u) = 0_V$, d. h. alle Vektoren in U, die durch Φ auf den Nullvektor in V abgebildet werden. Unsere Abbildung zeigt einige Vektoren in U, die auf 0_V abgebildet werden, diese sind deshalb alle in $\ker(\Phi)$.

Die Definition vom Bild lautet:

Definition

Sei $\Phi : U \rightarrow V$ eine lineare Transformation. Dann gilt:

$$\operatorname{im}(\Phi) = \{\mathbf{v} \in V | \mathbf{v} = \Phi(\mathbf{u}) \text{ für manche } \mathbf{u} \in U\}.$$

Das bedeutet, im(Φ) ist die Menge aller Vektoren **v** in V, sodass **v** für manche Vektoren **u** in U gleich $\Phi(\mathbf{u})$ ist; d. h. alle Vektoren in V, die von etwas, das aus U kommt, „getroffen" werden. Abb. 4.4 zeigt einige Vektoren in V, die von etwas getroffen werden, also sind sie in im(Φ) enthalten.

ker(Φ) ist also eine Menge von Vektoren in U, und im(Φ) ist eine Menge von Vektoren in V. Vergegenwärtigen Sie sich daran, dass auch U eine Menge aus Vektoren ist und dass die Schlussfolgerung die Dimensionen jeder dieser Mengen aus Vektoren miteinander in Beziehung setzt. Eine Definition für den Begriff *Dimension* aufzustellen erfordert mehr Arbeit, aber in Abschn. 2.4 wurde *Dimension* etwas formlos als die Zahl der Vektoren beschrieben, die man benötigt, um „alle anderen zu erzeugen". Also sind dim(ker(Φ)) + dim(im(Φ)) und dim(U) Zahlen, und die Schlussfolgerung dieses Satzes setzt diese Zahlen zueinander in Beziehung.

Für diese Erklärung benötigte man viele Objekte, und vielleicht haben Sie sie deshalb als ziemlich abstrakt empfunden. Wenn Sie dieses Thema richtig lernen, werden Sie viele typische Beispiele von Vektorräumen und linearen Transformationen kennenlernen und anhand dieser Beispiele sowie anhand allgemeiner Darstellungen weitere Überlegungen darüber anstellen können.

4.5 Die logische Sprache: „wenn"

Ich habe festgestellt, dass ich oft neue Aussagen zu meinem bestehenden Wissen finden kann, wenn ich über konkrete Objekte nachdenke. Aber es ist auch möglich, sein Verständnis zu vertiefen, indem man sich über die logische Struktur einer Aussage Gedanken macht. Dazu müssen wir darauf achten, wie die Sprache der Logik in der Mathematik verwendet wird. Damit werden wir uns im Rest dieses Kapitels beschäftigen. Zuerst schauen wir uns an, wie das Wörtchen „wenn" in der Mathematik verwendet wird.

Betrachten Sie eine Aussage der Form: „Wenn A, dann B." Das wird manchmal als $A \Rightarrow B$ geschrieben und als „A daraus folgt B" ausgesprochen. Die Verwendung des Pfeils verdeutlicht die Vorstellung, dass diese Aussage eine Richtung hat. Das kann wichtig sein, denn wir werden Situationen kennenlernen, in denen $A \Rightarrow B$ wahr ist, $B \Rightarrow A$ jedoch nicht. Manchmal stimmen aber auch beide Richtungen, zum Beispiel in diesem Fall:

x ist gerade $\Rightarrow x^2$ ist gerade (wahr).

x^2 ist gerade $\Rightarrow x$ ist gerade (wahr).

Manchmal ist eine Richtung wahr, aber die andere falsch, etwa in diesem Fall:

$x < 2 \Rightarrow x < 5$ (wahr).

$x < 5 \Rightarrow x < 2$ (falsch).

Diese Aussagen sind eigentlich etwas ungenau, denn wir haben nicht festgelegt, welche Art von Objekt x ist. Vermutlich haben Sie angenommen, dass es sich beim Fall des Quadrats um eine ganze Zahl handelt und bei den Ungleichungen um eine reelle Zahl, denn das wäre sinnvoll. Doch um deutlicher zu sein, könnten wir etwas wie das Folgende schreiben:

Für alle $x \in \mathbb{R}, x < 5 \Rightarrow x < 2$.

Hier erkennt man leichter, warum eine bestimmte Aussage falsch ist: Es gibt einige reelle Zahlen, die kleiner als 5, aber größer als 2 sind. Trotzdem lassen Mathematiker derartige Ausdrücke manchmal weg, wenn sie etwas notieren oder die beabsichtigte Interpretation offensichtlich ist.

Wenn beide Richtungen auf einmal diskutiert werden sollen, verwenden Mathematiker den Doppelpfeil, der als „ist äquivalent zu" oder „dann und nur dann" gelesen werden kann (im Englischen gibt es auch die Abkürzung „iff" mit zwei „f"). Das Folgende sind also verschiedene Schreibweisen der gleichen (wahren) Aussage über ganze Zahlen:

x ist gerade $\Leftrightarrow x^2$ ist gerade.

x ist gerade, dann und nur dann, wenn x^2 gerade ist.

Wir haben den Ausdruck „dann und nur dann" schon früher in unseren Definitionen gesehen. Hier ist noch einmal ein Beispiel:

Definition

Eine Zahl n heißt *gerade*, dann und nur dann, wenn es eine ganze Zahl k gibt, sodass gilt: $n = 2k$.

Zur Reflexion dieser Aussage könnte es hilfreich sein, wenn wir die Definition teilen und jede Folgerung einzeln aufführen:

Eine Zahl n ist gerade, *wenn* es eine ganze Zahl k gibt mit $n = 2k$.

Eine Zahl n ist gerade, *nur dann*, wenn es eine ganze Zahl k gibt mit $n = 2k$.

Diese hängt eng mit meinem Hinweis im Kap. 3 zusammen, dass wir mit unserer Definition die geraden Zahlen „einfangen" möchten und jene ausschließen, die es nicht sind. Können Sie sehen, wie wir das machen?

Eine letzte Bemerkung über eine Aussage der Form „*A* dann und nur dann, wenn *B*": Hier können wir zwei Ansätze wählen, wenn ein Beweis erfolgen soll. Wir können entweder einen Beweis konstruieren, bei dem alle Zeilen äquivalent zueinander sind, oder die beiden Aussagen $A \Rightarrow B$ und $B \Rightarrow A$ getrennt beweisen. Aspekte, wie man Beweise konstruiert und schreibt, werden genauer in den Kap. 6 und 8 besprochen.

4.6   Die logische Sprache: „wenn" in der Alltagssprache

Die Verwendung von „wenn" und „$\Rightarrow$" klingt ganz simpel, wenn wir einfache mathematische Aussagen betrachten wie die im letzten Abschnitt. Aber ich möchte Ihre Aufmerksamkeit auf zwei mögliche Quellen für Verwechslungen lenken.

Erstens müssen wir gründlich nachdenken, um zu entscheiden, welches der „wenn" und „nur dann" zu jeweils welcher Folgerung gehört. Vielleicht wird Ihnen das klarer, wenn Sie überlegen, welches davon den Daraus-folgt-Pfeil in diesen beiden Versionen der gleichen (wahren) Aussage ersetzt:

$$x < 2 \Rightarrow x < 5x < 5 \Leftarrow x < 2.$$

Zweitens zeigt es sich, dass Menschen im Alltag „wenn" *nicht* immer im mathematischen Sinne interpretieren. Unsere Alltagssprache verwenden wir in der Regel ziemlich unpräzise, verlassen uns darauf, dass der Kontext unserem Zuhörer zu verstehen hilft, was wir gemeint haben. Stellen Sie sich zum Beispiel vor, jemand sagt zu Ihnen:

„Wenn Sie das Auto putzen, dann können Sie Freitagabend ausgehen."

Sie können daraus vernünftigerweise schließen, dass Sie, wenn Sie das Auto nicht waschen, am Freitagabend nicht ausgehen dürfen. Das ist offensichtlich das, was der Sprecher sagen wollte. Und ein anderer könnte schließen, dass Sie das Auto gewaschen haben, wenn Sie am Freitag ausgehen durften. Aber eigentlich ist *keines davon logisch äquivalent zur ursprünglichen Aussage*. Vielleicht ist das am besten erkennbar, wenn man es mit einer einfachen Aussage über Ungleichheiten vergleicht.

sauberes Auto	$\Rightarrow$	am Freitag ausgehen	$x < 2 \Rightarrow x < 5$
kein sauberes Auto	$\Rightarrow$	am Freitag nicht ausgehen	$x \geq 2 \Rightarrow x \geq 5$
sauberes Auto	$\Leftarrow$	am Freitag ausgehen	$x < 2 \Leftarrow x < 5.$

Die zweite und die dritte Aussage sind in beiden Fällen logisch nicht dasselbe wie die erste. Alternativ dazu könnten Sie über diese Alltagssituation nachdenken und zum Schluss kommen, dass die ursprüngliche Aussage nichts darüber zum Ausdruck bringt, was passiert, wenn Sie das Auto nicht waschen. Es wäre also kein Widerspruch, wenn Sie das Auto nicht waschen würden und trotzdem ausgehen dürften. Eigentlich sollte die Person, die mit Ihnen verhandelt, sagen:

„Sie können Freitagabend ausgehen, *dann und nur dann*, wenn Sie das Auto putzen."

Natürlich spricht so niemand. Deshalb könnte es sein, dass Sie weniger Erfahrung darin haben, logische Aussagen zu interpretieren, als Sie denken. Aber die Verwendung einer logischen Sprache in einem mathematisch richtigen Sinn ist nicht allzu schwierig, denn es gibt Fälle, in denen die beabsichtigte Auslegung der natürlichen Sprache mit der der mathematischen übereinstimmt. Betrachten Sie folgenden Satz:

„Wenn Martin aus Heidelberg kommt, dann kommt Martin aus Baden-Württemberg."

Niemand, der das hört, käme auf die Idee, folgende Schlüsse daraus zu ziehen:

„Wenn Martin nicht aus Heidelberg kommt, dann kommt Martin nicht aus Baden-Württemberg."
„Wenn Martin aus Baden-Württemberg kommt, dann kommt Martin aus Heidelberg."

Doch diese Schlüsse sind ganz analog zu den Aussagen über das Autowaschen, die wir uns vorher angesehen haben. Sie sollten verstehen warum.

Im Satz über Heidelberg entspricht die übliche Interpretation der Aussage der mathematischen. Wir können sie auch verwenden, um etwas ganz Allgemeingültiges über die logische Entsprechung verschiedener Schlussfolgerungen zu verdeutlichen. Bei jeder Aussage der Form $A \Rightarrow B$ können wir drei miteinander zusammenhängende Aussagen betrachten: ihr *Gegenteil*, ihre *Umkehrung* und ihre *Kontraposition*. Mit dem Heidelberg-Beispiel bedeutet das Folgendes:

Original	$A \Rightarrow B$	aus Heidelberg
		$\Rightarrow$ aus Baden-Württemberg
Gegenteil	$B \Rightarrow A$	aus Baden-Württemberg
		$\Rightarrow$ aus Heidelberg
Umkehrung	nicht $A \Rightarrow$ nicht B	nicht aus Heidelberg
		$\Rightarrow$ nicht aus Baden-Württemberg
Kontraposition	nicht $B \Rightarrow$ nicht A	nicht aus Baden-Württemberg
		$\Rightarrow$ nicht aus Heidelberg

Wenn wir stattdessen unser einfaches mathematisches Beispiel verwenden, bedeutet das Folgendes:

Original	$A \Rightarrow B$	$x < 2 \Rightarrow x < 5$
Gegenteil	$B \Rightarrow A$	$x < 5 \Rightarrow x < 2$
Umkehrung	nicht $A \Rightarrow$ nicht B	$x \geq 2 \Rightarrow x \geq 5$
Kontraposition	nicht $B \Rightarrow$ nicht A	$x \geq 5 \Rightarrow x \geq 2$.

Mithilfe dieses Beispiels sollten Sie sich einfach merken können, dass falls $A \Rightarrow B$ eine wahre Aussage ist, auch ihre Kontraposition wahr sein wird (tatsächlich entsprechen sie sich logisch), aber für das Gegenteil und die Umkehrung muss das nicht gelten.

Zum Schluss möchte ich noch darauf hinweisen, dass Ihr Dozent in Sätzen und Beweisen „wenn" und „dann und nur dann" sehr sorgfältig verwenden, in Definitionen hingegen etwas formloser damit umgehen wird. In einer Definition wird er vielleicht nur „wenn" statt „dann und nur dann" schreiben. Das ist genauso in Ordnung wie in der Alltagskommunikation: Jeder weiß, dass in einer Definition genau das gemeint ist.

4.7 Die logische Sprache: Quantoren

Als Nächstes möchte ich über die Ausdrücke „für alle" und „es existiert" sprechen. Sie werden *Quantoren* genannt, denn sie verraten uns, über wie viele von etwas wir reden. Sie werden in der Mathematik so oft verwendet, dass es eigene Symbole dafür gibt: Wir verwenden „$\forall$" (den *Allquantor*), der „für alle" repräsentiert, und „$\exists$" (den *Existenzquantor*), der „es gibt" oder „es existiert" bedeutet.

In einfachen Aussagen sind Quantoren ganz einfach zu verstehen. Hier ein einfaches Beispiel:

$$\forall x \in \mathbb{Z}, \, x^2 \geq 0.$$

In dieser Aussage schreiben wir $\forall x \in \mathbb{Z}$, um genau festzulegen, über welche Objekte wir sprechen. Wir könnten auch einfach $\forall x$ schreiben – und manche tun das gelegentlich, wenn es offensichtlich ist, um welche Art von Zahlen (oder anderen Objekten) es sich in einer Aussage handelt. Aber das ist vieldeutig. In diesem Fall könnte die Aussage genauso reelle oder komplexe Zahlen betreffen, dann muss man sich Gedanken über den Wahrheitsgehalt machen, denn während $\forall x \in \mathbb{Z}, \, x^2 \geq 0$ wahr ist, stimmt $\forall x \in \mathbb{C}, \, x^2 \geq 0$ nicht. Es ist also besser, genau zu sein.

Bei komplizierteren Quantoren-Aussagen muss man gründlicher nachdenken, auch wenn wir durch die Definitionen aus Kap. 3 schon etwas Übung haben. Hier folgt dafür ein Beispiel, erst in Worten ausgedrückt, dann mithilfe des neuen Symbols abgekürzt[2]:

Definition

Eine Funktion $f : \mathbb{R} \to \mathbb{R}$ heißt *steigend*, dann und nur dann, wenn für alle $x_1, x_2 \in \mathbb{R}$ mit $x_1 < x_2$ gilt: $f(x_1) \leq f(x_2)$.

Definition

$f : \mathbb{R} \to \mathbb{R}$ heißt *steigend*, dann und nur dann, wenn $\forall x_1, x_2 \in \mathbb{R}$ mit $x_1 < x_2$ gilt: $f(x_1) \leq f(x_2)$.

Hier folgt ein einfaches Beispiel mit dem Existenzquantor:

$$\exists x \in \mathbb{Z}, \, \text{sodass} \, x^2 = 25.$$

Das ist eine wahre Aussage, denn wenn Mathematiker „es gibt" sagen, meinen sie „es gibt mindestens ein". In diesem Fall gibt es zwei verschiedene ganze Zahlen, für die die Aussage richtig ist. In anderen Fällen könnte es Hunderte geben. Studenten finden es manchmal seltsam, dass wir „es gibt" sagen, ohne festzulegen, wie viele; denn wenn wir schon wissen, wie viele es gibt, dann scheint es ungenau zu sein, das nicht auch hinzuschreiben. Doch geht es in der Hochschulmathematik – zumindest teilweise – mehr um allgemeine Beziehungen von Begriffen als darum, „Antworten an sich" zu finden. Wir

---

[2] Wenn Sie sich wundern, warum ich nicht auch noch $\Leftrightarrow$ als Abkürzung für „dann und nur dann" verwendet habe: einfach deshalb, weil das in Definitionen in der Regel nicht üblich ist. Ich weiß aber nicht warum.

erkennen weitere Gründe, warum es sinnvoll ist, „es gibt" ohne nähere Spezifikationen zu verwenden, wenn wir uns eine andere unserer Definitionen ansehen (wieder sowohl ausgeschrieben als auch abgekürzt):

Definition

Eine Zahl n heißt *gerade*, dann und nur dann, wenn es eine ganze Zahl k gibt, sodass gilt: $n = 2k$.

Definition (abgekürzt)

$n \in \mathbb{Z}$ heißt *gerade*, dann und nur dann, wenn $\exists k \in \mathbb{Z}$, sodass gilt: $n = 2k$.

Diese Definition liefert uns eine anerkannte Methode, wie wir entscheiden können, ob eine Zahl gerade ist oder nicht. Um diese Entscheidung fällen zu können, müssen uns nicht interessieren, um was es sich bei dem einzelnen k handelt, sondern es geht nur darum, ob es eines gibt oder nicht. Sie erlaubt uns auch, allgemeine Beweise über alle geraden Zahlen zu führen. So könnten wir mit einer Aussage wie „sei n gerade, dann $\exists k \in \mathbb{Z}$, sodass $n = 2k$" beginnen (vgl. Sie das mit unserem Beweis in Abschn. 3.5). In diesem Fall möchten wir nicht festlegen, was k ist, denn wir wollen, dass die folgende Argumentation für jede Zahl, die die Bedingung erfüllt, gültig ist.

4.8 Die logische Sprache: mehrfache Quantoren

In machen mathematischen Aussagen gibt es mehr als einen Quantor. Die folgende Definition (wieder mit abgekürzter Version) könnte man als doppelt quantifiziert oder als eine mit ineinandergeschachtelten Quantoren bezeichnen:

Definition

Eine Menge $X \subseteq \mathbb{R}$ ist *offen*, dann und nur dann, wenn es für jedes $x \in X$ ein $d > 0$ gibt mit $(x - d, x + d) \subseteq X$.

Definition (abgekürzt)

$X \subseteq \mathbb{R}$ ist *offen*, dann und nur dann, wenn $\forall x \in X \, \exists d > 0$ mit $(x - d, x + d) \subseteq X$.

Abb. 4.5 Für ein anderes *x* braucht man ein anderes passendes *d*

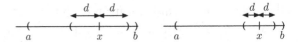

Wenn es in einer Aussage mehr als einen Quantor gibt, ist die *Reihenfolge, in der sie auftreten, sehr wichtig.* In dieser Definition heißt es: „Für alle *x* gibt es ein *d*", und in Kap. 3 haben wir uns vorgestellt, dass wir einen bestimmten *x*-Wert genommen und dafür ein geeignetes *d* gefunden haben. Uns war klar, dass wir vielleicht für ein anderes *x* ein anderes *d* gebraucht hätten (vielleicht ein kleineres wie rechts in Abb. 4.5).

Stünde in der Definition stattdessen „es gibt ein *d* für jedes *x*", würden es Mathematiker so lesen, als könnte man ein einzelnes *d* wählen, das für alle *x* funktioniert. Und das ist ganz und gar nicht das Gleiche.

Um sicherzugehen, dass Sie das auch richtig verstanden haben, betrachten Sie die beiden folgenden Aussagen. Eine ist wahr, die andere falsch. Welche ist was?

$$\exists y > 0, \text{ sodass } \forall x > 0, y < x.$$
$$\forall x > 0 \ \exists y > 0, \text{ sodass } y < x.$$

Es ist völlig normal, das als schwierig zu empfinden, denn in der Alltagssprache machen wir üblicherweise keinen Unterschied zwischen diesen beiden Aussagen. Ohne es wirklich zu bemerken, würden wir die Interpretation wählen, die am realistischsten erscheint, unabhängig davon, ob sie logisch korrekt ist. Die Meisten müssten sich deshalb eine Zeit lang konzentrieren, bis sie lesen, was wirklich dasteht, und ihnen die mathematisch korrekte Interpretation gelingt. (Wenn Sie immer noch nicht wissen, welche Aussage richtig ist, denken Sie noch ein wenig darüber nach und fragen dann einen Übungsgruppenleiter oder Ihren Dozenten.)

Die Verwendung von Symbolen wie „⇒", „∀" und „∃" verkürzt oft unsere mathematischen Texte. Ich empfinde es als einfacher, mit etwas zu arbeiten, das eine Rechnung kompakter wirken lässt, deshalb möchte ich diese Symbole schon immer und führe sie in meinen Vorlesungen früh ein. Andere Dozenten sind der Meinung, das Lernen dieser Symbole lenke die Studenten von wichtigeren mathematischen Gedanken ab, deshalb schreiben sie alles aus. Wieder andere schreiben das Meiste aus, verwenden aber andere Abkürzungen. Manchmal ist es nur eine Frage des Stils, doch zuweilen auch eine des mathematischen Inhalts – verschiedene Symbole oder Abkürzungen betonen unterschiedliche Aspekte der Mathematik, und manche Aspekte hält man in bestimmten Vorlesungen für besonders beachtenswert, andere dagegen nicht. Während Ihres Studiums werden Sie deshalb verschiedene Schreibstile kennenlernen. Ich rate Ihnen, darauf zu achten, welchen Stil Ihr Dozent bevorzugt, und ihn zu übernehmen, ohne es allzu sehr zu übertreiben. Am Ende zählt, dass alles mathematisch korrekt und klar dargestellt ist, und Sie können auf verschiedene Art und Weise abkürzen, solange Ihre Argumente vernünftig und gut verfasst sind.

4.9   Wie man Sätze umformuliert

Ich habe zwar in diesem Kapitel Sätze immer in der Form „wenn … dann", geschrieben, doch vermutlich sind Ihnen auch schon andere Formulierungen begegnet, etwa folgende:

> **Satz**
>
> Wenn f eine gerade Funktion ist, dann ist $\frac{df}{dx}$ eine ungerade Funktion.

> **Satz**
>
> Sei f eine gerade Funktion, dann ist $\frac{df}{dx}$ eine ungerade Funktion.

> **Satz**
>
> Jede gerade Funktion hat eine ungerade Ableitung.

Diese Formulierungen würden alle gleich interpretiert: Die Voraussetzung ist immer, dass die Funktion gerade ist, und die Folgerung, dass ihre Ableitung ungerade ist. Es mag seltsam erscheinen, dass wir nicht einfach eine Formulierung nehmen und dabei bleiben, doch manchmal klingt die eine natürlicher als die andere, deshalb mögen Mathematiker diese Flexibilität.

Es gibt auch verschiedene Arten von Sätzen, zum Beispiel *Existenzsätze* wie den folgenden:

> **Satz**
>
> Es gibt eine Zahl x, sodass $x^3 = x$.

Eine Möglichkeit, einen derartigen Satz zu beweisen, ist ein Objekt zu finden, das ihn erfüllt: Die Zahl 1 würde in diesem Fall funktionieren. Ganz so einfach ist es zwar nicht immer, aber man sollte sich bewusst sein, dass es durchaus so sein kann. Denn manchmal verknoten Studenten ihr Gehirn und versuchen, Dinge zu verkomplizieren, während eine einfache Antwort reichen würde.

Es gibt auch Sätze über die Nicht-Existenz wie den folgenden:

Satz

Es gibt keine größte Primzahl.

Eigentlich könnten Nicht-Existenz-Sätze mit ein bisschen Nachdenken in die Standardform umformuliert werden. Der obige Beispielsatz könnte zum Beispiel mit einem allgemeinen Quantor wie folgt umgeschrieben werden:

Satz

Für jede Primzahl n gibt es eine Primzahl p, sodass gilt: $p > n$.

Dann könnte er in unsere Ausgangsform gebracht werden:

Satz

Wenn n eine Primzahl ist, dann gibt es eine andere Primzahl p, sodass gilt: $p > n$.

Diese Möglichkeiten, etwas umzuschreiben, können sehr nützlich sein, wenn man etwas beweisen möchte: Manchmal finden wir verschiedene Ansätze, was wir versuchen könnten, wenn wir eine Aussage umschreiben. Die Tatsache, dass wir etwas umschreiben können, bedeutet jedoch *nicht*, dass wir in unserem mathematischen Schreiben schlampig sein dürfen. Ein nachlässiges Umschreiben kann sehr leicht die logische Bedeutung einer Aussage verändern. Wenn Sie sich erst einmal daran gewöhnt haben, die logische Sprache auf eine mathematische Art und Weise zu verwenden, werden Sie bemerken, dass Sie sehr leicht die Form verändern können, ohne der Bedeutung Gewalt anzutun. Bis dahin sollten Sie sehr sorgfältig auf logische Präzision achten.

4.10   Verständnis: logische Form und Bedeutung

Wenn man die genaue Bedeutung von logischen Ausdrücken kennt, lassen sich damit sehr einfach formale Überlegungen anstellen – für den Mathematiker ein großartiges Gefühl. Wenn wir zum Beispiel wissen: $A \Rightarrow B$ und

$B \Rightarrow C$, können wir sofort $A \Rightarrow C$ daraus schließen. Das funktioniert sogar, wenn A, B und C wirklich komplizierte Objekte behandeln, mit denen wir vorher noch nie zu tun hatten und die wir auch nicht verstehen. Und auch Folgendes ist möglich: Wenn wir gerne eine Aussage der Form $A \Rightarrow B$ beweisen würden, aber nicht so recht damit weiterkommen, können wir uns daran erinnern, dass die Kontraposition (nicht $B \Rightarrow$ nicht A) immer der Originalaussage entspricht, und versuchen, stattdessen diese zu beweisen.

Das ist es, was ich meine: dass wir ein nützliches Verständnis entwickeln können, wenn wir uns die logische Struktur einer Aussage ansehen. Wenn wir auf Konstruktionen mit „wenn" oder mit Quantoren achten, können wir derartige Regelmäßigkeiten in unseren Überlegungen nutzen. Das ist es auch (zumindest teilweise), was viele meinen, wenn sie über *formales* Arbeiten sprechen: Wir können uns auf die logische Form eines Satzes konzentrieren und zeitweise die Bedeutung seines Inhalts vergessen. Natürlich *müssen* wir die Bedeutung *nicht* ignorieren, und meist haben Sie bei der obigen Diskussion natürlich auch an die Bedeutung gedacht. Doch auf die logische Form achtzugeben ist entscheidend für ein richtiges Verständnis. Manche Studenten sehen dies zu locker; wenn sie mathematische Texte lesen, achten sie vor allem auf die Symbole, ignorieren oder überfliegen aber die Worte. Das kann dazu führen, dass sie etwas falsch verstehen und ungenau aufschreiben, weil sie wichtige Quantoren oder Schlussfolgerungen vermischen. Zum Beispiel mussten meine Studenten in einer Klausur diesen Satz angeben:

Satz von Rolle

Sei $f : [a, b] \to \mathbb{R}$ stetig auf $[a, b]$, differenzierbar auf (a, b) und $f(a) = f(b)$, dann $\exists c \in (a, b)$, sodass $f'(c) = 0$.

Einige Studenten machten Fehler, indem sie etwas wie das Folgende schreiben:

Satz von Rolle

Sei $f : [a, b] \to \mathbb{R}$ stetig auf $[a, b]$, differenzierbar auf (a, b), dann ist $f(a) = f(b)$ und $\exists c \in (a, b)$, sodass $f'(c) = 0$.

Wir sehen schon, dass sich die beiden unterscheiden, wenn wir auf ihre logische Form schauen: Eine der Voraussetzungen in der richtigen Version erscheint stattdessen in der zweiten als Teil der Schlussfolgerung. (Schauen Sie sich das genau an, um sicher zu sein, dass Sie so etwas erkennen.) Natürlich muss das einen großen Unterschied machen, deshalb kann die falsche Version unmöglich logisch äquivalent zur richtigen sein. Trotzdem könnte es ein gültiger Satz sein. In diesem Fall ist das allerdings nicht der Fall, was wir erkennen, wenn wir uns Beispiele dazu überlegen. In der falschen Version wird in der Voraussetzung eine Funktion f eingeführt, die auf einem Intervall definiert und darauf stetig und differenzierbar ist. In der Folgerung wird behauptet, dass die Funktionswerte an den Endpunkten des Intervalls gleich sein sollen, aber das kann unmöglich in einer gültigen Weise aus den Voraussetzungen folgen, denn es gibt viele Funktionen und Intervalle, die die Voraussetzungen erfüllen, aber diese Eigenschaft nicht haben. So ist zum Beispiel $f(x) = x^2$ stetig auf $[0, 2]$ und differenzierbar auf $(0, 2)$, aber es ist ganz bestimmt nicht $f(0) = f(2)$. Ich kann nachvollziehen, warum ein Student zuerst die falsche Version hinschreibt; aber jemand, der die Bedeutung des von ihm Niedergeschriebenen reflektiert, sollte derartige Fehler beim nochmaligen Durchlesen erkennen.

Das bringt uns wieder zur Überlegung zurück, dass sowohl die logische Form als auch Beispielobjekte zum mathematischen Verständnis beitragen können, aber wenn man sich auf eines davon konzentriert, hat das verschiedene Vor- und Nachteile. Wenn Sie sich hauptsächlich auf Beispiele konzentrieren, haben Sie vielleicht das Gefühl, etwas zu verstehen, aber erkennen womöglich nicht die ganze Allgemeingültigkeit einer Aussage oder finden es schwierig, die logische Struktur eines Teils einer Vorlesung zu durchschauen. Wenn Sie hauptsächlich auf die formalen Argumente blicken, sehen Sie vielleicht, wie alles logisch zusammenpasst, aber es kommt Ihnen allzu abstrakt vor und Sie verstehen nicht ganz, was da vor sich geht. Ihre diesbezüglichen Erfahrungen werden sicherlich von Vorlesung zu Vorlesung unterschiedlich sein, weil manche Dozenten viele Beispiele zeigen und eine Menge Diagramme malen, während andere alles weit formaler darstellen. Wenn der Ansatz Ihres Dozenten nicht mit Ihrem Lieblingsweg, Verständnis zu entwickeln, übereinstimmt, ist es vielleicht hilfreich, wenn Sie versuchen, die Verbindungen zwischen den Beispielobjekten und den formalen Überlegungen herzustellen. In diesem Buch haben wir das bislang schon mehrfach getan; im Rest von Teil 1 werden wir uns nun mehr und mehr auf die effektive Arbeit mit formaler Mathematik konzentrieren.

Fazit

- Die Voraussetzungen eines Satzes führen die Objekte ein, um die es in diesem Satz geht, und verraten uns etwas über ihre Eigenschaften. Die Schlussfolgerung sagt uns, was logisch aus den Voraussetzungen folgt (sie sagt aber nicht, warum es folgt, nur dass es so ist).
- Wir können lernen, einen Satz zu verstehen, indem wir darüber nachdenken, wie man ihn auf Beispiele anwenden kann. Oft ist es hilfreich, über eine ganze

Reihe von Beispielen nachzudenken; auch verschiedene Darstellungen können nützlich sein.

- Auch wenn wir uns viele Beispiele ansehen, werden wir nicht unbedingt verstehen, warum die Schlussfolgerung des Satzes gilt, und das ist eigentlich das, woran Mathematiker interessiert sind.
- Aussagen der Form „wenn A, dann B" werden manchmal in der Form „$A \Rightarrow B$" (A daraus folgt B) geschrieben. Manchmal ist $A \Rightarrow B$ wahr, jedoch $B \Rightarrow A$ nicht. Wenn wir beide Richtungen meinen, sagen wir „dann und nur dann" oder verwenden das Symbol „$\Leftrightarrow$".
- In der Alltagssprache verwendet man das Wörtchen „wenn" nicht präzise, in der Mathematik jedoch schon. Es ist wichtig, sich über diesen Unterschied im Klaren zu sein, wenn man mathematische Aussagen richtig interpretieren möchte.
- Wir verwenden das Symbol „$\forall$" für „für alle" und das Symbol „$\exists$" für „es existiert" oder „es gibt". Sie werden Quantoren genannt und tauchen oft in mathematischen Aussagen auf. Wenn mehr als ein Quantor verwendet wird, ist die Reihenfolge wichtig.
- Nicht alle Sätze werden in der Form „wenn A, dann B" geschrieben. Manche haben eine andere Struktur oder sind anders formuliert. Man sollte bei der Umformulierung sehr sorgfältig sein, denn eine kleine Änderung kann die Bedeutung stark verändern.
- Das Verständnis eines Satzes kann gefördert werden, indem man seine logische Form betrachtet und untersucht, wie sich ein Satz in Bezug auf Beispielobjekte verhält. Diese Strategien sind komplementär, und Dozenten setzen hier unterschiedliche Schwerpunkte.

Weiterführende Literatur

Wenn Sie die logischen Strukturen von mathematischen Aussagen besser verstehen möchten, können Sie folgende Bücher zu Rate ziehen:

- Houston, K.: *Wie man mathematisch denkt*. Springer Spektrum, Heidelberg (2012)
- Allenby, R. B. J. T.: *Numbers & Proofs*. Butterworth Heinemann, Oxford (1997)
- Vivaldi, F.: *Mathematical Writing*. Springer, Heidelberg (2014)
- Velleman, D. J.: *How to Prove It: A Structured Approach*. Cambridge University Press, Cambridge (2004)
- Epp, S. S.: *Discrete Mathematics with Applications*. Thompson-Brooks/Cole, Belmont (2004)

5
Beweise

Zusammenfassung
In diesem Kapitel sprechen wir darüber, warum Mathematiker so viel Aufwand betreiben, um Dinge zu beweisen, und wie sie es tun. Es werden für das Studium übliche Beweisaufgaben und Strategien, wie man sie in Angriff nimmt, beschrieben. Es wird auch erklärt, warum Mathematikdozenten Studenten manchmal auffordern, offensichtliche Aussagen zu beweisen, und was zu tun ist, wenn man auf ein vordergründig richtiges Ergebnis stößt, das sich dann aber als falsch herausstellt.

5.1 Beweise in der Schulmathematik

Sie haben schon viele Jahre lang mathematische Beweise geführt. Für die Rechnung, die notwendig ist, um zu beweisen, dass $10 + 3\sqrt{10}$ und $10 - 3\sqrt{10}$ die Lösungen der Gleichung $x^2 - 20x + 10 = 0$ sind, würden Sie etwa Folgendes schreiben:

$$x = \frac{20 \pm \sqrt{400 - 40}}{2} = \frac{20 \pm \sqrt{360}}{2} = \frac{20 \pm 6\sqrt{10}}{2}$$
$$= 10 \pm 3\sqrt{10}$$

In dieser Rechnung werden Methoden verwendet, die jeder für richtig hält, deshalb erfasst sie alles, was wir für den Beweis benötigen, dass die Lösung wirklich das Behauptete ist. Um alles mehr nach einem Beweis der Hochschulmathematik aussehen zu lassen, könnten wir es folgendermaßen umschreiben:

© Springer-Verlag Berlin Heidelberg 2017
L. Alcock, *Wie man erfolgreich Mathematik studiert*, DOI 10.1007/978-3-662-50385-0_5

Behauptung

Wenn $x^2 - 20x + 10 = 0$, dann gilt $x = 10 + 3\sqrt{10}$ oder $x = 10 - 3\sqrt{10}$.

Beweis

Sei $x^2 - 20x + 10 = 0$.
Dann gilt mit der quadratischen Formel:

$$x = \frac{20 \pm \sqrt{400 - 40}}{2}$$

$$= \frac{20 \pm \sqrt{360}}{2}$$

$$= \frac{20 \pm 6\sqrt{10}}{2} \quad \text{(weil } \sqrt{ab} = \sqrt{a}\sqrt{b})$$

$$= 10 \pm 3\sqrt{10}.$$

In dieser Version wird die Behauptung ausführlich hingeschrieben. Sie beginnt mit der Voraussetzung (sei $x^2 - 20x + 10 = 0$) und enthält einige Worte, um die Schritte zu rechtfertigen, die komplizierter oder weniger offensichtlich sind.

Damit möchte ich zeigen, dass an Beweisen an sich nichts Geheimnisvolles ist. Natürlich stimmt es, dass Schulmathematik in der Regel nicht auf diese Art und Weise präsentiert wird, aber es wäre oft möglich. Ich sage das deshalb, weil Mathematik an der Universität meist in dieser Form dargestellt wird; Ihre Vorlesungsmitschriften werden voll von Sätzen und Beweisen sein. Dies sieht nach einer plötzlichen Veränderung aus, und manche Studenten gewinnen den Eindruck, Beweisen sei eine mysteriöse schwarze Kunst, zu der nur Privilegierte Zugang hätten. Das stimmt nicht. In Fällen wie dem obigen gehört nichts weiter dazu, als alles mathematisch professioneller aufzuschreiben – weniger wie ein Schüler zu schreiben, sondern mehr wie in einem Buch, wenn Sie so wollen.

Ich möchte damit nicht die echten Probleme kleinreden, vor denen Studenten stehen, wenn sie Beweise durchführen müssen. Ganz offensichtlich handelt es sich bei dem Beispiel oben um ein besonders einfaches. Und Beweise, die Sie an der Universität verstehen und selbst konstruieren müssen, werden oft (wenn auch nicht immer) viel schwieriger sein. Vielleicht brauchen Sie eine Weile, bis Sie die Ihnen auf diese Weise vorgesetzte Mathematik verdauen und selbst professioneller aufschreiben können. Doch es gibt keinen Grund zu glauben, dass Sie das nicht schaffen können. Dieses Kapitel behandelt einige Dinge, auf die Sie achten können, um sich schneller daran zu gewöhnen.

5.2 Der Beweis, dass eine Definition erfüllt ist

Oft wird man Sie auffordern zu beweisen, dass ein mathematisches Objekt eine Definition erfüllt. Aber die Frage wird nicht so formuliert sein. Stattdessen wird dann eine Aufforderung zu lesen sein wie: „Beweisen Sie, dass die Menge (2,5) offen ist." Sie müssen das erst interpretieren und bemerken, dass das „Beweisen Sie, dass die Menge (2,5) die Definition von offen erfüllt" bedeutet und sich die Definition einer offenen Menge ins Gedächtnis zurückrufen, damit Ihnen klar ist, was dazugehört. Das klingt einfach, doch ich habe schon oft Studenten gesehen, die einfach nicht wissen, was zu tun ist, wenn sie einen Satz wie „Beweisen Sie, dass die Menge (2,5) offen ist" lesen. Wenn Sie nicht wissen, wie Sie mit einem Beweis beginnen sollen, ist also der erste Schritt, zu überlegen, was die Definition aussagt.

Wir haben die relevante Definition schon kennengelernt, sie lautet:

Definition

Eine Menge $X \subseteq \mathbb{R}$ ist *offen*, dann und nur dann, wenn es $\forall x \in X$ ein $d > 0$ gibt mit $(x - d, x + d) \subseteq X$.

Im Kap. 3 haben wir uns vergewissert, dass (2,5) diese Definition erfüllt. Doch wie schreiben wir einen Beweis dazu auf? Oft ist der beste Rat, der Struktur der Definition selbst zu folgen. Wir möchten beweisen, dass (2,5) offen ist, deshalb wollen wir zeigen, dass es zu jedem $x \in (2, 5)$ ein $d > 0$ gibt, sodass $(x - d, x + d) \subseteq (2, 5)$. Wenn wir zeigen möchten, dass etwas für jedes x in irgendeiner Menge gilt, beginnen wir unseren Beweis normalerweise, indem wir ein solches x einführen, etwa so:

Behauptung

(2, 5) ist eine offene Menge.

Beweis

Sei $x \in (2, 5)$ beliebig.

Hier bedeutet *beliebig*, dass wir irgendein x nehmen, kein bestimmtes mit speziellen Eigenschaften. Es ist nicht notwendig, das explizit hinzuschreiben – viele würden einfach „sei $x \in (2, 5)$" schreiben –, doch es betont, dass die folgende Argumentation für jedes x der Menge funktioniert.

Jetzt müssen wir die Existenz eines geeigneten d zeigen. Im Kap. 3 haben wir uns davon überzeugt, indem wir über eine Zeichnung nachgedacht haben.

Für ein formloses Verständnis ist das gut und schön, doch wenn wir einen Beweis niederschreiben, müssen wir genauer sein. Das braucht nicht kompliziert zu sein, denn der einfachste Weg, die Existenz von etwas zu zeigen, ist dieses Etwas herzustellen. In diesem Fall wollen wir ein d erzeugen, das für unser x funktioniert. Dieses d wird von x abhängen und eine Möglichkeit ist, ein d als das Minimum von zwei Entfernungen $5 - x$ und $x - 2$ zu wählen (überlegen Sie warum). Wir können den Rest unseres Beweises also folgendermaßen hinschreiben:

Behauptung

$(2, 5)$ ist eine offene Menge.

Beweis

Sei $x \in (2, 5)$ beliebig.

Sei d das Minimum von $5 - x$ und $x - 2$.

Dann ist $(x - d, x + d) \subseteq (2, 5)$.

Also $\forall x \in (2, 5) \, \exists d > 0$, sodass $(x - d, x + d) \subseteq (2, 5)$, also ist $(2, 5)$ eine offene Menge.

Beachten Sie, dass dieser Beweis die Reihenfolge und Struktur der Definition widerspiegelt. Wir zeigen etwas für alle x, deshalb beginnen wir mit einem beliebigen. Wir zeigen, dass es für dieses x ein geeignetes d gibt, also erzeugen wir eines. Deshalb wird die Struktur des Beweises für einen Mathematiker offensichtlich sein, und Sie müssen die Zeile „Also $\forall x \in (2, 5) \, \exists d > 0 \ldots$" nicht wirklich hinschreiben, doch vielleicht hilft es Ihnen bei Ihren eigenen Überlegungen.

Manche fügen derartigen Beweisen gerne Abbildungen bei, andere nicht. Diese Bilder können das Verständnis unterstützen, sind aber nicht notwendig und vor allem kein Ersatz dafür, dass Sie den Beweis sorgfältig niederschreiben; Mathematiker erwarten eine geschriebene Argumentation, die deutlich mit der entsprechenden Definition verknüpft ist. Ich selbst bin bekannt dafür, dass ich in Klausuren Punkte vergebe, wenn jemand mit einem Bild gezeigt hat, dass er etwas verstanden hat, selbst wenn es ihm nicht gelungen ist, einen vollständigen Beweis hinzuschreiben. Inwieweit so etwas geschieht, hängt vermutlich mit dem Thema zusammen und natürlich davon, was Ihr Dozent für wichtiger hält: ob Sie nachweisen können, dass Sie etwas verstanden haben, oder dass Sie die Fertigkeit haben, einen guten Beweis aufzuschreiben.

5.3   Der Beweis allgemeiner Aussagen

Mathematikdozenten werden von Ihnen verlangen, dass Sie den Beweis dafür
konstruieren, dass bestimmte Objekte einer bestimmten Definition entsprechen, aber auch, dass Sie Lösungen für Standardprobleme oder für Gleichungen finden, wie beim Beispiel mit der quadratischen Formel. Doch noch häufiger sind sie an allgemeingültigen Ergebnissen interessiert: an Sätzen, die für
eine ganze Klasse von Objekten gelten. Zum Glück konnten Sie auch schon
bei den Überlegungen, die für derartige Beweise notwendig sind, Erfahrungen sammeln. Sicher haben Sie schon einmal eine Übung wie die folgende
gesehen:

Zeigen Sie, dass gilt: $\cos(3\theta) = 4\cos^3\theta - 3\cos\theta$.

Das „zeigen Sie" ist ein deutlicher Hinweis – Mathematiker verwenden es
als Synonym für „beweisen Sie". Beachten Sie auch, dass – obwohl nicht ausdrücklich formuliert – erwartet wird, dass man zeigen soll: Diese Gleichung
gilt für alle möglichen Werte von θ. Die Übung kann mithilfe von üblichen
trigonometrischen Gleichsetzungen gelöst werden. Dazu würden Sie vermutlich eine Reihe von Gleichungen notieren. Wieder kann das in Form eines
Satzes mit Beweis geschrieben werden.

Satz

Für alle $\theta \in \mathbb{R}$ gilt: $\cos(3\theta) = 4\cos^3\theta - 3\cos\theta$.

Beweis

Sei $\theta \in \mathbb{R}$ beliebig. Dann gilt:

$$
\begin{aligned}
\cos(3\theta) &= \cos(2\theta + \theta) \\
&= \cos(2\theta)\cos\theta - \sin(2\theta)\sin\theta \\
&= (\cos^2\theta - \sin^2\theta)\cos\theta - 2\sin\theta\cos\theta\sin\theta \\
&= \cos^3\theta - 3\sin^2\theta\cos\theta \\
&= \cos^3\theta - 3(1 - \cos^2\theta)\cos\theta \\
&= 4\cos^3\theta - 3\cos\theta,
\end{aligned}
$$

wie gefordert.

Weil dieser Beweis für jeden Wert von θ gilt, haben wir eine *Identität* bewiesen. (Wir sagen, etwas sei *identisch* mit etwas anderem, wenn es in allen
Fällen gleich ist.) Wenn Mathematiker auf die Tatsache hinweisen möchten,

dass eine Gleichung eine Identität ist, verwenden sie manchmal ein Gleichheitszeichen mit einem Zusatzstrich, etwa so: $\cos(3\theta) \equiv 4\cos^3\theta - 3\cos\theta$. Alle Gleichheitszeichen in dem Beweis oben könnten durch dieses Symbol ersetzt werden, doch die Allgemeinheit wird auch durch die Formulierung „Sei $\theta \in \mathbb{R}$ beliebig" verdeutlicht. Übrigens müssen Sie am Ende nicht „wie gefordert" schreiben. Manche hören am Ende einfach auf, andere malen ein kleines Quadrat und wieder manche schreiben „q. e. d." für quod erat demonstrandum (lat. für „was zu zeigen war").

Weil der Beweis für alle θ gilt, unterscheidet er sich logisch von dem, was wir mit der quadratischen Gleichung gemacht haben – wir können $x^2 - 20x + 10 = 0$ schreiben, aber wir wissen, dass es viele Werte für x gibt, für die diese Gleichung nicht stimmt. Wegen der Allgemeinheit des Satzes ähnelt er mehr denen aus Kap. 4 und ist mathematisch interessanter. Wir können jedoch auf eine ähnliche Verallgemeinerungsebene kommen, indem wir die quadratische Formel selbst untersuchen. Was an der quadratischen Formel wirklich interessant erscheint, ist die Tatsache, dass sie *immer* gilt. Wenn man darüber nicht mehr nachdenken muss, ist das sehr hilfreich. Wir verfügen über eine einfache Formel, die es uns erlaubt, Lösungen für eine unendliche Zahl von Gleichungen zu finden. Wenn wir eine lösen wollen, setzen wir nur die entsprechenden Zahlen in die Formel ein und wenige Sekunden später haben wir die Antwort. Ich weiß, dass Sie an Mathematik wie diese sehr gewöhnt sind – Sie kennen eine Unmenge von Formeln für alle möglichen Fragen, deshalb sind Sie vermutlich nicht sehr überrascht. Aber jemand muss diese Formeln gefunden haben. Die allerersten haben Sie nicht in einem Lehrbuch gefunden oder von einem Lehrer gelernt – Sie haben sie selbst herausgearbeitet. Im Fall der quadratischen Formel erschienen eindeutige Lösungen, wie wir sie kennen, im 17. Jahrhundert. Wenn Sie also eine quadratische Gleichung lösen, nutzen Sie Wissen, das der Menschheit erst seit etwa 400 Jahren zur Verfügung steht. Und das Meiste, was Sie an der Universität lernen, ist viel jünger.

An der Universität liegt der Schwerpunkt nicht so sehr auf der Verwendung von Formeln, um bestimmte Berechnungen auszuführen, sondern eher darauf zu verstehen, woher diese Formeln kommen, und zu beweisen, dass sie immer anwendbar sind. Vielleicht haben Sie schon einen Beweis gesehen, dass die quadratische Formel immer funktioniert. Aber wenn Sie dazu neigen, sich nicht um Dinge zu kümmern, die für die Klausur irrelevant sind, haben Sie es vielleicht noch nicht bemerkt, und deshalb werden wir uns wenigstens einen dieser Beweise ansehen. Wir sind dem entsprechenden Satz schon im Kap. 4 begegnet:

Satz

Wenn $ax^2 + bx + c = 0$, dann gilt: $x = \frac{-b \pm \sqrt{b^2 - 4ac}}{2a}$.

Wir können das noch etwas verbessern, indem wir festlegen, dass x eine komplexe Zahl ist. Also schreiben wir:

Satz

Sei $x \in \mathbb{C}$.
  Wenn $ax^2 + bx + c = 0$, dann gilt: $x = \frac{-b \pm \sqrt{b^2 - 4ac}}{2a}$.

Beweis

Sei $x \in \mathbb{C}$, dann gilt:

$$ax^2 + bx + c = 0 \Rightarrow \left(\sqrt{a}x + \frac{b}{2\sqrt{a}} \right)^2 - \frac{b^2}{4a} + c = 0 \text{ (quadratische Ergänzung)}$$

$$\Rightarrow \left(\sqrt{a}x + \frac{b}{2\sqrt{a}} \right)^2 = \frac{b^2}{4a} - c$$

$$\Rightarrow \sqrt{a}x + \frac{b}{2\sqrt{a}} = \pm\sqrt{\frac{b^2}{4a} - c}$$

$$\Rightarrow \sqrt{a}x + \frac{b}{2\sqrt{a}} = \pm\sqrt{\frac{b^2 - 4ac}{4a}}$$

$$\Rightarrow \sqrt{a}x = -\frac{b}{2\sqrt{a}} \pm \sqrt{\frac{b^2 - 4ac}{4a}}$$

$$\Rightarrow x = -\frac{b}{2a} \pm \frac{1}{\sqrt{a}}\sqrt{\frac{b^2 - 4ac}{4a}}$$

$$\Rightarrow x = -\frac{b}{2a} \pm \frac{1}{\sqrt{a}}\frac{1}{2\sqrt{a}}\sqrt{b^2 - 4ac}$$

$$\Rightarrow x = \frac{-b \pm \sqrt{b^2 - 4ac}}{2a},$$

wie gefordert.

Bei diesem Beweis fällt auf, dass er sich von dem der trigonometrischen Identität in dem Punkt, wie wir die Symbole „$=$" und „$\Rightarrow$" verwenden, unterscheidet und dass dies die Struktur von dem, was wir beweisen, widerspiegelt. Bei der trigonometrischen Identität haben wir bewiesen, dass eine Gleichung immer gilt. Deshalb haben wir auf einer Seite der Gleichung begonnen und gezeigt, dass wir mithilfe einer Reihe von Umformungen auf die andere Seite gelangen. Bei der quadratischen Gleichung haben wir bewiesen, dass *wenn* die Gleichung gilt, *dann* x bestimmte Werte annehmen muss. Wir haben deshalb mit der ganzen Gleichung begonnen und bei jedem Schritt gezeigt, dass wenn die derzeitige Gleichung wahr ist, auch die nächste richtig sein muss.

Beachtenswert ist auch, dass Sie sich vermutlich dabei beobachtet haben, bei einigen Teilen des Beweises immer wieder vor- und zurückgelesen zu haben. Vor allem in der Zeile

$$ax^2 + bx + c = 0 \Rightarrow \left(\sqrt{a}x + \frac{b}{2\sqrt{a}} \right)^2 - \frac{b^2}{4a} + c = 0$$

werden Sie es vermutlich als einfacher empfunden haben, von rechts nach links zu lesen (durch Ausmultiplizieren) als andersherum. Algebraische Umformungen versteht man vielleicht tatsächlich leichter, wenn man sie von unten nach oben statt von oben nach unten liest. Vielleicht wundern Sie sich also, warum man sie in dieser Richtung aufschreibt. Der Grund dafür lautet: Wir möchten, dass die Logik entsprechend dem ganzen Satz „fließt". Der Satz sagt, dass wenn $ax^2 + bx + c = 0$, die Schlussfolgerung über die x-Werte folgt. Wir wollen, dass unser Beweis diese Struktur widerspiegelt: Wir beginnen mit den Voraussetzungen und machen weiter, indem wir gültige Schritte durchführen, bis wir die Schlussfolgerung haben. Wir werden auf Fragen zur Reihenfolge in Beweisen in Kap. 8 noch einmal zurückkommen.

5.4 Der Beweis allgemeiner Sätze mithilfe von Definitionen

Eine weitere mathematische Aufgabe besteht darin zu beweisen, dass, wenn eine Definition erfüllt ist, auch eine andere erfüllt ist. Viele Sätze beruhen auf einer Aussage, die auf diese Art bewiesen werden kann. Deshalb kommt man oft weiter, indem man niederschreibt, was die Voraussetzungen im Sinne von Definitionen und was die Schlussfolgerung im Sinne von Definitionen bedeuten, und dann herausarbeitet, wie man von dem einen zum anderen kommt.

Wir werden uns ein Beispiel ansehen, das die Definition der Ableitung verwendet, die wir in Kap. 4 eingeführt haben:

Definition

$\frac{df}{dx} = \lim\limits_{h \to 0} \frac{f(x+h) - f(x)}{h}$, falls dieser Grenzwert existiert.

Wenn man diese Notation verwendet, kann die Summenregel folgendermaßen formuliert werden:

Satz

Seien f und g differenzierbar. Dann gilt:

$$\frac{\mathrm{d}}{\mathrm{d}x}(f+g) = \frac{\mathrm{d}f}{\mathrm{d}x} + \frac{\mathrm{d}g}{\mathrm{d}x}.$$

Ich denke, dass Sie diesen Satz vermutlich für offensichtlich wahr halten werden. Wenn das so ist, sollten Sie sich selbst fragen, ob Sie dafür einen guten Grund haben oder einfach nur daran gewöhnt sind. Für den Beweis müssen wir wie immer zeigen, dass die Schlussfolgerung aus den Voraussetzungen folgt. In diesem Fall steht in den Voraussetzungen, dass f und g differenzierbar sind, d. h., sie haben beide Ableitungen, also sind ihre Ableitungen durch die Definition definiert. Wir dürfen also annehmen, dass

$$\frac{\mathrm{d}f}{\mathrm{d}x} = \lim_{h \to 0} \frac{f(x+h) - f(x)}{h} \text{ und dass } \frac{\mathrm{d}g}{\mathrm{d}x} = \lim_{h \to 0} \frac{g(x+h) - g(x)}{h}.$$

Wir wollen zeigen, dass die Schlussfolgerung gültig ist, dass also gilt:

$$\frac{\mathrm{d}}{\mathrm{d}x}(f+g) = \frac{\mathrm{d}f}{\mathrm{d}x} + \frac{\mathrm{d}g}{\mathrm{d}x}.$$

Beachten Sie, dass links $f+g$ als einzelne Funktion behandelt wird, die differenziert wird. Auf der rechten Seite werden beide Funktionen f und g getrennt differenziert und die Ableitungen addiert. Die Schreibweise spiegelt also einen Unterschied in der Reihenfolge der Operationen von Addition und Differentiation wider und der Satz sagt eigentlich, dass die Reihenfolge keine Rolle spielt: Wir bekommen auf beide Arten das Gleiche.

Um mit dem Beweis anzufangen, können wir die Schlussfolgerung genauer aufschreiben. Im Sinne der Definitionen lautet sie:

$$\lim_{h \to 0} \frac{(f+g)(x+h) - (f+g)(x)}{h} = \lim_{h \to 0} \frac{f(x+h) - f(x)}{h}$$
$$+ \lim_{h \to 0} \frac{g(x+h) - g(x)}{h}.$$

Hoffentlich sehen Sie, dass es hier nicht viel zu tun gibt, denn es ist nur ein kleiner Schritt von den Voraussetzungen zur Schlussfolgerung. Wir könnten etwa Folgendes schreiben:

Satz

Seien f und g differenzierbar. Dann gilt:

$$\frac{\mathrm{d}}{\mathrm{d}x}(f + g) = \frac{\mathrm{d}f}{\mathrm{d}x} + \frac{\mathrm{d}g}{\mathrm{d}x}.$$

Beweis

Seien f und g differenzierbar. Dann gilt:

$$
\begin{aligned}
\frac{\mathrm{d}}{\mathrm{d}x}(f + g) &= \lim_{h \to 0} \frac{(f+g)(x+h) - (f+g)(x)}{h} \\
&= \lim_{h \to 0} \frac{f(x+h) + g(x+h) - f(x) - g(x)}{h} \\
&= \lim_{h \to 0} \left(\frac{f(x+h) - f(x)}{h} + \frac{g(x+h) - g(x)}{h} \right) \\
&= \lim_{h \to 0} \frac{f(x+h) - f(x)}{h} + \lim_{h \to 0} \frac{g(x+h) - g(x)}{h} \\
&= \frac{\mathrm{d}f}{\mathrm{d}x} + \frac{\mathrm{d}g}{\mathrm{d}x},
\end{aligned}
$$

wie gefordert.

Beachten Sie, dass der erste und der letzte Schritt unmittelbar die Gleichung in der Definition nutzten; nur für die Zwischenschritte musste man
etwas nachdenken. Bemerkenswert ist auch, dass wir beim Niederschreiben
derartiger Beweise immer nur eine Umformung pro Schritt durchführen. Es
gibt etwas Spielraum bei offensichtlichen Umformungen, doch im Allgemeinen sind wir sehr vorsichtig damit, irgendetwas als gegeben anzunehmen. Ihr
Dozent wird Ihnen so etwas vielleicht ein wenig anders vorführen, eine andere Schreibweise verwenden oder die Ableitungen an spezifischen Punkten
betrachten statt als ganze Funktionen. Doch die Hauptsache bleibt: Wir kommen oft weiter, wenn wir die Voraussetzungen und die Schlussfolgerung im
Sinne der entsprechenden Definitionen niederschreiben und dann einen Weg
suchen, wie man von der einen zur anderen kommt.

5.5   Definitionen und andere Darstellungsweisen

Wenn erst einmal alles im Sinne der Definitionen hingeschrieben wurde, ist oft
schon ziemlich klar, wie man mit dem Beweis beginnen kann. Doch manchmal ist ein wenig mehr Kreativität gefragt – man braucht eine gute Idee. Einen

Weg zur Inspiration haben wir uns schon angesehen: Betrachten Sie Beispiel-objekte, vielleicht in mehreren verschiedenen Darstellungen. Diese Strategie werde ich im Folgenden in Hinblick auf einige Sätze aus vorhergehenden Kapiteln näher beschreiben.

Betrachten wir zuerst folgenden Satz:

Satz

Sind l, m und n aufeinanderfolgende ganze Zahlen, dann ist das Produkt lmn durch 6 teilbar.

In Kap. 4 haben wir Objekte kennengelernt, die die Voraussetzungen er-füllen (aufeinanderfolgende ganze Zahlen l, m und n), und geprüft, ob sie die Schlussfolgerung erfüllen (dass das Produkt lmn durch 6 teilbar ist). Doch ich hatte schon angemerkt, dass wir derartige Multiplikationen den ganzen Tag lang ausführen könnten, ohne dabei zu verstehen, warum der Satz wahr ist oder wie wir ihn beweisen können.

Um einen Beweis zu konstruieren, können wir die Strategie anwenden, alles im Sinne der Definitionen hinzuscheiben. Hier steht in den Voraussetzungen, dass die drei ganzen Zahlen aufeinanderfolgen, was aus der Notation l, m und n nicht offensichtlich hervorgeht. Wir könnten stattdessen unsere Zah-len l, $l + 1$ und $l + 2$ nennen. Dann hätten wir die Möglichkeit, sie zu mul-tiplizieren und zu schauen, was wir erhalten:

$$l(l + 1)(l + 2) = l(l^2 + 3l + 2) = l^3 + 3l^2 + 2l.$$

Ich weiß nicht, wie es Ihnen geht, aber mir hilft das nicht großartig weiter. Ich kann den letzten Ausdruck nicht einfach so umformen, dass ich einen Faktor 6 herausziehe. Aber den Versuch war es wert – manchmal enthüllen derartige Umformungen einen offensichtlichen Faktor.

Wir können aber auch versuchen, mit der Schlussfolgerung zu arbeiten. In diesem Fall wollen wir beweisen, dass lmn durch 6 teilbar ist. Wenn wir im Sinne einer Primfaktorenzerlegung denken, heißt dies, dass es durch 2 und durch 3 teilbar sein muss. Das ist hilfreicher und für mich erweist sich die Zahlengerade als eine nützliche Darstellungsweise, um darüber nachzudenken (Abb. 5.1).

Wenn ich mir die Zahlengerade ansehe, erkenne ich, dass mindestens ei-ne der Zahlen l, m und n durch 2 teilbar sein muss – jede zweite Zahl ist

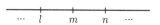

Abb. 5.1 Zahlengerade mit drei aufeinanderfolgenden ganzen Zahlen

gerade, also müssen entweder *l und n* gerade sein oder *m* ist es. Und genau eines von *l*, *m* und *n* muss ein Vielfaches von 3 sein, aus einem ähnlichen Grund. Also muss auch *lmn* ein Vielfaches von 3 sein. Dies erklärt, warum das Ergebnis wahr ist, und wir könnten einen Beweis etwa so hinschreiben:

Satz

Sind *l*, *m* und *n* aufeinanderfolgende ganze Zahlen, dann ist das Produkt *lmn* durch 6 teilbar.

Beweis

Seien *l*, *m* und *n* aufeinanderfolgende ganze Zahlen.

Dann ist mindestens eine von *l*, *m* und *n* durch 2 teilbar.

Außerdem ist auch genau eine von *l*, *m* und *n* durch 3 teilbar.

Daher ist das Produkt *lmn* durch 2 und 3 teilbar.

Deshalb ist das Produkt *lmn* durch 6 teilbar.

Dieser Beweis ist vollkommen in Ordnung. Manchmal denken Studenten, das sei nicht der Fall – sie meinen, er sei nicht lang oder nicht kompliziert genug oder er enthalte zu wenige Rechnungen. Doch ein Beweis ist nichts weiter als eine logische Erörterung, die klarmacht, warum ein Satz wahr ist. Manchmal sind diese Argumentationen komplizierter, weil viele logische Verknüpfungen beteiligt sind. Doch zuweilen gibt es auch nur wenige, und ein Beweis kann sehr einfach sein.

Betrachten wir als Nächstes folgenden Satz:

Satz

Wenn *f* eine gerade Funktion ist, dann ist $\frac{df}{dx}$ eine ungerade Funktion.

In Kap. 4 habe ich Ihnen geraten, über diesen Satz mithilfe eines Bildes nachzudenken, damit Sie verstehen, warum er richtig ist. In Abb. 5.2 sehen Sie eine derartige Funktion mit einigen Zusatzmarkierungen, die hilfreich sein könnten.

Vielleicht halten Sie das für einen ziemlich überzeugenden Nachweis. Doch für einen Beweis reicht das nicht, denn ein solcher soll zeigen, wie ein Satz aus Definitionen oder anderen anerkannten Ergebnissen hergeleitet werden kann. So ausgedrückt bedeutet die Voraussetzung, dass für jedes *x* gilt: $f(-x) = f(x)$, und die Schlussfolgerung bedeutet, dass $f'(-x) = -f'(x)$. (Ich finde es bei dieser Art von Frage einfacher, diese alternative Notation für die Ableitung zu verwenden.) Wir würden gerne von den Voraussetzungen zur

Abb. 5.2 Graph und Ableitung einer geraden Funktion

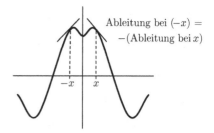

Ableitung bei $(-x) =$
$-($Ableitung bei $x)$

Schlussfolgerung kommen, und der naheliegende Weg dazu ist, beide Seiten der Gleichung $f(-x) = f(x)$ zu differenzieren. Es ist nicht von vornherein klar, ob das funktionieren wird, aber wir müssen etwas machen – also einfach versuchen.

Die Ableitung der rechten Seite ist natürlich $f'(x)$. Wahrscheinlich ist Ihnen auch klar, dass wegen der Kettenregel die Ableitung der linken Seite $-f'(-x)$ ist. Wenn nicht, bedenken Sie, dass $f(-x) = f(g(x))$ ist, wobei $g(x) = -x$ gilt, also $f'(-x) = f'(g(x))g'(x) = f'(-x) \cdot (-1) = -f'(-x)$. Jedenfalls führen diese wenigen Umformungen zur erhofften Schlussfolgerung. Jetzt müssen wir den Beweis nur noch aufschreiben, was so aussehen könnte:

Satz

Wenn f eine gerade Funktion ist, dann ist df/dx eine ungerade Funktion.

Beweis

Sei f eine gerade Funktion.
Dann gilt für jedes x: $f(-x) = f(x)$.
Differenziert man beide Seiten, so ergibt sich: $-f'(-x) = f'(x)$.
Also gilt für jedes x: $f'(-x) = -f'(x)$.
Folglich ist f' eine ungerade Funktion, wie gefordert.

5.6 Beweise, logische Herleitungen und Objekte

In dem obigen Beispiel eines Satzes über gerade Funktionen und seiner Herleitung haben Sie sich vielleicht den Beweis angesehen und gedacht: „Warum haben wir uns dann erst eine Zeichnung angesehen?" Der Beweis verwendet einfache Algebra und bekannte Regeln – wäre es nicht einfacher gewesen, gleich diese zu verwenden? Dazu möchte ich sagen: Sie haben Recht – es ist oft sehr vernünftig, diesen Ansatz zu wählen. In manchen Fällen führt die Verwendung von Definitionen, Sätzen, Algebra und Logik auch sehr schnell zu einem Beweis. Zudem kann es ein klarer Vorteil sein, *nicht* detailliert über andere Darstellungen der Objekte nachzudenken. Betrachten Sie zum Beispiel die Beweise über trigonometrische Identitäten und die quadratische Formel, die wir uns am Anfang des Kapitels angesehen haben. In diesen Fällen hätten Sie sich über Beispiele Gedanken machen können – spezielle Gleichungen und ihre Lösungen oder bestimmte Winkel oder Kosinusgraphen –, aber ziemlich sicher haben Sie das nicht. Sie sind ganz gut mit den abstrakten symbolischen Darstellungen klargekommen, und zwar so gut, dass sich bei Ihnen gar nicht das Gefühl einstellte, mit etwas sehr Abstraktem zu tun zu haben.

Tatsächlich können Sie sogar noch weit mehr: Sie können in Situationen handeln, in denen Sie keine Ahnung haben, um was es sich bei den Objekten eigentlich handelt. Wenn man Ihnen sagt, dass jeder Blubblub ein Kobo ist und jeder Kobo ein Tjurid, dann können Sie sofort schließen, dass jeder Blubblub ein Tjurid ist. Dazu haben Sie nur logische Überlegungen genutzt. Wenn man Ihnen sagt, dass Blubblubs größer als Soggs und Soggs größer als Ngurns sind, dann werden Sie sicher sein, dass Blubblubs größer als Ngurns sind. In diesem Fall haben Sie logische Überlegungen und Ihre Kenntnisse darüber, wie „größer als" funktioniert, genutzt. (Mathematisch ausgedrückt heißt es: Die Relation „größer als" ist transitiv.) Sie haben keine Ahnung, was Blubblubs, Kobos, Tjurids, Soggs und Ngurns sind, aber damit auch überhaupt kein Problem.

Es kann also sehr gut sein, dass Sie viel aus Ihrer Hochschulmathematik lernen, indem Sie nur auf formale, logische Argumente achten, ohne explizit über die Objekte nachzudenken, um die es in den Aussagen geht. Natürlich müssen Sie die logische Sprache richtig interpretieren und verwenden: Wie am Ende von Kap. 4 besprochen, sollten Sie sorgfältig mit Folgerungen und Quantoren umgehen und sicherstellen, dass Sie nicht aus Versehen die Umkehrung oder das Gegenteil eines Satzes verwenden statt den Satz selbst. Es ist wichtig, daran zu denken, denn manche Studenten versuchen formal zu arbeiten, beherrschen das aber (noch) nicht sehr gut. Ihre Fähigkeiten beim logischen Argumentieren sind dann nicht sehr ausgeprägt (sie machen Fehler wie die, die wir in Kap. 8 genauer besprechen werden) und sie versuchen sich an zufälligen Umformungen, die wenig sinnvoll sind, ohne darüber nachzudenken, ob sich diese als weiterführend erweisen und ob auch jeder der Schritte richtig ist. Manche Studenten sind aber auch sehr gut im formalen Arbeiten, weil sie hervorragend logisch denken können und eine „Intuition für Symbole" entwickeln, die ihnen verrät, welche Umformungen wahrscheinlich nützlich sein werden und welche logischen Folgerungen vermutlich zum gewünschten Ergebnis führen. Vielleicht sind sie vor allem deshalb so gut darin, weil sie auf die verbreiteten Strukturen in Beweisen in einer Vorlesung oder auf einem speziellen Gebiet geachtet haben (mehr darüber in Kap. 6).

Ich persönlich denke oft über die Objekte nach, für die mathematische Beweise gelten. Mir verhelfen vor allem Zeichnungen zu einem intuitiven Gefühl dafür, wie die Dinge sein müssen, und ich empfinde sie auch als hilfreich, wenn ich Definitionen, Sätze und Beweise nachvollziehen muss, an die ich mich nicht mehr ganz genau erinnere. Ich bin mir jedoch im Klaren darüber, dass es nicht immer leicht ist, intuitive, objektbasierte Argumente in formale Ausdrücke zu übertragen. Es erfordert einiges an Arbeit, um zu erkennen, wie verschieden die maßgeblichen Objekte sein können, und um das intuitive Verständnis in eine angemessene symbolische Notation zu übertragen.

Mein Fazit lautet: Wenn Sie erwarten, dass ich Ihnen nun sage, ob die intuitiven oder die formalen Strategien besser sind, muss ich Sie enttäuschen. Jede hat verschiedene Vor- und Nachteile und erfolgreiche Mathematiker sind sich meist im Klaren, dass es beide gibt. Sie beginnen vielleicht mit der einen – etwa weil Sie diese persönlich bevorzugen oder über ein spezielles mathematisches Thema meist so nachdenken – und probieren sie eine Zeit lang aus. Wenn Sie damit dann nicht weiterkommen, steigen Sie auf die andere um. Und wenn auch dies nicht hilft, kehren Sie zur ersten zurück, vielleicht mit einigen neuen Einsichten, sodass die ursprüngliche Strategie jetzt besser funktioniert. Niemand kann wirklich erklären, woher man weiß, dass man umsteigen muss (sogar Spezialisten wissen es selbst nicht – sie sind oft sehr schlecht darin, sich über die Beschaffenheit ihres eigenen Denkens Gedanken zu machen). Wir wissen, dass Spezialisten keine Zeit damit verschwenden, sich nur auf eine einzige Strategie zu beschränken, wenn sie das offensichtlich nicht weiterbringt. Sie erkennen dann meist ihre derzeitige Lage und tun etwas, um sich daraus zu befreien. Denkbar ist, dass sie ihre Strategie komplett ändern oder innehalten, um zu klären, worin die Probleme genau liegen, sodass sie ihre derzeitige Strategie anpassen können. Oder sie machen eine Pause und trinken Kaffee oder entschließen sich, mit jemandem darüber zu reden. Um erfolgreich im Lösen mathematischer Probleme zu werden, muss man bereit sein durchzuhalten. Aber es gehört auch dazu, rechtzeitig zu erkennen, dass ein Ansatz nicht funktioniert, und entsprechend zu reagieren.

5.7 Der Beweis offensichtlicher Tatsachen

Im übrigen Kapitel werden wir uns weniger um Beweistechniken kümmern als vielmehr darum, warum wir uns überhaupt damit beschäftigen (einmal abgesehen davon, dass es sehr zufriedenstellend ist, einen logisch richtigen Beweis zu formulieren).

In vielen Einführungslehrbüchern der Hochschulmathematik ist zu lesen, dass wir Dinge beweisen, weil wir absolut sicher sein möchten, dass sie wahr sind. Das ist richtig, aber auch ein wenig unaufrichtig, denn Mathematiker verlangen von ihren Studenten ja Beweise für etwas, von dem sie (die Studenten) sicher wissen, dass sie richtig sind. Zum Beispiel sind Sie sich bestimmt sicher, dass Sie wieder eine gerade Zahl erhalten, wenn Sie zwei gerade Zahlen addieren. Und durch einen entsprechenden Beweis dafür werden Sie nicht „noch sicherer" werden, und das ist völlig in Ordnung. Manchmal jedoch stellen sich mathematische Behauptungen, die anfangs als wahr erscheinen, als falsch heraus – wir werden uns einige davon in den nächsten Abschnitten ansehen. Also müssen wir wirklich sorgfältig sein. Im Laufe Ihres Studentenlebens werden Dozenten Sie oft auffordern, ziemlich viel Aufwand zu betreiben, um Dinge zu beweisen, die Sie bereits wissen. Und tatsächlich verbringen auch alle Profi-Mathematiker große Teile ihrer Zeit mit ähnlichen Tätigkeiten.

Als Grund dafür werden Sie von einigen Ihrer Dozenten hören, dass das Niederschreiben von präzisen Beweisen an einfachen Beispielen geübt werden muss, um auch dann etwas sicher beweisen zu können, wenn Sie sich an schwierigere Dinge heranwagen. Auch das ist richtig und zweifellos ein vernünftiger Grund, es zu tun. Doch ist das immer noch nicht die ganze Wahrheit, weil es nicht erklärt, warum diplomierte Mathematiker so etwas auch weiterhin selbst praktizieren.

Ein besserer Grund dafür ist, dass Mathematiker nicht nur Wert darauf legen zu wissen, dass ein Satz wahr ist, sondern auch verstehen möchten, wie er in ein größeres Netz dazugehöriger Ergebnisse hineinpasst, die eine zusammenhängende Theorie bilden. Sie möchten nicht nur beweisen, dass die Summe zweier gerader Zahlen wieder gerade ist, sondern wollen auch sehen, wie das damit zusammenhängt, wie man beweist, dass die Summe zweier ungerader Zahlen gerade ist oder dass die Summe von irgendwelchen Zahlen, die durch 3 teilbar sind, wieder durch 3 teilbar ist. Sie möchten das alles in ähnliche Formulierungen fassen, sodass sie die Beziehungen zwischen einer ganzen Theorie erkennen, in diesem Fall über die Teilbarkeitseigenschaften von Zahlen. Wenn man so vorgeht, führt dies zu bestimmten Definitionen, aus denen wir viele verschiedene Beweise herleiten und bestimmen können, wie diese Beweise darzustellen sind, sodass die strukturellen Beziehungen zwischen ihnen klarer werden.

Tatsächlich verlangt die Entwicklung von Mathematik mehr als nur das Zusammenstellen einer zusammenhängenden Theorie. Im Idealfall wollen Mathematiker eine sehr große Theorie auf der Basis einer sehr kleinen Zahl von Ausgangsaxiomen und Definitionen herleiten. Dies wird als wichtiges intellektuelles Ziel angesehen: Wir möchten nichts als Axiom annehmen, wenn wir es tatsächlich als Satz beweisen können. Das klingt nach einem klaren und vernünftigen Ziel, aber manche Konsequenz daraus kann auf Erstsemester durchaus verwirrend wirken. Ein Beispiel: Irgendwann wird ein Dozent (z. B. in einer Vorlesung über Analysis) Ihnen eine Liste von Axiomen, Definitionen und Eigenschaften vorlegen, die mit den reellen Zahlen zu tun haben. Diese Liste wird etwa Folgendes enthalten:

Definition

Wir sagen $a < b$, dann und nur dann, wenn $b - a > 0$.

Dann wird Sie Ihr Dozent auffordern, etwa Folgendes zu beweisen:

Behauptung

Wenn $0 < -a$, dann ist $a < 0$.

Dies mag etwas verrückt wirken. Sie werden sich vermutlich die Axiome, Definitionen und Eigenschaften ansehen und denken, das sei doch offensichtlich; und dann werden Sie die Sache betrachten, die Sie beweisen sollen, und denken, auch das sei offensichtlich – eigentlich genauso offensichtlich wie die Axiome, Definitionen und Eigenschaften. Eine derartige Erfahrung hat einige unterhaltsame emotionale Folgen: Sie werden beobachten, wie Studenten schockiert herumlaufen und Dinge sagen wie: „Ich kann es nicht glauben, dass hier meine Intelligenz beleidigt wird, indem ich Dinge beweisen soll, die ich weiß, seit ich sechs bin."

Eigentlich wollen Ihre Dozenten gar nicht, dass Sie derartige Dinge beweisen, damit Sie zeigen, dass Sie es wissen. Den Hochschullehrern ist durchaus bewusst, dass Sie es wissen. Ziel ist vielmehr, dass Sie zeigen sollen, ob Sie in Ihrem Denken diszipliniert genug sind, um eine Aussage als Satz zu behandeln, der auf Grundlage einer beschränkten Menge von Axiomen, Definitionen und Eigenschaften begründet werden kann. Tatsächlich ist es ziemlich schwierig, dies durchzuhalten. Wenn Sie derartige Beweise zu konstruieren beginnen, werden Sie versucht sein, ständig alle möglichen Dinge als „offensichtlich" anzunehmen, die nicht in dieser Liste stehen. Versuchen Sie also bei derartigen Aufgaben nicht ungeduldig zu werden – wenn Sie richtig darüber nachdenken, erweisen sie sich als eine interessante und wertvolle intellektuelle Übung.

5.8   Das Unglaubliche glauben: die harmonische Reihe

Im letzten Abschnitt habe ich erwähnt, dass mathematische Ergebnisse manchmal auf den ersten Blick wahr zu sein scheinen, sich dann aber als falsch herausstellen. Man nennt so etwas gelegentlich *kontraintuitiv*, d. h. gegen die Intuition (der meisten). Dass es so etwas gibt, ist ein Grund, warum Mathematiker so konsequent darauf achten, Dinge sorgfältig zu beweisen: Gelegentlich glauben alle etwas, das sich später als falsch herausstellt. In diesem und dem nächsten Abschnitt werde ich Ihnen einige meiner Lieblingsbeispiele vorstellen und diese dazu nutzen, um allgemein zu erläutern, wie Sie auf so etwas reagieren sollten.

Das erste Beispiel ist die unendliche Reihe:

$$1 + \tfrac{1}{2} + \tfrac{1}{3} + \tfrac{1}{4} + \tfrac{1}{5} + \tfrac{1}{6} + \cdots$$

Man nennt so etwas *unendliche Reihe* oder manchmal nur *Reihe*. Hier möchte ich Sie darauf hinweisen, dass die Fortsetzungspunkte (die „$\cdots$") sehr wichtig sind. Diese können wie „und so weiter" gelesen werden und bedeuten „unendlich lange so weiter". Wenn Sie die Punkte weglassen, werden Mathematiker denken, dass die Reihe dort endet, wo Sie unterbrechen.

Diese spezielle Reihe heißt nun also *harmonische Reihe* und die offensichtliche Frage ist, welchen Wert ihre Summe ergibt. Mathematiker denken über so etwas nach, indem sie *Partialsummen* betrachten. Die werden so genannt, weil sie nur eine endliche Zahl der Terme enthalten. Hier sind die ersten Partialsummen:

$$s_1 = 1,$$
$$s_2 = 1 + \frac{1}{2} = \frac{3}{2},$$
$$s_3 = 1 + \frac{1}{2} + \frac{1}{3} = \frac{11}{6},$$
$$s_4 = 1 + \frac{1}{2} + \frac{1}{3} + \frac{1}{4} = \frac{25}{12}.$$

Vielleicht möchten Sie noch weitere ausrechnen, um ein Gefühl dafür zu bekommen, was hier passiert. Wir könnten diese Partialsummen auch grafisch darstellen, indem wir s_n gegen n auftragen, wie in Abb. 5.3 gezeigt. (Beachten Sie übrigens, dass dieser Graph aus Punkten und nicht aus einer Linie besteht, weil die Summen nur für ganze Zahlen definiert sind.)

Stellen Sie sich jetzt vor, wir machen unendlich lange damit weiter, welchen Wert wird die Summe dieser unendlichen Reihe ergeben?

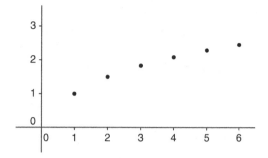

Abb. 5.3 Die Partialsummen der harmonischen Reihe gegen *n*

Die Meisten werden etwas sagen wie „vielleicht 5" oder „sicher weniger als 10". Sie irren sich. Die Antwort ist, dass die Summe unendlich groß sein wird. Sie ist größer als 5 und größer als 10 und sogar größer als jede andere Zahl, die Ihnen einfällt. Wir können Ihnen das folgendermaßen zeigen.

Bemerken Sie, dass der erste Term, 1, größer als 1/2 ist. Der zweite ist gleich 1/2. Der dritte selbst ist nicht größer oder gleich 1/2, aber wenn wir die beiden nächsten nehmen, erhalten wir $\frac{1}{3} + \frac{1}{4}$, und das ist bestimmt größer als 1/2. Wir addieren also 1/2 (und ein wenig mehr). Ähnliches gilt für die nächsten vier Terme $\frac{1}{5} + \frac{1}{6} + \frac{1}{7} + \frac{1}{8} > \frac{1}{2}$. Also addieren wir wieder 1/2 dazu. Und wir können weitere 1/2 dazuzählen, solange wir wollen, indem wir die nächsten acht Terme, dann die nächsten 16, dann die nächsten 32 usw. nehmen. Manche schreiben es folgendermaßen, um die Beweisführung darzustellen:

$$1 + \frac{1}{2} + \underbrace{\frac{1}{3} + \frac{1}{4}}_{> \frac{1}{2}} + \underbrace{\frac{1}{5} + \frac{1}{6} + \frac{1}{7} + \frac{1}{8}}_{> \frac{1}{2}}$$

$$+ \underbrace{\frac{1}{9} + \frac{1}{10} + \frac{1}{11} + \frac{1}{12} + \frac{1}{13} + \frac{1}{14} + \frac{1}{15} + \frac{1}{16}}_{> \frac{1}{2}} + \cdots$$

Weil wir immer wieder 1/2 dazuzählen können, wird die Summe größer als 5 und größer als 10 sein usw. Wir brauchen schrecklich viele Terme, bis die Summer größer als, sagen wir mal, 100 ist, aber das macht nichts, denn wir haben ja unendlich viele davon.

Tatsächlich ist das eines der Dinge, die Sie daraus lernen sollten: Unendlich ist *wirklich* groß. Die einzelnen Terme sind wirklich klein, doch es gibt so viele davon, dass ihre Summe trotzdem etwas unendlich Großes ergibt. Die Meisten finden das erstaunlich und haben das Gefühl, etwas wirklich Neues durch den Beweis oben gelernt zu haben. Tatsächlich werden Sie als Student unendliche Reihen kennenlernen, die sich noch seltsamer verhalten als diese. Sie heißen *bedingt konvergent* und sind (meiner Ansicht nach) eines der interessantesten Dinge im Mathematikstudium. Halten Sie Ausschau danach.

Was Sie noch verinnerlichen sollten: Manchmal stellen sich Dinge, die intuitiv „offensichtlich" zu sein scheinen, als vollkommen falsch heraus, vor allem wenn unendliche Vorgänge beteiligt sind. In diesem Fall hat uns unsere Intuition fehlgeleitet, weil wir einige Terme und einen Graphen angesehen haben. Das heißt nun nicht, dass Sie keine Graphen mehr anschauen oder Ihrer Intuition misstrauen sollen, sondern nur, dass Sie dabei Vorsicht walten lassen.

5.9 Das Unglaubliche glauben: die Erde und das Seil

Das nächste Beispiel verwendet eine andere Art Mathematik: einfache Geometrie und Algebra. Ich wurde damit zum ersten Mal als Doktorandin konfrontiert; einige meiner Freunde, die Biologie betrieben, berichteten mir, dass ihnen jemand die folgende unglaubliche Sache erzählt habe, und wollten nun von mir wissen, ob sie wahr sei. Sie war es wirklich, und ich stelle sie Ihnen hier so vor, wie ich sie zuerst kennengelernt habe – als Frage:

Stellen Sie sich die Erde zuerst einmal nicht als zerklüftet mit Bergen usw. vor, sondern als schöne glatte Kugel, und dazu dann ein Seil, das wir um den Äquator legen. Wir ziehen es straff, sodass es schön eng sitzt.

Jetzt stellen Sie sich vor, dass wir das Seil einen Meter länger machen – nur diesen einen Meter. Dann schütteln wir es über die ganze Welt aus, sodass es sich an jedem Punkt der Erdoberfläche auf der gleichen Höhe befindet.

Die Frage lautet: Wie weit ist das Seil von der Oberfläche der Erde entfernt?

Die Meisten antworten: „Oh, etwas sehr Kleines, vielleicht ein Bruchteil eines Millimeters." Das ist eine intuitiv nachvollziehbare Antwort, weil die Erde wirklich groß ist und ein Meter im Vergleich dazu wirklich wenig, also sollte ein zusätzlicher Meter kaum einen Unterschied machen.

Tatsächlich ist die Antwort aber etwa 16 cm.

Wenn Sie das vorher noch nie gesehen haben, werden Sie dieser Antwort vielleicht mit Skepsis begegnen. Doch sie ist richtig, und die Mathematik, die wir benötigen, um das zu beweisen, ist sehr einfach. Hier folgt sie in Form eines Beweises mit einigen begleitenden Zeichnungen.

Beweis

Wir werden im Folgenden mit der Einheit Meter arbeiten.

Sei R der Radius der Erde.

Dann gilt für den Umfang C der Erde $C = 2\pi R$.

Verlängern wir das Seil um einen Meter, ergibt sich ein neuer Umfang von $C' = 2\pi R' = 2\pi R + 1$ (vgl. Abb. 5.4).

Um den neuen Radius R' zu finden, lösen wir auf und erhalten:

$$R' = \frac{C'}{2\pi} = \frac{2\pi R + 1}{2\pi} = \frac{2\pi R}{2\pi} + \frac{1}{2\pi} = R + \frac{1}{2\pi}.$$

Der neue Radius R' ist also gleich dem ursprünglichen Radius R plus $\frac{1}{2\pi}$ Meter.

$\frac{1}{2\pi} \approx 0{,}16$, also ist der neue Radius etwa 16 cm länger als der ursprüngliche, d. h., das Seil schwebt nun 16 cm über der Erdoberfläche.

Wieder war die intuitive Antwort, die die Meisten gegeben hätten, vollkommen falsch. Doch dieser Fall scheint nachhaltiger: Er erschüttert die Menschen, weil sie so sicher waren, dass ihre erste Intuition richtig gewesen sein muss. Mache gehen sogar so weit, darauf zu bestehen, dass es einen Fehler in diesem Beweis geben muss. Es gibt aber keinen. Er ist vollkommen richtig und Sie sollten (wie immer) alle Schritte überprüfen, damit Sie auch überzeugt davon sind.

Wie sollten Sie also auf so ein wenig eingängiges Ergebnis reagieren? Sie könnten sich dafür entscheiden, es einfach als zu verstörend zu empfinden, und nicht mehr darüber nachdenken. Doch damit versäumen Sie eine wertvolle Gelegenheit, Ihr Denken weiterzuentwickeln. Ich verrate Ihnen, was ich getan habe, um zu zeigen, was ich meine. Zuerst überzeugte ich mich, dass der Beweis wirklich richtig war – ich prüfte sorgfältig, ob ich nicht irgendeinen dummen Rechenfehler oder etwas Ähnliches gemacht hatte. Dann dachte ich: „Nun, wenn das stimmt, dann muss etwas mit meiner Intuition nicht richtig sein, also muss ich diese verbessern. Ich muss einen neuen Weg finden, wie ich über dieses Problem nachdenke, sodass die Antwort weniger seltsam erscheint."

Abb. 5.4 Wir verlängern den Umfang der Erde um einen Meter

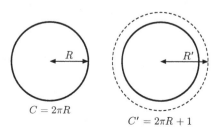

Nach einigem Nachdenken erkannte ich, dass die Antwort ganz anders aussieht, wenn man zum Beispiel ausschnittsweise nur einen Kilometer der Erdoberfläche betrachtet. Wenn man das Seil 16 cm über diesen Kilometer hochhebt, wie viel Seil muss dann hinzugefügt werden? Ganz offensichtlich fast gar keines – die Erde ist so riesig, dass sie über diese Entfernung praktisch flach verläuft. Vermutlich gilt das auch für 100 km oder sogar mehr als das. Ich konnte mir also vorstellen, dass ich um die Erde reise, dabei das Seil 16 cm anhebe und nur so viel ergänze, wie ich dazu benötige. Sogar über eine große Entfernung muss ich nur ganz wenig anstückeln. Mit dieser Betrachtungsweise erscheint es weit plausibler, dass ich nur einen Meter mehr brauche, um es über der ganzen Welt anzuheben.

Diese alternative Betrachtungsweise gab mir das Gefühl, dass die richtige Antwort doch nicht vollkommen unvernünftig ist. (Falls das bei Ihnen nicht der Fall ist, können Sie sich eine weitere Alternative ausdenken, die funktioniert?) Entscheidend ist, dass ich darauf kam, weil ich den Versuch unternahm, mein intuitives Denken an den mathematisch korrekten Beweis anzugleichen. Ich hatte erkannt, dass es ein Problem mit meiner Intuition gab, und ich fand einen Weg, sie in Übereinstimmung mit der Mathematik zu bringen, sodass ich die Verbindung zwischen beiden verbesserte und ich damit in der Zukunft intuitive Überlegungen in ähnlichen Situationen besser nutzen kann.

In diesem und dem letzten Abschnitt habe ich viel über kontraintuitive Ergebnisse gesprochen. Damit will ich nun nicht behaupten, Ihre Intuition werde sich immer als falsch erweisen. Meist wird Ihre Erfahrung zu richtigen intuitiven Lösungen führen (auch wenn es natürlich etwas Arbeit bedeuten dürfte, diese dann in einen Beweis zu verwandeln). Was ich Ihnen vermitteln möchte: In der Mathematik wird es durchaus Überraschungen wie diese geben, und Sie sollten diesbezüglich vorgewarnt sein. Es verhält sich so ähnlich wie mit den Kap. 3, wo ich geschrieben habe, dass eine Definition vermutlich meist das meint, was Sie denken, dass sie tut, dass es aber Grenzfälle geben kann, wo sie nicht so angewendet werden kann, wie Sie erwarten. Gelegentlich wird Ihre Intuition also falsch sein, und Sie sollten einiges an Mühe aufwenden, um das in Ordnung zu bringen.

5.10   Wird mein ganzes Studium aus Beweisen bestehen?

Wie schon zu Anfang dieses Kapitels erwähnt, wird Ihnen an der Universität ein großer Teil der Mathematik in Form von Sätzen und Beweisen vorgestellt. In manchen Vorlesungen geht es mehr darum, Standardrechnungen durchzuführen oder Standardprobleme zu lösen, doch Sie werden feststellen, dass Ihre Dozenten viele Beweise vorrechnen und von Ihnen erwarten, dass auch Sie ziemlich viele davon schreiben. Manche finden das ziemlich einschüchternd. Sie sind es bislang gewohnt zu lernen, wie man Verfahren anwendet. Und nun müssen sie erkennen, dass jeder Beweis anders auszusehen scheint, und überlegen schon, wie sie je mit all den Beweisen klarkommen, geschweige denn diese lernen oder selbst eigene konstruieren sollen. Das ist eine ganz natürliche Reaktion, doch im Rest von Teil 1 dieses Buches hoffe ich Sie überzeugen zu können, dass dies nicht so schwierig ist, wie es anfangs scheinen mag.

Das heißt, wenn Sie zu studieren beginnen, werden Sie vermutlich Ihre Bereitschaft, auch bei schwierigeren Problemen durchzuhalten, steigern müssen. Mein Lehrer in der Oberstufe bereitete mich darauf sehr gut vor. In den meisten Fällen, wenn ich mit einer Frage an ihn wandte, weil ich nicht weiterkam, schaute er mich über den Rand seiner Brille an und sagte: „Ach, geh weg und denke selbst noch ein wenig darüber nach, Alcock. Ich bin sicher, du schaffst das, wenn du es nur versuchst." Meistens hatte er Recht. Wichtiger war, dass ich mit der Zeit erkannte: Wenn ich nur ein bisschen länger über etwas nachdachte oder das Problem einmal für einen Tag beiseitelegte und dann wieder daran arbeitete, kam ich tatsächlich weiter. An der Universität werden Sie oft eine halbe Stunde oder länger über einem einzigen Problem sitzen, und im Laufe Ihres Studiums wird diese Zeitspanne sogar anwachsen. Das bedeutet dann nicht, dass Sie nicht gut genug für Mathematik auf diesem Niveau wären (vgl. Kap. 13). Wenn Sie während dieser halben Stunde etwas Vernünftiges tun, leisten Sie weit mehr als nur eine einzige Lösung zu produzieren: Sie wiederholen bekanntes Wissen, lernen etwas über die Bandbreite der Anwendbarkeit von Standardverfahren usw.

Sie üben auch Strategien, wie man mit einem Beweis beginnt, die wir in diesem Kapitel besprochen haben: alles im Sinne der maßgeblichen Definitionen hinschreiben und über Beispielobjekte nachdenken, um herauszufinden, ob dies irgendwelche Einsichten liefert. Das sind sehr allgemeine Strategien, sodass sie auf die meisten Probleme angewandt werden können. Wir haben auch gesehen, dass man die Struktur eines Beweises oft der Struktur einer Definition nachbilden kann. In Kap. 6 werden wir uns noch mehr derartiger Zusammenhänge ansehen und Strategien besprechen, mit denen man verschiedene Aussagetypen beweisen kann, sowie Tricks vorstellen, die oft nützlich sind, wenn man mal in eine Sackgasse geraten ist.

Fazit

- Hochschulmathematik ist oft in Form von Sätzen mit Beweis geschrieben. Dies unterscheidet sich nicht so sehr von der Schulmathematik, weil man Letztere oft in diesem Sinne umformulieren könnte.
- Einen Beweis kann man oft damit beginnen, dass man die Voraussetzungen und die Schlussfolgerung im Sinne der maßgeblichen Definitionen hinschreibt.
- Es ist eine bewährte Verfahrensweise, den Beweis so zu verfassen, dass er die Struktur der maßgeblichen Definition oder des Satzes widerspiegelt.
- Für die Konstruktion eines Beweises braucht es etwas Kreativität. Manchmal entstehen gute Ideen, wenn man verschiedene Darstellungsweisen von passenden Beispielen betrachtet.
- Es ist möglich, an die Konstruktion eines Beweises formal heranzugehen, indem man im Sinne logischer Strukturen denkt, oder formloser, indem man im Sinne von Beispielen überlegt, bevor man alles in einen formalen Beweis überträgt. Jeder Ansatz hat Vor- und Nachteile.
- Manchmal beweisen Mathematiker offensichtliche Dinge, um zu erkennen, wie sie zusammengehören. Wenn Sie derartige Dinge beweisen, trainieren Sie die intellektuelle Disziplin, die Sie benötigen, wenn Sie mit einer kleinen Zahl von Annahmen arbeiten müssen.
- Normalerweise wird Ihre Intuition richtig sein, doch in der Mathematik gibt es einige interessante Ergebnisse, die der allgemeinen Intuition zuwiderlaufen. Wenn Sie auf solche stoßen, sollten Sie diese dazu nutzen, um Ihr intuitives Verständnis zu trainieren.
- Beweise sehen manchmal kompliziert aus, zumal alle unterschiedlich zu sein scheinen. Um damit klarzukommen, müssen Sie verschiedene Strategien anwenden, um einen Beginn zu finden und dann durchzuhalten.

Weiterführende Literatur

Mehr über die angemessene Konstruktion gegebener logischer Aussagen finden Sie in:

- Allenby, R. B. J. T.: *Numbers & Proofs*. Butterworth Heinemann, Oxford (1997)
- Grieser, D.: *Mathematisches Problemlösen und Beweisen: Eine Entdeckungsreise in die Mathematik*. Springer Spektrum, Heidelberg (2012)
- Solow, D.: *How to Read and Do Proofs*. John Wiley & Sons, Hoboken (2005)
- Velleman, D. J.: *How to Prove It: A Structured Approach*. Cambridge University Press, Cambridge (2004)

Bei Fragen zur Arbeit mit axiomatischen Systemen, Folgen, Reihen und Funktionen können Sie folgendes Buch konsultieren:

- Burn, R. P.: *Numbers and Functions: Steps into Analysis*. Cambridge University Press, Cambridge (1992)

Beispiele und Diagramme, die Einsicht in allgemeine Ergebnisse liefern, finden Sie in:

- Alsina, C. & Nelsen, R. B.: *Perlen der Mathematik: 20 geometrische Figuren als Ausgangspunkte für mathematische Erkundungsreisen*. Springer Spektrum, Heidelberg (2015)

Forschungsergebnisse der Mathematikdidaktik darüber, wie Studenten Beweise verstehen, liefert:

- Reid, D. A. & Knipping, C.: *Proof in Mathematics Education: Research, Learning and Teaching*. Sense Publishers, Rotterdam (2010)

6

Beweisverfahren und Tricks

Zusammenfassung

Dieses Kapitel erklärt und illustriert einige verbreitete Beweisstrukturen. Es zeigt Aspekte des Beweisens, die Studenten manchmal als verwirrend empfinden, und erläutert, wodurch diese Verwirrung entsteht und wie sie überwunden werden kann. Es weist auch auf einige Tricks hin, denen Sie wahrscheinlich bei Beweisen in verschiedenen Vorlesungen begegnen werden, und leitet Sie an, wie man neue Beweisaufgaben angehen kann.

6.1 Allgemeine Beweisstrategien

In Kap. 4 habe ich zwei Strategien besprochen, wie man lernen kann, einen Satz zu verstehen:

- Achten Sie auf die logische Form und lesen Sie jeden Satz sorgfältig.
- Denken Sie an Beispiele mathematischer Objekte, die die Voraussetzungen erfüllen, und überlegen Sie, wie sich diese zur Schlussfolgerung verhalten.

Im Kap. 5 habe ich die Bedeutung des Beweises in der Hochschulmathematik erklärt, einige Gründe genannt, warum man Dinge sorgfältig beweisen muss, und einige spezielle Beweise vorgeführt. Als Sie die Beweise lasen, haben Sie sich wahrscheinlich auf den Inhalt jedes einzelnen konzentriert – auf die verwendeten Ideen und wie sie verallgemeinert werden. Doch ich erwähnte auch einige Strategien, die allgemein nützlich sind, wenn man einen Beweis konstruieren möchte:

- Schreiben Sie die Voraussetzungen und die Schlussfolgerung im Sinne der maßgeblichen Definitionen hin.
- Denken Sie über mathematische Beispielobjekte nach, auf die Ihr Satz angewendet werden kann, vielleicht in Form verschiedener Darstellungsweisen.

Dabei entspricht der erste Vorschlag einer formalen Strategie, der zweite einer mehr formlosen, intuitiven Strategie. Doch es sollte klar sein, dass beide

L. Alcock, *Wie man erfolgreich Mathematik studiert*, DOI 10.1007/978-3-662-50385-0_6

wirklich nur allgemeine Vorgehensweisen zum Lösen eines mathematischen Problems sind. Genau das erwarten wir auch, denn die Konstruktion eines Beweises ist nur ein bestimmter Typ von mathematischem Problem. Natürlich sollte ein Student nie vor einem Problem sitzen (Beweis oder etwas anderem) und sagen: „Ich weiß nicht, was ich tun soll.“ Vor allem sollte ein Student nicht vor einer Beweisaufgabe sitzen und denken: „Ich kann das nicht, denn das hat mir noch niemand gezeigt.“ Mathematikstudenten sollten einiges an Eigeninitiative mitbringen, und eine dieser Strategien auszuprobieren ist besser, als nichts zu tun.

Wenn man jedoch lernt, Beweise zu konstruieren und zu verstehen, hilft es auch, wenn man weiß, dass es einige Standard-Beweisverfahren und -tricks gibt, die häufig einsetzbar und oft nützlich sein können. Wenn Sie darauf achten, sollten Sie bemerken, dass man Beziehungen zwischen mathematischen Beweisen über eine Vielzahl von Vorlesungen ausmachen kann. Und wenn man steckenbleibt, kann man dabei gewonnene Ideen aufgreifen, mit deren Hilfe man vielleicht weiterkommt. In diesem Kapitel geht es um derartige Beweisverfahren und -tricks.

6.2   Der direkte Beweis

Das erste Standard-Beweisverfahren ist als *direkter Beweis* bekannt. Bei einem direkten Beweis beginnen wir, indem wir annehmen, dass die Voraussetzungen gelten, und kommen – über eine Reihe von gültigen Umformungen oder logischen Ableitungen – auf die erwünschte Schlussfolgerung. Bisher waren die meisten Beweise im vorliegenden Buch von dieser Art. Hier einige Sätze, deren direkten Beweis wir bereits untersucht haben.

Satz

Wenn n eine ganze Zahl ist, dann ist jedes ganzzahlige Vielfache von n wieder gerade.

Satz

Wenn $x^2 - 20x + 10 = 0$, dann ist $x = 10 + 3\sqrt{10}$ oder $x = 10 - 3\sqrt{10}$.

Satz

$(2,5)$ ist eine offene Menge.

Satz

Für alle $\theta \in \mathbb{R}$ gilt $\cos(3\theta) = 4\cos^3\theta - 3\cos\theta$.

Satz

Wenn $ax^2 + bx + c = 0$, dann gilt $x = \frac{-b \pm \sqrt{b^2 - 4ac}}{2a}$.

Satz

Seien f und g differenzierbar, dann gilt:

$$\frac{\mathrm{d}}{\mathrm{d}x}(f + g) = \frac{\mathrm{d}f}{\mathrm{d}x} + \frac{\mathrm{d}g}{\mathrm{d}x}.$$

Satz

Sind l, m und n aufeinanderfolgende ganze Zahlen, dann ist das Produkt $l \cdot m \cdot n$ durch 6 teilbar.

Satz

Wenn f eine gerade Funktion ist, dann ist $\frac{\mathrm{d}f}{\mathrm{d}x}$ eine ungerade Funktion.

Halten Sie einen Moment inne und überlegen Sie: Können Sie ohne nachzuschauen Beweise für diese Aussagen aufschreiben? Wenn nicht, erinnern Sie sich dann an die Kernaussage, wie wir in jedem dieser Fälle vorgegangen sind, und den Rest rekonstruieren? Wenn Sie sich nur eine Minute für jeden der obigen Fälle gönnen, wette ich, dass Sie sich an mehr erinnern, als Sie anfangs dachten. Studenten haben oft zu wenig Vertrauen in ihre eigenen Fähigkeiten, sich mathematische Ideen ins Gedächtnis zu rufen und Beweise, die damit zusammenhängen, wiederherzustellen.

Eine wichtige Anmerkung ist hier, dass sich *direkt* auf den fertigen Beweis bezieht, den wir aufschreiben, aber **nicht** notwendigerweise auf den Prozess der Beweiskonstruktion. Vielleicht können Sie die Voraussetzungen hinschreiben und dann einfach Ihrer Nase folgend den ganzen Beweis. Doch es ist wahrscheinlicher, dass Sie erst einige der Dinge ausprobieren müssen, die ich vorgeschlagen habe, als wir die Sätze besprachen: alles im Sinne der Definitionen hinschreiben, über einige Beispiele nachdenken, vielleicht eine Zeichnung anfertigen usw. Sie sollten sich danach aber überlegen, wie Sie Ihren endgültigen Beweis so notieren können, dass seine logische Struktur dem Leser klar

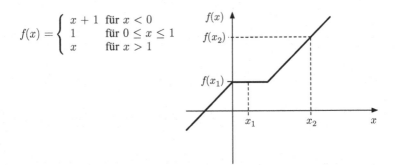

$$f(x) = \begin{cases} x+1 & \text{für } x < 0 \\ 1 & \text{für } 0 \leq x \leq 1 \\ x & \text{für } x > 1 \end{cases}$$

Abb. 6.1 Stückweise definierte steigende Funktion

wird. Wahrscheinlich ist es eine gute Idee, dieses Aufschreiben als eigenständige Aufgabe anzusehen: eine, die Ihre ganze Aufmerksamkeit stärker fordert, als nur zu einer einfachen Antwort oder einem Beweis zu gelangen. Wir werden darüber in Kap. 8 noch mehr sagen.

Weiterhin ist anzumerken, dass direkte Beweise in sich kompliziertere Strukturen enthalten können. Die offensichtlichste davon ist der *Beweis durch Fallunterscheidung* – das ist genau das, wonach es sich anhört: Wir unterteilen die Fälle, die wir behandeln müssen, in sinnvolle Gruppen und arbeiten innerhalb des Beweises mit jeder davon getrennt. Betrachten Sie zum Beispiel die stückweise definierte steigende Funktion, die wir uns in Kap. 3 angesehen haben (Abb. 6.1).

Beim Blick auf die Grafik können wir uns vorstellen, dass wir x_1 und x_2 herumschieben und doch immer $f(x_1) \leq f(x_2)$ haben, solange wir $x_1 < x_2$ lassen. In einem Beweis können wir aber nicht davon sprechen, dass wir „etwas herumschieben", sondern müssen genauer sein. Eigentlich können x_1 und x_2 nur in einer von sechs verschiedenen Positionen relativ zu den Abschnitten der Funktion sein, drei davon sind in Abb. 6.2 dargestellt (Wie sehen die anderen aus?).

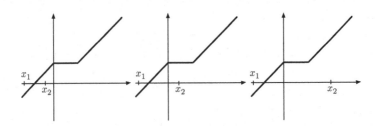

Abb. 6.2 Drei verschiedene Positionen von x_1 und x_2

In einem Beweis können wir jede dieser Situationen in einem eigenen Fall behandeln. Für diese drei Fälle könnte ein Beweis wie unten dargestellt aussehen. Wie sähen die restlichen Fälle aus und was würden Sie schreiben?

Satz

$$f:\mathbb{R} \to \mathbb{R} \text{ gegeben durch } f(x) = \begin{cases} x + 1 & \text{für } x < 0 \\ 1 & \text{für } 0 \leq x \leq 1 \\ x & \text{für } x > 1 \end{cases}$$

ist steigend.

Beweis

Fall 1:
Seien $x_1 < x_2 < 0$.
Dann gilt $f(x_1) = x_1 + 1 < x_2 + 1 = f(x_2)$.

Fall 2:
Seien $x_1 < 0 \leq x_2 \leq 1$.
Dann gilt $f(x_1) = x_1 + 1 < 0 + 1 = 1 = f(x_2)$.

Fall 3:
Seien $x_1 < 0$ und $x_2 > 1$.
Dann gilt $f(x_1) = x_1 + 1 < 0 + 1 = 1 < x_2 = f(x_2)$.

Bei jedem Fall habe ich Gleichungs- und Ungleichungsketten mit $f(x_1)$ auf der einen Seite und $f(x_2)$ auf der anderen benutzt. Sie sollten sicher sein, dass Sie genau verstehen, warum jede Gleichung und Ungleichung in der Kette gilt. Ich mag derartige Gleichungs- und Ungleichungsketten, weil sie klar mit der Schlussfolgerung des Satzes verknüpft sind (sie zeigen in jedem Fall, dass $f(x_1) < f(x_2)$), und weil ich finde, dass sie elegant sind. Wenn es Ihnen lieber ist, könnten Sie auch getrennt hinschreiben, was $f(x_1)$ und was $f(x_2)$ ist, und diese dann vergleichen. Doch Sie werden damit letztendlich mehr schreiben müssen.

Wann sollten Sie also einen Beweis mit Fallunterscheidung in Betracht ziehen? Manchmal werden Sie feststellen, dass Sie das müssen. In diesem Beispiel etwa haben wir kaum eine Wahl; die $f(x)$-Werte sind je nach Position von x_1 und x_2 unterschiedlich, deshalb müssen wir diese Fälle getrennt betrachten. In anderen Fällen ist es vielleicht nicht notwendig, einen Beweis mit Fallunterscheidung zu machen, könnte sich aber trotzdem als bequem erweisen, weil es irgendeine Art von natürlicher Unterteilung gibt, etwa zwischen positiven und negativen oder zwischen geraden und ungeraden Zahlen. Schließlich kann es auch sinnvoll sein, einen Beweis mit Fallunterscheidung zu beginnen, wenn

Sie glauben, einen Beweis für einige der Objekte, für die der Satz gilt, konstruieren zu können, aber für andere nicht. Ein Anfang ist besser als nichts, und wenn Sie erst einmal einen Beweis für einen Fall hingeschrieben haben, könnten sich daraus Ideen entwickeln, wie es weitergeht, wenn Sie nur etwas darüber nachdenken.

Ein letzter Rat lautet: Überlegen Sie sich, ob man die Zahl der Fälle verringern kann, wenn Sie erst einmal einen Beweis durch Fallunterscheidung erstellt haben oder sich einen ansehen, den jemand anderes entworfen hat. Wenn Sie zum Beispiel die drei verschiedenen Fälle $x < 0, x = 0$ und $x > 0$ behandelt haben, könnten Sie diese vielleicht in nur einen Beweis für $x < 0$ und einen für $x \geq 0$ umschreiben. Sie müssen das natürlich nicht – wenn Ihr Beweis, so wie er ist, keinen Fehler beinhaltet, ist das in Ordnung. Doch denken Sie daran, dass Mathematiker auch Wert auf Eleganz legen – und Kürze trägt zu dieser Eleganz bei, deshalb ist sie ein erstrebenswertes Ziel.

6.3   Der Beweis durch Widerspruch

Das zweite Beweisverfahren, über das ich sprechen möchte, ist der *Beweis durch Widerspruch*. Es handelt sich um eine Art indirekten Beweis, der so genannt wird, weil wir nicht direkt von den Voraussetzungen zur Schlussfolgerung gelangen. Stattdessen machen wir vorläufig die Annahme, dass unsere gewünschte Schlussfolgerung (oder ein Teil davon) falsch ist, und zeigen, dass uns dies auf einen Widerspruch führt. Daraus können wir schließen, dass unsere vorläufige Annahme falsch war und deshalb die erwünschte Folgerung richtig sein muss. Dies klingt ziemlich verworren, doch Sie sind es gewohnt, diese Art von Beweisführung formlos im Alltagsleben zu benutzen. Hier ein einfaches Beispiel:

Ihr Freund: „Jan war das ganze Wochenende daheim in Hamburg."

Sie: „Nein, das war er nicht. Ich habe ihn am Samstagnachmittag in Bremen gesehen."

Hier verwenden Sie stillschweigend einen Beweis durch Widerspruch. Die vorläufige Annahme ist, dass Jan in Hamburg war. Ihr Beweis besagt, dass bei diese Annahme geschlossen werden kann, dass er nicht in Bremen war. (Wenn Sie so wollen, liegt dem der „Satz" zugrunde, dass Menschen nicht an zwei Orten gleichzeitig sein können.) Doch dem widerspricht, dass Sie ihn in Bremen gesehen haben. Deshalb muss die Annahme, dass er die ganze Zeit in Hamburg war, falsch sein.

Als Nächstes sehen wir uns ein mathematisches Beispiel an, das die Definition einer *rationalen Zahl* enthält. Wir haben diese und die Notation $\mathbb{Q}$, die die Menge der rationalen Zahlen bezeichnet, bereits formlos in Kap. 2 eingeführt. Formaler gilt:

Definition

$x \in \mathbb{Q}$ dann und nur dann, wenn $\exists p, q \in \mathbb{Z}$ (mit $q \neq 0$), sodass $x = \frac{p}{q}$.

Der Satz und der Beweis dazu verwenden das Symbol $\notin$, das „ist nicht Element von" bedeutet, und in diesem Fall heißt $y \notin \mathbb{Q}$, dass y eine *irrationale Zahl ist*. Sowohl der Satz als auch der Beweis nehmen implizit an, dass alle Zahlen, mit denen wir arbeiten, reell sind (dies nimmt man anfangs bei der Arbeit mit rationalen und irrationalen Zahlen häufig an). Wie bei allen Sätzen und Beweisen sollten Sie alles sehr sorgfältig lesen und prüfen, ob Sie verstehen, was in jedem der Schritte passiert.

Satz

Wenn $x \in \mathbb{Q}$ und $y \notin \mathbb{Q}$, dann ist $x + y \notin \mathbb{Q}$.

Beweis

Sei $x \in \mathbb{Q}$, dann $\exists p, q \in \mathbb{Z}$ (mit $q \neq 0$), sodass $x = \frac{p}{q}$.

Sei $y \notin \mathbb{Q}$.

Für den Widerspruchsbeweis nehmen wir an, dass $x + y \in \mathbb{Q}$.

Das heißt, $\exists r, s \in \mathbb{Z}$ (mit $s \neq 0$), sodass $x + y = \frac{r}{s}$.

Doch dann gilt: $y = \frac{r}{s} - x = \frac{r}{s} - \frac{p}{q} = \frac{rq - ps}{sq}$.

Nun sind $rq - ps \in \mathbb{Z}$ und $sq \in \mathbb{Z}$, weil $p, q, r, s \in \mathbb{Z}$.

Außerdem ist $sq \neq 0$, weil $q \neq 0$ und $s \neq 0$.

Also ist $y \in \mathbb{Q}$.

Doch das ist ein Widerspruch zur Voraussetzung des Satzes.

Deshalb muss $x + y \notin \mathbb{Q}$ sein.

In diesem Beweis war die vorläufige Annahme folgende:

Für den Widerspruchsbeweis nehmen wir an, dass $x + y \in \mathbb{Q}$.

Diese Annahme führte uns über einen vernünftigen Einsatz von Definitionen und Algebra auf diese Zeile:

Also ist $y \in \mathbb{Q}$.

Wie gesagt widerspricht dies den Voraussetzungen des Satzes, deshalb muss unsere vorläufige Annahme falsch gewesen sein, was wir geschrieben haben als:

Deshalb muss $x + y \notin \mathbb{Q}$ sein.

Natürlich müssen Sie, um einen Beweis wie diesen zu verstehen, mehr tun als früher im Mathematikunterricht. In der Schule mussten Sie beim Lesen von mathematischen Texten höchstens einige Rechnungen überprüfen. Hier ist nun etwas Anspruchsvolleres zu leisten. Selbstverständlich sollten Sie alles prüfen, um sicher zu sein, dass Sie die Rechnungen verstehen und letztere keine Fehler enthalten. Aber das ist nicht das Entscheidende an einem Beweis wie diesem. Um ihn ganz zu verstehen, müssen Sie seine allgemeine Struktur durchschauen. Sie müssen in der Lage sein zu sehen, welche Annahmen wo gemacht wurden, wo der Widerspruch auftritt und welcher Aussage darin tatsächlich widersprochen wird. Schließlich müssen Sie auch erkennen, wie das alles zusammenpasst und wie damit bewiesen wird, dass der Satz richtig ist.

Sie werden Widerspruchsbeweise in vielen Vorlesungen kennenlernen. Einer der ersten wird vermutlich sein, dass Sie beweisen, dass $\sqrt{2}$ irrational ist. Wenn Sie genau darüber nachdenken, sehen Sie vielleicht, dass das ganz und gar nicht offensichtlich ist. Es gibt *sehr viele* rationale Zahlen. Zwischen 1 und 2 könnten wir zum Beispiel anfangen, diese aufzulisten: $\frac{3}{2}, \frac{4}{3}, \frac{5}{3}, \ldots$, und natürlich gibt es etwas wie $\frac{11}{7}$. Wenn wir also behaupten, $\sqrt{2}$ sei irrational, stellen wir eine sehr starke Behauptung auf: Aus all diesen Möglichkeiten gibt es *nicht eine einzige*, die genau gleich $\sqrt{2}$ ist. Dies schließt alle nicht sehr offensichtlichen Beispiele wie z. B. 29.365.930.375 / 16.406.749.305 mit ein. Wenn wir derartige Beispiele ansehen, erhalten wir vielleicht eine gute Näherung, doch niemals die exakte Zahl. Sie können sich vielleicht vorstellen, dass die Leute ziemlich aufgeregt waren, als sie dies zum ersten Mal erkannten.

Ich werde Ihnen keinen Beweis dafür präsentieren, dass $\sqrt{2}$ irrational ist. Es ist ein klassischer Beweis, dem Sie während des Studiums sicher noch begegnen werden, und ich will Ihrem Dozenten nicht den Wind aus den Segeln nehmen. Doch ich möchte die Grundidee verwenden, um darüber zu sprechen, wie nützlich ein Beweis durch Widerspruch sein kann, und um einige Dinge aus früheren Kapiteln zu wiederholen.

Beachten Sie zuerst, dass die Behauptung, $\sqrt{2}$ sei irrational, zwar wie eine Aussage über eine bestimmte Zahl *klingt*, dass es sich tatsächlich aber um eine Aussage über unendlich viele Dinge handelt. Sie kann folgendermaßen umformuliert werden.

Es gibt keine Zahl der Form p/q, die gleich $\sqrt{2}$ ist.

Dies wiederum kann umgeschrieben werden in die Form eines Standardsatzes:

Wenn $x \in \mathbb{Q}$, dann $x \neq \sqrt{2}$.

Wie ich schon am Ende von Kap. 4 sagte, ist es wichtig, dass Sie zu erkennen lernen, ob Aussagen logisch äquivalent sind oder nicht. Stellen Sie sicher, dass Sie die Äquivalenz in diesem Fall erkennen.

Bei diesem Satz würde ein Beweis durch Widerspruch damit beginnen, dass man annimmt, es gäbe eine rationale Zahl, die gleich $\sqrt{2}$ ist, und dann zeigen, dass dies zu einem Widerspruch führt. Achten Sie auf die Struktur, wenn Sie einen Beweis sehen, und denken Sie – wie immer – darüber nach, wie man diesen Beweis verallgemeinern kann. Ich sage das, um einen Punkt aus Kap. 1 zu wiederholen: Es ist gefährlich, ein mathematisches Argument zu kopieren, ohne gründlich darüber nachzudenken, ob jeder einzelne Schritt in der neuen Situation auch wirklich gilt. Ein mir bekannter Mathematikprofessor zeigt gerne, dass $\sqrt{2}$ irrational ist, fordert dann die Studenten auf zu beweisen, dass $\sqrt{3}$ irrational ist, und anschließend, dass $\sqrt{4}$ irrational ist. Was fällt Ihnen am letzten Beispiel auf? Genau, was auch immer in dem Beweis abläuft, es muss einen Schritt geben, der nicht für $\sqrt{4}$ gilt. Doch mein Freund berichtete mir, dass trotzdem viele Studenten den Beweis auf $\sqrt{4}$ übertragen. Sie möchten sicher nicht zu diesen Studenten gehören, also halten Sie inne und denken Sie nach!

Zuletzt möchte ich noch darauf hinweisen, dass Mathematiker sich bei der Einführung dieses Beweises ein wenig anders als sonst verhalten. Wie ich im Kap. 5 bemerkte, lieben sie es normalerweise, mit einer möglichst allgemeinen Version einer Aussage zu arbeiten. Daher würde man in diesem Fall erwarten, dass sie sich nicht mit $\sqrt{2}$ aufhalten, sondern gleich folgenden wahren und allgemeineren Satz beweisen:

Satz

Wenn k eine Primzahl ist, dann ist $\sqrt{k}$ irrational.

Das tun sie in der Regel aber nicht, sondern beginnen meist mit dem Fall $\sqrt{2}$. Ich denke, das liegt teilweise an den geometrischen Wurzeln dieses Problems und teilweise daran, dass es schon früh im Mathematikstudium thematisiert wird. Mathematiker finden wohl, es sei einfacher, mit einem speziellen Fall zu beginnen. Das stimmt wahrscheinlich, doch Sie sollten, wie immer, über die Verallgemeinerung selber nachdenken.

Wann sollten Sie es also mit einem Beweis durch Widerspruch versuchen? Ihre Dozenten werden die Methode in vielen verschiedenen Situationen verwenden, deshalb dürften Sie im Laufe der Zeit ein Gefühl dafür entwickeln. Doch manchmal legt bereits die Formulierung einer Frage oder eines Satzes einen Beweis durch Widerspruch nahe, etwa wenn es heißt: „Beweisen Sie, dass ein Objekt mit diesen und jenen Eigenschaften nicht existiert." Dann könnten Sie annehmen, es gäbe ein solches Objekt, und zeigen damit, dass dies auf einem Widerspruch führt. Er könnte auch hilfreich sein, wenn Sie einen Satz in der Standardform „wenn *etwas*, dann *etwas anders*" betrachten. Hier könnten Sie weiterkommen, wenn Sie annehmen, dass die Voraussetzungen gelten, aber die Schlussfolgerung nicht, besonders wenn Sie den Satz für so offensichtlich halten, dass Sie sonst nicht wüssten, wie Sie beginnen sollen. Fragen Sie sich: „Was würde schieflaufen, wenn die Schlussfolgerung nicht richtig wäre?" Manchmal löst dies das Problem.

6.4   Beweis durch Induktion

Das letzte Standard-Beweisverfahren, das ich besprechen möchte, ist der *Beweis durch Induktion*. Je nachdem, wie viel Sie in der Oberstufe gelernt haben, ist Ihnen dieses Beweisverfahren vielleicht schon begegnet. Wenn, dann haben Sie es benutzt, um etwas wie das Folgende zu zeigen:

$$\sum_{i=1}^{n} i^2 = \frac{n(n+1)(2n+1)}{6}.$$

Wenn nicht, kennen Sie die Schreibweise vielleicht noch gar nicht, deshalb hier eine kurze Erklärung. Das Symbol Σ heißt „Sigma" und ist das große griechische S, das hier für eine Summe von $i = 1$ bis $i = n$ steht. Wenn man die linke Seite der obigen Gleichung ausschreibt, bedeutet dies:

$$\sum_{i=1}^{n} i^2 = 1^2 + 2^2 + 3^3 + \cdots + n^2$$

Wir haben hier erst $i = 1$, dann $i = 2$, dann $i = 3$ gesetzt usw. bis $i = n$, hier hören wir auf.

Unser ursprünglicher Ausdruck enthält also in Wirklichkeit unendlich viele Aussagen:

$$P(1)\ 1^2 = \frac{1(1+1)(2+1)}{6},$$

$$P(2)\ 1^2 + 2^2 = \frac{2(2+1)(4+1)}{6},$$

$$P(3)\ 1^2 + 2^2 + 3^2 = \frac{3(3+1)(6+1)}{6},$$

$$P(4)\ 1^2 + 2^2 + 3^2 + 4^2 = \frac{4(4+1)(8+1)}{6}\ \text{usw.}$$

Einen Satz zu haben, der unendlich viele Fälle umfasst, ist nicht ungewöhnlich – viele andere Sätze, die wir uns bereits angesehen haben, machen das Gleiche. Der Unterschied hier ist, dass die Form der Aussage es uns erlaubt, die Aussagen in eine geordnete Liste zu bringen: P(1), P(2), P(3), P(4), …

Der Beweis durch Induktion verläuft folgendermaßen: Zuerst beweisen wir P(1). Das ist oft ganz leicht. Dann machen wir etwas sehr Schlaues: Wir beweisen keine der anderen Aussagen direkt, stattdessen nehmen wir eine allgemeine Zahl k und beweisen, dass, wenn P(k) wahr ist, dann auch P($k+1$) wahr sein muss. Damit erhalten wir P(1) $\Rightarrow$ P(2), und weil wir schon bewiesen haben, dass P(1) wahr ist, können wir schließen, dass auch P(2) wahr ist. Es führt auch auf P(2) $\Rightarrow$ P(3), und so können wir ebenfalls folgern, dass P(3) richtig ist. Sie haben die Idee verstanden. Wir erhalten eine unendliche Reihe von Aussagen, die alle richtig sind, weil die erste wahr ist, und die Folgerungen sind alle wahr:

$$P(1) \Rightarrow P(2) \Rightarrow P(3) \Rightarrow P(4) \Rightarrow \cdots.$$

Die Idee hinter dem Beweis durch Induktion finden Studenten normalerweise intuitiv sehr einfach, wenn sie abstrakt erklärt wird. Doch wenn Sie den Beweis dann auf einen bestimmten Fall anwenden sollen, sieht das anders aus. Deshalb wollen wir uns das Beispiel, mit dem wir angefangen haben, einmal sehr genau ansehen. In diesem Beispiel ist es sehr einfach zu zeigen, dass P(1) wahr ist:

$$1^2 = 1 \text{ und } \frac{1(1+1)(2+1)}{6} = 1.$$

Die Schlussfolgerung P(k) $\Rightarrow$ P($k+1$) zu beweisen, ist etwas schwieriger. Wir wollen also annehmen, dass P(k) wahr ist, und dies benutzen, um zu zeigen, dass P($k + 1$) ebenso wahr ist. Ich werde erst einmal sehr grob beginnen und etwas wie das Folgende schreiben:

Wir nehmen P(k) an, das bedeutet:

$$\sum_{i=1}^{k} i^2 = \frac{k(k + 1)(2k + 1)}{6}.$$

Wir möchten P($k + 1$) beweisen, das bedeutet:

$$\sum_{i=1}^{k+1} i^2 = \frac{(k + 1)((k + 1) + 1)(2(k + 1) + 1)}{6}.$$

Hier kann man die linke Seite umschreiben und erhält:

$$\left(\sum_{i=1}^{k} i^2\right) + (k + 1)^2 = \frac{(k + 1)((k + 1) + 1)(2(k + 1) + 1)}{6}.$$

Setzt man die Annahme für P(k) ein, ergibt sich:

$$\frac{k(k + 1)(2k + 1)}{6} + (k + 1)^2 = \frac{(k + 1)((k + 1) + 1)(2(k + 1) + 1)}{6}.$$

Jetzt müsste ich nur noch ein wenig rechnen, um zu zeigen, dass die beiden Seiten tatsächlich gleich sind (vielleicht wollen Sie es versuchen).

Dies ist jedoch sicherlich eine Situation, in der die Art, wie Sie über die Konstruktion eines Beweises nachdenken, nicht unbedingt die gleiche ist wie die, in der Sie den Beweis aufschreiben sollten. Die Gedankengänge oben sind durchweg logisch, doch es würde nicht gut funktionieren, sie genauso darzustellen, denn das spiegelt nicht die Struktur dessen wider, was wir zu beweisen versuchen. Wenn wir einen Beweis dafür, dass P(k) $\Rightarrow$ P($k + 1$) gilt, aufschreiben wollen, möchten wir ganz deutlich mit der Annahme von P(k) beginnen und dann mithilfe einiger schöner sauberer Folgerungen auf P($k + 1$) kommen.

Bei Beweisen durch Induktion bevorzuge ich ein Layout, das die Struktur gut deutlich macht. Ich würde etwas wie das Folgende schreiben:

Satz

$$\forall n \in \mathbb{N}, \sum_{i=1}^{n} i^2 = \frac{n(n+1)(2n+1)}{6}.$$

Beweis (durch Induktion)

Sei $P(n)$ die Aussage, dass $\sum_{i=1}^{n} i^2 = \frac{n(n+1)(2n+1)}{6}$.

Beachten Sie, dass $1^2 = 1 = \frac{1(1+1)(2+1)}{6}$, also ist $P(1)$ wahr.

Sei nun $k \in \mathbb{N}$ beliebig, und wir nehmen an, dass $P(k)$ wahr ist, d. h.:

$$\sum_{i=1}^{k} i^2 = \frac{k(k+1)(2k+1)}{6}.$$

Dann gilt:

$$\begin{aligned}
\sum_{i=1}^{k+1} i^2 &= \left(\sum_{i=1}^{k} i^2\right) + (k+1)^2 \\
&= \frac{k(k+1)(2k+1)}{6} + (k+1)^2 \text{ nach Voraussetzung} \\
&= \frac{k(k+1)(2k+1) + 6(k+1)^2}{6} \\
&= \frac{(k+1)(k(2k+1) + 6(k+1))}{6} \\
&= \frac{(k+1)(2k^2 + 7k + 6)}{6} \\
&= \frac{(k+1)(k+2)(2k+3)}{6} \\
&= \frac{(k+1)((k+1)+1)(2(k+1)+1)}{6}.
\end{aligned}$$

Daher folgt $\forall k \in \mathbb{N}, P(k) \Rightarrow P(k+1)$.

Folglich ist durch mathematische Induktion gezeigt, dass $P(n)$ wahr ist $\forall k \in \mathbb{N}$.

Hier müssen einige Punkte angemerkt werden. Erstens enthält der Beweis nur wenige Wörter, doch diese helfen, seine Struktur zu verdeutlichen. Zweitens stehen alle Rechnungen in einer einzigen Abfolge von Gleichungen, die mit der linken Seite der Aussage für $P(k+1)$ beginnen und mit der rechten aufhören. Überlegen Sie sich einmal, warum es sinnvoll ist, die Umformungen in dieser Reihenfolge durchzuführen, wenn wir wissen, worauf wir hinauswollen. Sie können sich auch überlegen, warum der letzte Ausdruck in dieser Reihe nicht notwendig ist, aber nützlich sein könnte, wenn der Leser den Beweis bis zum Satz zurückverfolgen möchte.

Im Allgemeinen werden Sie einige Abweichungen in der Art finden, wie Einzelne einen Beweis durch Induktion aufschreiben. Manche rahmen alles im Sinne einer „Nachfolgefunktion" ein, bei der der Nachfolger von 1 die 2, der von 2 die 3 usw. ist. Manche schreiben explizit „Induktionsanfang", wenn sie P(1) beweisen, und „Induktionsschritt", wenn sie P(k) $\Rightarrow$ P($k + 1$) zeigen. Manche benutzen keine Bezeichnungen wie P(n), sondern schreiben die Aussagen jedes Mal explizit aus. Das ist in Ordnung, auch wenn ich der Meinung bin, dass solche Bezeichnungen die Struktur klarer machen, vor allem wenn man zu bestimmen versucht, was überhaupt zu beweisen ist. Manche führen gar kein „k" ein, sondern verwenden durchgehend die Variable n. Meiner Ansicht nach unterlaufen Studenten dadurch aber schneller Fehler, weil es bedeutet, dass n für zwei unterschiedliche Dinge steht, wodurch schneller Verwirrung aufkommt.

Zu einer derartigen Verwirrung kommt es beim Beweis durch Induktion sehr leicht, weil es viele Dinge gibt, die überlegt sein müssen. Ich habe die Erfahrung gemacht, dass Studenten meist an dem Punkt irritiert sind, wenn ich „angenommen P(k) sei wahr" schreibe. Oft lesen Studenten das und denken: „Aber das ist doch genau das, was wir beweisen wollen, warum dürfen wir es als richtig annehmen?" Aber an diesem Punkt des Beweises zeigen wir eigentlich **nicht**, dass P(k) wahr ist, sondern dass gilt: P(k) $\Rightarrow$ P($k+1$). Erkennen Sie den Unterschied? Manchmal bringen sich Studenten auch selbst dadurch durcheinander, etwa durch Zweideutigkeiten, indem sie z. B. das Wörtchen „es" verwenden (z. B. in Ausdrücken wie „also ist es für n richtig"). Es gibt viele mögliche Kandidaten dafür, was „es" in einem Beweis durch Induktion gerade sein könnte, deshalb sollten Sie genauer formulieren. Eine Möglichkeit wäre: „Also ist P(n) wahr". (Sie werden bemerken, dass der Beweis oben das Wort „es" nicht enthält – wir waren sehr präzise bezüglich dessen, was wir in jedem Schritt gefolgert haben.)

Wann sollten Sie also einen Beweis durch Induktion verwenden? In manchen Fällen wird es offensichtlich sein, vielleicht weil er Thema im letzten Abschnitt Ihrer Vorlesung war. Außerdem werden Ihnen Fälle begegnen, wo Sie etwas für „alle $n \in \mathbb{N}$" beweisen sollen – ein Hinweis darauf, dass Induktion einen Versuch wert ist. Doch Sie sollten sich im Klaren darüber sein, dass Probleme, für die Induktion nützlich ist, auch anders aussehen können. Zuerst einmal gibt es keinen Grund dafür, dass ein Beweis durch Induktion bei $n = 1$ beginnen muss. Vielleicht sollen Sie einmal etwas beweisen, das für alle $n \in \mathbb{N}$ mit $n > 4$ gelten soll. In diesem Fall machen Sie einfach den Fall P(5) zu Ihrem Induktionsanfang und gehen dann wie bisher vor, abgesehen davon, dass Sie – vielleicht im Induktionsschritt – bemerken werden, dass Sie $n > 4$ voraussetzen müssen, um eine beabsichtigte Umformung zu rechtfertigen. Abgesehen davon werden zwar die ersten Probleme, auf die Sie stoßen, mit Summen arbeiten, doch ein Beweis durch Induktion ist auch bei vielen anderen Arten von Problemen hilfreich. Alles, was wir brauchen, ist eine Situation, in der unendlich viele Aussagen vorliegen, die in der Reihenfolge der natürlichen Zahlen geordnet werden können, was auf unterschiedlichste Art geschehen kann. Betrachten Sie zum Beispiel folgende Aufgaben:

Beweisen Sie, dass für jede natürliche Zahl $n > 10$ gilt: $2^n > n^3$.

Beweisen Sie, dass für alle $n \in \mathbb{N}$, $5^{3n} + 2^{n+1}$ durch 3 teilbar ist.

Bei der ersten Aufgabe könnten wir schreiben:

Sei P(n) die Aussage, dass $2^n > n^3$.

Dann würden wir direkt beweisen, dass P(11) wahr ist, d. h. $2^{11} > 11^3$. Schließlich würden wir uns überlegen, wie wir zeigen können, dass, wenn $k > 10$ und $2^k > k^3$, $2^{k+1} > (k+1)^3$ gilt.

Bei der zweiten Aufgabe könnten wir schreiben:

Sei P(n) die Aussage, dass $5^{3n} + 2^{n+1}$ durch 3 teilbar ist.

Wir beweisen zuerst, dass P(1) wahr ist, d. h. $5^3 + 2^2$ durch 3 teilbar ist. Dann würden wir uns überlegen, wie wir beweisen können, dass, wenn $5^{3k} + 2^{k+1}$ durch 3 teilbar ist, auch $5^{3(k+1)} + 2^{(k+1)+1}$ durch 3 teilbar ist. Beachten Sie, dass in diesem Fall die Aussage P(k) **nicht** nur „$5^{3k} + 2^{k+1}$" ist. Eigentlich ist „$5^{3k} + 2^{k+1}$" überhaupt keine Aussage – wir könnten keinen Beweis führen, weil es nichts weiter als ein Ausdruck ist. (Für jedes beliebige k ist es eine Zahl; man kann eine Zahl nicht beweisen, und es ist nicht sinnvoll zu sagen, dass aus einer Zahl eine andere folgt.) Die Aussage lautet, dass „$5^{3n} + 2^{n+1}$ durch 3 teilbar ist".

Meiner Erfahrung nach entscheidet der Beginn mit einer klaren Aussage zu P(n) oft über Erfolg oder Misserfolg bei der Konstruktion eines Beweises durch Induktion, vor allem wenn wir mit einer neuen Art von Problem konfrontiert sind. Das ist natürlich nicht sonderlich überraschend – bevor Sie sich an irgendein Problem machen, sollten Sie immer sicherstellen, dass Sie sich im Klaren darüber sind, was Sie tun möchten. Wie ich schon in Kap. 1 gesagt habe: Sie werden sicher nicht immer gesagt bekommen, welche Methode zu verwenden ist, deshalb sollten Sie nach weniger vertrauten Fällen wie diesen Ausschau halten und Übung darin gewinnen, zu bemerken, dass ein Beweis durch Induktion nützlich sein könnte.

6.5   Eindeutigkeitsbeweise

Die Standard-Beweisverfahren, über die wir bisher gesprochen haben, sind so weit alle ziemlich allgemein. Die Begriffe *direkter Beweis, Beweis durch Widerspruch* und *Beweis durch Induktion* beschreiben die Struktur eines ganzen Beweises und werden in vielen Vorlesungen während des Studiums vorkommen. Als Nächstes möchte ich einige Tricks verraten, die auch recht allgemein sind, aber nicht wirklich Beweisverfahren an sich darstellen. Diese Tricks sind logisch stichhaltig und könnten deshalb im Prinzip überall in der Mathematik verwendet werden, doch wahrscheinlich werden sie Ihnen in bestimmten Gebieten öfter über den Weg laufen als in anderen.

Einer dieser Tricks ist eine Möglichkeit, die Eindeutigkeit eines Objekts zu beweisen. Dies bedeutet, den Beweis zu führen, dass es genau ein Objekt mit einer bestimmten Eigenschaft gibt. Als Student haben Sie vielleicht häufig den Eindruck, es sei offensichtlich, dass es genau eines dieser speziellen Dinge gibt. Dann sollten Sie sich daran erinnern, dass wir Sachen nicht immer nur beweisen, weil wir sie anzweifeln, sondern zuweilen auch deshalb, um zu sehen, wie alles mit einer umfassenderen Theorie zusammenpasst. In dieser Hinsicht können Sie sich einen Eindeutigkeitsbeweis als etwas vorstellen, das lose Enden aufsammelt.

Der Standardtrick, um zu beweisen, dass etwas eindeutig ist, funktioniert folgendermaßen: Sie beginnen damit anzunehmen, dass es zwei davon gibt, und zeigen dann, dass die beiden gleich sein müssen. Im Folgenden finden Sie ein Beispiel. Es enthält die Idee einer *additiven Identität*, die so definiert ist:

> **Definition**
>
> Sei S eine Menge. Wir nennen $k \in S$ eine *additive Identität* für S, dann und nur dann, wenn $\forall s \in S, s + k = k + s = s$.

Denken Sie daran, diese Definition sorgfältig zu lesen. Können Sie sich eine Zahl vorstellen, die eine additive Identität für die Menge $S = \mathbb{Z}$ sein könnte? Können Sie sich mehr als eine vorstellen? Der Satz und der Beweis unten halten dies fest und zeigen den Trick.

Satz

Die additive Identität für die ganzen Zahlen ist eindeutig.

Beweis

Angenommen, es gäbe zwei ganze Zahlen 0 und $0'$, die beide additive Identitäten für die ganzen Zahlen sind.

Dann gilt nach Definition:

$$(1) \; \forall x \in \mathbb{Z}, x + 0 = x \text{ und } (2) \; \forall x \in \mathbb{Z}, 0' + x = x.$$

Insbesondere gilt dann:

$$0' = 0' + 0 \text{ nach (1)}$$
$$= 0 \text{ nach (2)}.$$

Also ist $0' = 0$, und folglich ist die additive Identität 0 eindeutig.

Manche finden diese Art von Beweis beim ersten Kennenlernen etwas seltsam, weil man dabei etwas einführt, von dem man weiß, dass es gleich etwas anderem sein wird – und trotzdem wird so getan, als wisse man das nicht. Ich finde es aber ziemlich elegant. Es ist kurz und enthält eine schöne Symmetrie. Außerdem ist es ziemlich leicht verallgemeinerbar. Können Sie sehen, wie man es anpassen muss, um damit auch die Eindeutigkeit der multiplikativen Identität 1 für die ganzen Zahlen beweisen zu können? Sie werden feststellen, dass derartige Beweise im Zusammenhang mit axiomatischen Strukturen auftauchen, etwa in abstrakter Algebra, aber auch in anderen. Man kann damit zum Beispiel auch zeigen, dass eine Funktion nicht zwei verschiedene Grenzwerte für $x \to \infty$ haben kann, indem man annimmt, es gäbe zwei, diesen zwei Namen gibt und dann zeigt, dass sie gleich sein müssen. Sie werden diesem Beweis vermutlich in einer Analysis-Vorlesung begegnen.

Ein weiterer, ähnlicher verbreiteter Trick kann wie dieser häufig angewendet werden, wenn ein Ergebnis offensichtlich zu sein scheint. Ihr Dozent wird zum Beispiel sicherlich einmal beweisen, dass zwei Zahlen a und b gleich sein müssen, indem er erst $a \leq b$ und dann $b \leq a$ zeigt. Oder er weist nach, dass zwei Mengen A und B gleich sind, indem er erst $A \subseteq B$ und dann $B \subseteq A$ beweist. Wie bei allen Beweisverfahren und Tricks werden Sie Ihr ganzes Studium in den Griff bekommen, wenn Sie nach dieser Art von Regelmäßigkeiten Ausschau halten.

6.6 Das Gleiche addieren und subtrahieren

Bei einem weiteren verbreiteten Trick addiert oder subtrahiert man das Gleiche, um einen Ausdruck in Teile zerlegen zu können, mit denen man besser arbeiten kann. Ein gutes Beispiel dafür ist der Standardbeweis für die Produktregel der Differentiation. Bevor Sie ihn lesen, sollten Sie vielleicht zu Kap. 5 zurückblättern und sich den Beweis der Summenregel noch einmal ansehen, sodass Sie den Unterschied würdigen können. Hier ist die Produktregel:

Satz

Seien f und g differenzierbar. Dann gilt:

$$\frac{\mathrm{d}}{\mathrm{d}x}(fg) = f(x)\frac{\mathrm{d}g}{\mathrm{d}x} + g(x)\frac{\mathrm{d}f}{\mathrm{d}x}.$$

Wie üblich können wir das verstehen, indem wir darüber nachdenken, was die Voraussetzungen und die Schlussfolgerung im Sinne der Definition bedeuten. Hier lautet die Voraussetzung, dass f und g differenzierbar sind, sodass ihre Ableitungen nach der Definition folgendermaßen definiert sind:

$$\frac{\mathrm{d}f}{\mathrm{d}x} = \lim_{h \to 0} \frac{f(x+h) - f(x)}{h} \quad \text{und} \quad \frac{\mathrm{d}g}{\mathrm{d}x} = \lim_{h \to 0} \frac{g(x+h) - g(x)}{h}.$$

Die Schlussfolgerung, geschrieben im Sinne der Definitionen, sagt, dass

$$\lim_{h \to 0} \frac{(fg)(x+h) - (fg)(x)}{h}$$
$$= f(x)\lim_{h \to 0} \frac{g(x+h) - g(x)}{h} + g(x)\lim_{h \to 0} \frac{f(x+h) - f(x)}{h}.$$

Dies zu beweisen, ist nicht so einfach, wie es noch im Fall der Summenregel war. Wir können nicht einfach die linke Seite der Gleichung zur Schlussfolgerung „zerlegen", nicht einmal wenn wir schreiben:

$$(fg)(x+h) - (fg)(x) = f(x+h)g(x+h) - f(x)g(x).$$

Wir können trotzdem etwas aufteilen, was uns hilft, wenn wir zuerst den Ausdruck $f(x+h)g(x)$ addieren und subtrahieren und schreiben:

$$(fg)(x+h) - (fg)(x) = f(x+h)g(x+h) - f(x+h)g(x)$$
$$+ f(x+h)g(x) - f(x)g(x).$$

Und so macht man das:

Beweis

Seien f und g differenzierbar. Dann gilt:

$$\frac{\mathrm{d}}{\mathrm{d}x}(fg) = \lim_{h\to 0}\frac{(fg)(x+h) - (fg)(x)}{h}$$

$$= \lim_{h\to 0}\frac{f(x+h)g(x+h) - f(x)g(x)}{h}$$

$$= \lim_{h\to 0}\frac{f(x+h)g(x+h) - f(x+h)g(x) + f(x+h)g(x) - f(x)g(x)}{h}$$

$$= \lim_{h\to 0}\frac{f(x+h)\left(g(x+h) - g(x)\right) + g(x)\left(f(x+h) - f(x)\right)}{h}$$

$$= \lim_{h\to 0}\frac{f(x+h)\left(g(x+h) - g(x)\right)}{h} + \lim_{h\to 0}\frac{g(x)\left(f(x+h) - f(x)\right)}{h}$$

$$= \lim_{h\to 0}f(x+h)\lim_{h\to 0}\frac{g(x+h) - g(x)}{h} + \lim_{h\to 0}g(x)\lim_{h\to 0}\frac{f(x+h) - f(x)}{h}$$

$$= f(x)\frac{\mathrm{d}g}{\mathrm{d}x} + g(x)\frac{\mathrm{d}f}{\mathrm{d}x},$$

wie gefordert.[1]

Dieser Trick ähnelt dem vorhergehenden. Im Eindeutigkeitsfall haben wir etwas eingeführt, von dem wir wussten, dass es sich als das Gleiche herausstellen würde wie etwas anderes. In diesem Fall haben wir etwas eingeführt, das gleich null ist und schließlich auf bequeme Weise in unsere Berechnungen eingebaut werden konnte. Bei einem weiteren ähnlicher Trick zieht man zuerst etwas von einem Ausdruck ab, um etwas zu erhalten, mit dem man leichter arbeiten kann, und addiert es später wieder.

Sie werden unzählige Abwandlungen derartiger Tricks in Beweisen Ihrer Dozenten kennenlernen und ich hoffe, Sie erkennen an, dass sie mathematisch sehr elegant sein können. Die Meisten zeigen jedoch erfahrungsgemäß eine andere Reaktion und machen sich Sorgen, dass sie eine derart elegante Vorgehensweise nicht selbst hinbekommen könnten. Ich werde am Ende dieses Kapitels noch mehr dazu sagen, doch nun folgt zunächst ein Abschnitt darüber, wie man etwas ausprobiert.

---

[1] Der letzte Schritt in dieser Gleichungskette ist gültig, weil wenn $h \to 0$, gilt $x+h \to x$, also $f(x+h) \to f(x)$. Genauso geht automatisch $\lim_{h\to 0}g(x) = g(x)$, weil $g(x)$ nicht von h abhängt und sich deshalb nicht verändert, wenn $h \to 0$. Letztlich hängt der ganze Beweis von Sätzen über Summen und die Produkte von Grenzwerten ab; Ihr Dozent wird diese Sätze vielleicht beweisen und darauf hinweisen, wo sie verwendet werden.

6.7   Wie man etwas ausprobiert

Am Anfang dieses Kapitels habe ich gesagt, ein Student solle niemals untätig vor einem Problem sitzen und denken: „Ich weiß nicht, was ich tun soll." Es gibt immer etwas, was man ausprobieren kann. Und um ein guter Mathematiker zu werden, müssen Sie bereit sein, es zu versuchen. Mehr noch, Sie müssen bereit sein, Dinge zu probieren, bei denen sich herausstellen wird, dass sie nicht weiterführen. Meiner Erfahrung nach sind Studenten aus drei Hauptgründen nicht bereit, das zu tun.

Erstens mögen Studenten die Unsicherheit nicht, wenn sie nicht genau wissen, was sie da gerade tun. Es macht sie nervös. Sie wollen im Voraus wissen, was funktionieren wird, und manchmal fragen sie einen Lehrer, um sich dessen zu versichern („Ist das die richtige Methode, um das zu machen?"). Das Problem dabei: Wenn Sie immer eine solche Absicherung wollen, werden Sie niemals herausfinden, was Sie hätten tun können, wenn Sie es ausprobiert hätten, und deshalb gewinnen Sie auch kein Selbstvertrauen und landen in einem Teufelskreis, in dem Sie ständig um Hilfe bitten müssen.

Zweitens möchten Studenten keine Zeit verschwenden. Das verstehe ich – natürlich will niemand eine Ewigkeit mit nur einem Problem vertun, vor allem da es an der Universität so viele interessante Dinge zu erarbeiten gibt. Doch es ist ein großer Fehler zu denken, es sei reine Zeitverschwendung, etwas auszuprobieren, das dann doch nicht funktioniert. Die Zeit, in der Sie etwas lernen, ist niemals verschwendet. Wenn Sie eine Methode ausprobieren, die nicht funktioniert, dann finden Sie auch heraus, *warum* sie nicht funktioniert hat (zumindest wenn Sie gut darüber nachdenken), d. h., Sie lernen etwas Neues über die Anwendbarkeit dieser Methode. Und vielleicht gewinnen Sie neue Einsichten über das Problem, sodass Sie herausfinden, was Sie als Nächstes versuchen können. Natürlich ist es falsch, mit einer Methode weiterzuarbeiten, die ganz offensichtlich nicht funktioniert – die Forschung zeigt, dass gute Problemlöser oft innehalten, um zu überdenken, ob ihr augenblicklicher Ansatz irgendwo hinzuführt. Aber es ist ein noch größerer Fehler, überhaupt nicht anzufangen.

Drittens gibt es Studenten, die ihre Aufzeichnungen nicht in Unordnung bringen möchten. Sie wollen sicher sein, dass, wenn sie einmal mit dem Aufschreiben begonnen haben, sie damit auch weitermachen können und bei einer schönen, sauberen und richtigen Lösung ankommen. Wenn das für Sie gilt, dann fürchte ich, dass Sie darüber hinwegkommen müssen. Echtes mathematisches Denken ist nicht ordentlich. Es ist voller falscher Ansätze oder Versuchsteile und aber der Erkenntnis, dass etwas, was hier nicht weiterzuführen scheint, trotzdem ein nützlicher Teil der Lösung sein kann, wenn ich es mit etwas zusammensetze, das zehn Minuten vorher schiefgelaufen ist ... oder gestern oder letzte Woche. Es ist wichtig, sich dies zu Eigen zu machen, wenn Sie sich als mathematischer Problemlöser verbessern möchten. Sie müssen Versuche von Teillösungen aufschreiben, auch aus dem einfachen praktischen Grund, dass Ihr Gehirn nicht zu viele Dinge gleichzeitig behandeln kann. Sie haben in Ihrem Langzeitgedächtnis eine unglaubliche Menge an Wissen gespeichert, aber Ihr Arbeitsgedächtnis, mit dem Sie neue Überlegungen anstellen, hat eine begrenzte Kapazität. Es wird nicht groß genug sein, um all die Informationen über ein kompliziertes mathematisches Problem zu speichern, während Sie gleichzeitig daran arbeiten, es zu lösen. Wenn Sie Darstellungen, Definitionen, Sätze oder Rechnungen aufschreiben, die Ihnen helfen können, ein Problem zu lösen oder einen Beweis zu konstruieren, dann verwenden Sie das Papier als Stütze Ihrer kognitiven Fähigkeiten und vergrößern damit letztlich die Kapazität Ihres Arbeitsgedächtnisses. Also machen Sie sich keine Sorgen, wenn Sie etwas notieren, das sich als falsch oder nutzlos herausstellt. Sie können eine saubere Version Ihrer Lösung oder Ihres Beweises immer noch später ins Reine schreiben.

6.8 Darauf wäre ich nie gekommen!

Ihr Dozent wird Ihnen Beweise vorführen, die lang und logisch kompliziert sind. Er wird Ihnen auch Beweise erklären, die von einigen wirklich schlauen Erkenntnissen abhängen. Und manchmal wird er Ihnen Beweise vorstellen, die lang und logisch kompliziert und von wirklich schlauen Erkenntnissen abhängen. Studenten sind dadurch gelegentlich verunsichert und denken dann: „Gut, ich verstehe, wie das funktioniert, *doch darauf wäre ich niemals gekommen!*" Sie zweifeln dann, ob sie wirklich gut genug für ein Mathematikstudium sind. Aber solche Sorgen sind unnötig, denn keiner erwartet von Ihnen, dass Sie in der Lage sind, die gesamte moderne Mathematik selbst neu zu erfinden, indem Sie all die ursprünglichen Ideen selbst haben. Nicht einmal von einem Doktoranden erwartet man, dass er viele vollkommen neue Einsichten liefert. Wenn Sie als Student mit einem derartigen Beweis konfrontiert werden, sollen Sie die zugrunde liegenden schlauen Ideen anerkennen, verstehen, warum er funktioniert, und darüber nachdenken, wie Modifizierungen von ihm unter leicht abweichenden Umständen gelten könnten und wie er zu den Konzepten passt, die in anderen Vorlesungen während Ihres Studiums vorkommen. Um Ihnen weitere Unsicherheiten zu nehmen, folgt hier eine Liste der Dinge, von denen erwarten wird, dass Sie sie beherrschen.

Erstens müssen Sie mathematische Routinerechnungen durchführen können, ähnlich denen, die Sie aus der Schule kennen. Wie ich Kap. 1 gesagt habe, sollten Sie darauf vorbereitet sein, dass diese Rechnungen länger und aufwendiger sein werden als diejenigen, die Sie bislang kennen, und Sie sollten das Rechenverfahren anpassen können, wenn ein Schritt im neuen Fall nicht möglich ist.

Zweitens sollten Sie in der Lage sein, Beweise anzupassen, die Sie in eng verwandten Fällen kennengelernt haben, zum Beispiel:

- Wenn Sie den Beweis, dass $\sqrt{2}$ irrational ist, gesehen haben, sollten Sie beweisen können, dass $\sqrt{3}$ auch irrational ist.
- Wenn Sie einen Beweis gesehen haben, dass die Funktion f, gegeben durch $f(x) = 3x$, stetig ist, sollten Sie vermutlich beweisen können, dass auch die Funktion g, gegeben durch $g(x) = -10x$, stetig ist.

In solchen Fällen können Sie oft den bekannten Beweis als Vorlage nutzen und nur einige Zahlen geeignet austauschen. Um jedoch einen Punkt aus Kap. 1 zu wiederholen: Sie dürfen das nicht gedankenlos tun – Sie müssen sicher sein, dass jeder Schritt in dem Beweis im neuen Fall wirklich funktioniert, und bereit sein, kleinere Anpassungen vorzunehmen. Es ist wichtig, vorsichtig zu sein, etwa wenn irgendwelche Zahlen null sein könnten oder wenn Sie beide Seiten einer Ungleichung durch eine Zahl dividieren, die negativ sein kann.

Drittens sollten Sie bekannte Beweise an entfernter verwandte Fälle anpassen können, etwa:

- Wenn Sie den Beweis gesehen haben, dass gilt:

$$\frac{\mathrm{d}}{\mathrm{d}x}(f + g) = \frac{\mathrm{d}f}{\mathrm{d}x} + \frac{\mathrm{d}g}{\mathrm{d}x},$$

sollten Sie auch

$$\frac{\mathrm{d}}{\mathrm{d}x}(cf) = c\frac{\mathrm{d}f}{\mathrm{d}x}$$

zeigen können.
- Wenn Sie den Beweis dafür kennen, dass eine nach oben beschränkte steigende Folge einen Grenzwert hat, wird man erwarten, dass Sie auch beweisen können, dass eine nach unten begrenzte fallende Folge einen Grenzwert hat.

In solchen Fällen wird der bekannte Beweis sicherlich hilfreich sein, doch Sie werden ihn nicht als Vorlage nutzen können. Möglicherweise konstruieren Sie einen Beweis, der in seiner Grundstruktur sehr ähnlich ist, aber Sie werden weiterdenken müssen, um herauszufinden, was verändert werden muss.

Viertens werden Sie zeigen müssen, dass eine Definition erfüllt ist. Das werden Sie manchmal bei Definitionen tun müssen, die Ihnen bisher unbekannt waren, zumindest wenn Ihr Dozent der Ansicht ist, das sei ausreichend einfach. Ich habe schon in Kap. 3 darüber gesprochen.

Fünftens wird man von Ihnen erwarten, dass Sie Beweise für Sätze konstruieren, für die Sie noch kein ähnliches Modell kennen. Wie ich schon erwähnte, wäre hier der größte Fehler, herumzusitzen und zu denken: „Man hat uns noch nicht gezeigt, wie das geht." Niemand wird von Ihnen verlangen, etwas zu beweisen, das unmöglich für Sie ist, und in diesem Kapitel habe ich Ihnen ja gezeigt, was Sie versuchen können.

Zum Schluss und sechstens werden Sie in einer Klausur einige der schwierigeren Sätze aus der Vorlesung zitieren und beweisen müssen. Manchmal werden Sie Fragen schrittweise durch einen derartigen Beweis führen oder Ihnen zumindest einen deutlichen Hinweis auf den Kerngedanken oder einen nützlichen Trick geben. Doch gelegentlich werden Sie auch ohne weitere Fingerzeige etwas gefragt, sodass Sie sich an die Schlüsselidee oder an den Trick erinnern und den Rest selbst konstruieren müssen. Dazu sollten Sie das Material in Ihrer Vorlesungsmitschrift effektiv gelesen und verstanden haben. Wie das gelingt, ist Thema des nächsten Kapitels.

Fazit

- Ein direkter Beweis verläuft von den Voraussetzungen eines Satzes über eine Reihe gültiger Umformungen und logischer Folgerungen bis hin zur Schlussfolgerung.
- Ein Beweis durch Fallunterscheidung funktioniert, indem man das betrachtete mathematische Objekt aufteilt und die beiden Teile getrennt behandelt.
- Bei einem Widerspruchsbeweis macht man die vorläufige Annahme, dass die Schlussfolgerung oder ein Teil davon nicht wahr ist, und zeigt dann, dass dies zu einem Widerspruch führt, sodass die vorläufige Annahme nicht richtig sein kann.
- Ein Induktionsbeweis wird oft verwendet, um zu zeigen, dass eine Aussage $P(n)$ für jede natürliche Zahl n gilt. Dazu beweist man einen Induktionsanfang, oft $P(1)$, und dann im Induktionsschritt, dass $P(k) \Rightarrow P(k+1)$.
- Eine übliche Vorgehensweise, um zu beweisen, dass ein mathematisches Objekt eindeutig ist, besteht darin anzunehmen, dass es zwei verschiedene davon gibt, und dann zu zeigen, dass sie gleich sein müssen.
- Bei manchen Beweisen wird ein Trick verwendet, etwa das Gleiche zu addieren und subtrahieren, um zu einem Ausdruck zu gelangen, mit dem man leichter arbeiten kann.
- Ein Mathematikstudent muss bereit sein, etwas auszuprobieren; Sie werden nicht immer im Voraus wissen, ob etwas funktionieren wird.
- Wenn Sie einen Beweis sehen, zu dem man eine tiefe Einsicht benötigt, sollten Sie sich keine Sorgen machen, weil Sie selbst nicht darauf gekommen wären. Sie sollten sich vielmehr überlegen, warum es so funktioniert, wie es angepasst werden kann und in welchem Verhältnis es zu anderen Konzepten steht, die Sie kennengelernt haben.

Weiterführende Literatur

Mehr über Beweisverfahren und die Konstruktion von Beweisen finden Sie in:

- Solow, D.: *How to Read and Do Proofs*. John Wiley, Hoboken, NJ (2005)
- Velleman, D. J.: *How to Prove It: A Structured Approach*. Cambridge University Press, Cambridge (2004)
- Allenby, R. B. J. T.: *Numbers & Proofs*. Butterworth Heinemann, Oxford (1997)
- Houston, K.: *Wie man mathematisch denkt: Eine Einführung in die mathematische Arbeitstechnik für Studienanfänger*. Springer Spektrum, Heidelberg (2009)
- Beutelspacher A.: *Das ist o. B. d. A. trivial! Tipps und Tricks zur Formulierung mathematischer Gedanken*. Vieweg+Teubner Verlag, Wiesbaden (2009)
- Vivaldi, F.: *Mathematical Writing*. Springer, Heidelberg (2014)

7

Wie man Mathematik liest

Zusammenfassung

Dieses Kapitel erklärt, wie wichtig es ist, Mathematik unabhängig von geschriebenen Informationen wie Vorlesungsmitschriften lernen zu können. Es beschreibt Strategien, die beim Lesen hilfreich für das Verständnis, den Überblick und das Erinnern sein können. Es bespricht auch, wie man auf diesen Strategien aufbauen kann, um sich auf Klausuren vorzubereiten.

7.1 Selbstständiges Lesen

Wie viel Mathematik haben Sie gelernt, indem Sie selbst etwas gelesen haben, ohne dass es Ihnen ein Lehrer erklärt hat? Die Antwort könnte „ziemlich viel" lauten, vor allem wenn Ihr Lehrer Ihnen oft aufgetragen hat, etwas vor einer Unterrichtsstunde zu lesen, oder wenn Sie weiterführende Mathematik z. B. in einem Fernlehrgang gelernt haben. Aber die Antwort könnte auch „eigentlich überhaupt nicht viel" lauten. Vielleicht hat Ihr Lehrer alles während des Unterrichts erklärt und Sie hatten zwar ein oder mehrere Schulbücher, nutzten diese jedoch nur für die Aufgaben, sodass Sie sich selten hinsetzten, um die erklärenden Abschnitte zu lesen. Wenn das der Fall sein sollte, ist es für Sie wahrscheinlich wichtig, Ihren Mangel an Erfahrung einzusehen und zu erkennen, dass Sie neue Fähigkeiten entwickeln müssen, um zukünftig Mathematik durch selbstständiges Lesen zu lernen.

Vielleicht fragen Sie jetzt, warum Sie durch selbstständiges Lesen lernen sollen? Sie haben doch Dozenten, und diese werden Ihnen wie Lehrer alles erklären, oder? Nun, ja und nein. Ja in dem Sinne, dass Sie in Vorlesungen gehen werden und dort auf Dozenten treffen, die Ihnen helfen, wenn Sie nicht weiterkommen (vgl. Kap. 10). Aber nein in dem Sinne, dass in Vorlesungen meist viel mehr Studenten sitzen werden als in den Leistungskursen der Oberstufe, und dass der Dozent sehr schnell vorgeht und Sie nicht alles in dieser Zeit verstehen können (vgl. Kap. 9 und 13). Das bedeutet, dass Sie nach der Vorlesung Ihre Mitschriften sorgfältig lesen müssen und Mathematik vor allem auf diese Art lernen.

© Springer-Verlag Berlin Heidelberg 2017
L. Alcock, *Wie man erfolgreich Mathematik studiert*, DOI 10.1007/978-3-662-50385-0_7

Ich persönlich habe mich diesbezüglich in meinem ersten Unisemester ein wenig schwergetan. Von meinen Erfahrungen in der Oberstufe her war ich es gewohnt, etwas zu lernen, indem ich Übungsaufgaben bearbeitete und Probleme löste. Mein (sehr guter) Lehrer gab mir Aufgaben und ich versuchte sie allein zu lösen; und gelegentlich, wenn ich nicht weiterkam, gab er mir Hinweise. Das heißt, ich habe vieles mehr oder weniger dadurch gelernt, dass ich es selbst herausfand – ich überlegte selbst, wie ich Konzepte anwenden und sie kombinieren kann, wie ich Abbildungen und Skizzen verwende, sodass sie mir helfen, über etwas nachzudenken, und weitere derart nützliche Dinge. Ich hatte also viel Übung darin, Aufgaben zu lösen. Was ich nicht besaß, war Erfahrung darin, Mathematik zu lernen, indem ich darüber las. Natürlich hätte ich mich an irgendeinem Punkt entschließen können, mein Lehrbuch zu lesen, aber das habe ich nur selten gemacht.

Ein Resultat war, dass ich am Ende meines ersten Jahres an der Universität damit kämpfte, einige Vorlesungen zu verstehen, vor allem die in linearer Algebra. Ich konnte viele der Verfahren dieser Vorlesung anwenden, aber ich hatte nie ganz verstanden, was diese Verfahren leisteten. Ich kann mich nicht mehr genau erinnern, was mich dazu brachte, aber ich versuchte schließlich die relevanten Teile meines Lehrbuchs zu lesen, das die meiste Zeit des Jahres ungeöffnet auf dem Bücherregal gestanden hatte. Zu meiner Überraschung und Freude enthielt es einige gute Erklärungen und half mir dabei, ein echtes und zufriedenstellendes Verständnis von dem zu entwickeln, was da vor sich ging. Nachdem Überraschung und Freude darüber verebbt waren, schämte ich mich ein wenig, das nicht schon früher entdeckt zu haben – natürlich enthielt das Lehrbuch genaue Erklärungen, dafür werden Lehrbücher ja geschrieben.

Was ich sagen möchte: Sie sollten nicht erwarten, dass alle Informationen, die Sie benötigen, von einer physischen Person an Sie herangetragen werden, die zu Ihnen spricht. Ein Großteil lässt sich aus Niederschriften lernen. In den vorangegangenen Kapiteln habe ich verschiedene Vorgehensweisen besprochen, die Sie verwenden können, um geschriebene Mathematik in der vertrauten Form von Rechenverfahren oder der weniger vertrauten von Definitionen, Sätzen und Beweisen zu verstehen. In diesen Kapiteln haben wir den Blick auf Details gerichtet. Jetzt werde ich in Bezug auf das Lesen einen größeren Maßstab wählen.

7.2   Ihre eigene Vorlesungsmitschrift lesen

Sie sollten kein Problem damit haben, eine vollständige Vorlesungsmitschrift für jede Vorlesung, die Sie besuchen, zu erhalten (aber vgl. Kap. 9 und 11). Aber vermutlich werden Sie nicht alles verstehen, was darin steht, denn aus manchen Vorlesungen werden Sie nur mit einem Teilverständnis für die neuen Konzepte kommen. Etwas, was Sie später deshalb dringend tun sollten, ist Ihre Aufzeichnungen sorgfältig zu lesen, gut darüber nachzudenken und – ganz allgemein – sie zu verstehen. Ich bin mir im Klaren darüber, dass es lächerlich klingen muss, das zu erwähnen, aber Sie wären überrascht, wie viele Studenten das nicht tun. Ich weiß das, denn wenn ich in unserer sogenannten Lernwerkstatt Unterstützung für das Lernen von Mathematik anbiete, kommen oft Studenten zu mir, die Aufgabenblätter zu lösen versuchen, ohne den geringsten Versuch gemacht zu haben, vorher in ihre Mitschrift zu schauen. Ich führe mit ihnen dann Gespräche wie das folgende:

> **Beispiel**
>
> Student: „Ich kann dieses Problem nicht lösen."
>
> Ich: „Es ist eine Zeit her, seit ich das gelernt habe. Was bedeutet dieses Wort?"
>
> Student: „Ähm, ich weiß nicht."
>
> Ich: „Haben Sie Ihre Vorlesungsmitschrift dabei, damit wir es nachschauen können?"
>
> Student: „Ähm, nein."

Das klingt dämlich, oder nicht? Die Person versucht eine Frage zu beantworten, die sie nicht versteht. Sie weiß, dass sie sie nicht versteht, hat aber das Material, das ihr zum Verständnis zur Verfügung gestellt wurde, nicht gelesen, ja sie hat dieses Material nicht einmal dabei. Es könnte ja sein, dass es sich da um ein Genie handelt, das in der Lage ist, einen gesamten Zweig der mathematischen Theorie selbst neu zu erfinden, aber in solchen Fällen erscheint mir das eher nicht wahrscheinlich.

Aber ich verstehe, wie das passieren kann. Ich glaube, das kommt daher, dass Studenten noch aus der Schule gewohnt sind, alles von den unmittelbaren Erklärungen eines Lehrers zu lernen. Und deshalb sind sie es nicht gewohnt, Aufzeichnungen systematisch zu lesen oder sie als Hauptinformationsquelle zu betrachten. Ihr Dozent erwartet, dass Sie Ihre Aufzeichnungen lesen, und wird Ratschläge geben wie: „Sie können ein Lehrbuch nicht wie einen Roman lesen." Oder: „Sie sollten mit Papier und Bleistift lesen." Oder: „Mathematik ist kein Zuschauersport!" Meiner Ansicht nach sind das vernünftige Hinweise, aber doch nicht spezifisch genug, um als Orientierung zu dienen für das, was Sie wirklich tun sollten, wenn Sie aus Vorlesungsmitschriften oder Lehrbüchern lernen wollen. Deshalb werde ich genauer auf Details eingehen und Ihnen zeigen, wie ich Texte über Mathematik lese, die ich noch nicht kenne.

Lesen Sie weiter, auch wenn es bis jetzt nicht so klingt, als bräuchten Sie es. Ich bin das Folgende einmal mit einem aufgeweckten und erfolgreichen Studenten im zweiten Studienjahr durchgegangen. Dabei wurden seine Augen immer größer – man hat ihn praktisch denken sehen: „Wow, ja, ich verstehe, dass ich es genau so machen sollte, aber vermutlich werde ich es nie." Seitdem habe ich das mit vielen anderen guten Studenten praktiziert, konnte dabei aber nicht den Eindruck gewinnen, dass viele davon sehr gut auf diese Weise lesen können. Folgen Sie mir also wenigstens noch im nächsten Abschnitt, um entscheiden zu können, ob Ihr mathematisches Lesen nicht auch verbessert werden könnte.

7.3   Lesen, um zu verstehen

Wir werden uns jenen Ausschnitt weiter unten ansehen, der aus einer Vorlesungsmitschrift über Differentialgleichungen stammt. Es ist dabei unerheblich, wenn Sie noch nichts über Differentialgleichungen gehört haben, denn ich werde erklären, wie ich in dieser Situation dem Text einen Sinn geben würde. Überfliegen Sie ihn zunächst und lesen Sie die ausführliche Erklärung darunter.

2.2 Homogene Gleichungen

Differentialgleichungen der Form $\frac{dy}{dx} = f\left(\frac{y}{x}\right)$ heißen *homogene Gleichungen*.

Dies gilt insbesondere für Gleichungen, die folgendermaßen geschrieben werden können:

$$\frac{dy}{dx} = \frac{P(x,y)}{Q(x,y)},$$

wobei P und Q homogene Ausdrücke in x und y sind und oft denselben Grad haben.

Zum Beispiel:

$$\frac{P}{Q} = \frac{x^3 + 2xy^2 + y^3}{x^2y + yx^2 + 2y^3} \quad \text{oder} \quad \frac{P}{Q} = \frac{ax^2 + bxy + cy^2}{lx^2 + mxy + ny^2}.$$

Gleichungen dieser Art können durch die Substitution $y = vx$ in separierbare Gleichungen umgeformt werden, wobei v eine Funktion von x ist. Mit dieser Substitution gilt:

$$\frac{dy}{dx} = v + x\frac{dv}{dx},$$

daher kann die Gleichung umgeformt werden zu:

$$v + x\frac{\mathrm{d}v}{\mathrm{d}x} = f(v),$$

was separiert werden kann als:

$$\int \frac{\mathrm{d}v}{f(v) - v} = \int \frac{\mathrm{d}x}{x}.$$

Beispiel 2.5: Betrachten Sie die Gleichung $2xy\frac{\mathrm{d}y}{\mathrm{d}x} = x^2 + y^2$.

[In der Mitschrift folgt eine Box, die der Student mit Text füllen soll, vielleicht während der Vorlesung, vielleicht auch selbstständig im Anschluss.]

Ich werde Ihnen verraten, was mir durch den Kopf ging, als ich das las (ich simuliere nicht – ich habe als Student keine Vorlesung über Differentialgleichungen besucht, deshalb habe ich einen Großteil dieses Stoffs vergessen).

Die erste Zeile sagt:

Differentialgleichungen der Form $\frac{\mathrm{d}y}{\mathrm{d}x} = f\left(\frac{y}{x}\right)$ heißen *homogene Gleichungen*.

Das Erste, was mir auffällt, ist, dass dies offensichtlich eine Definition ist. Sie wird nicht als solche gekennzeichnet, doch die Ausdrucksweise und die kursive Schreibung weisen darauf hin. Hier wird eine neue Art von Differentialgleichungen definiert, und in dieser Definition wird auch tatsächlich ein Differential $\mathrm{d}y/\mathrm{d}x$ einer Funktion $f(x/y)$ gleichgesetzt. Normalerweise sehen wir nur Funktionen, die als $f(x)$ geschrieben werden, also sieht es so aus, als sei der y/x-Teil das, was diese spezielle Art von Differentialgleichungen ausmacht. Noch etwas fällt mir an dieser Stelle auf, nämlich dass das Differential $\mathrm{d}y/\mathrm{d}x$ ist, was bedeutet, dass wir uns y selbst als Funktion von x vorstellen müssen. Das ist, was wir erwarten würden, und eine Lösung der Differentialgleichung wird eine bestimmte Weise sein, wie man y als Funktion von x ausdrückt (vgl. Abschn. 2.6).

In der zweiten Zeile steht:

Dies gilt insbesondere für Gleichungen, die folgendermaßen geschrieben werden können:

$$\frac{\mathrm{d}y}{\mathrm{d}x} = \frac{P(x,y)}{Q(x,y)},$$

wobei P und Q homogene Ausdrücke in x und y sind und oft denselben Grad haben.

Dieses „insbesondere" bringt mich hier auf den Gedanken, dass es sich um einen Spezialfall der allgemeinen Definition handeln muss, und das kann ich überprüfen: Wir haben auf der linken Seite $\frac{dy}{dx}$ und irgendeine Funktion von x und y auf der rechten, was ich auch erwarten würde (vermutlich kann eine Differentialgleichung auch auf eine andere Weise homogen sein, aber das betrachten wir hier nicht). Die Funktion auf der rechten Seite ist in sehr allgemeiner Form als Quotient zweier Funktionen in x und y geschrieben, dadurch wird mir nicht sofort klar, wie sich dieser zur allgemeinen Form $f(x/y)$ verhält. Ich weiß auch nicht, was es bedeutet, dass P und Q homogene Ausdrücke in x und y sind, die denselben Grad haben. Doch es scheint ein Beispiel zu folgen; vielleicht wird beides klar, wenn ich weiterlese.

In der dritten Zeile steht:

Zum Beispiel:

$$\frac{P}{Q} = \frac{x^3 + 2xy^2 + y^3}{x^2y + yx^2 + 2y^3} \quad \text{oder} \quad \frac{P}{Q} = \frac{ax^2 + bxy + cy^2}{lx^2 + mxy + ny^2}.$$

Das sollen ganz offensichtlich Beispiele für den allgemeinen Ausdruck in der zweiten Zeile sein, und sie klären auch wirklich meine zweite Unklarheit: P und Q sind in beiden Fällen Ausdrücke in x und y, und beide haben zusammen den gleichen Grad (drei im ersten und zwei im zweiten Fall). Also ist der Grad-Teil sinnvoll, aber ich bin mir immer noch nicht klar darüber, was zum Beispiel $x^3 + 2xy^2 + y^3$ zu einem homogenen Ausdruck macht. An dieser Stelle könnte ich das nachschlagen oder einfach weitermachen. Ich denke, ich mache weiter, denn es ist ziemlich klar, welche Art von Funktion ich betrachten soll. Aber ich würde mir eine Notiz machen, um es später nachzuschlagen oder zu fragen.

Jetzt ist klar, inwiefern P/Q eine Funktion von y/x ist. Beide scheinen Funktionen von y und x zu sein, aber das ist nicht ganz das Gleiche. Vielleicht kann man eine Funktion immer auf diese Weise umformen, um sie als Funktion von y/x zu schreiben? Ich sehe nicht sofort, wie ich das mit einem der beiden Beispiele tun könnte, auch wenn es plausibel erscheint, dass in beiden Fällen die spezielle Struktur von P/Q bedeuten könnte, dass etwas Derartiges immer möglich ist. Vielleicht wäre es einfacher, damit zu beginnen, einfache Funktionen von y/x zu bilden und herauszufinden, was ich daraus erhalte. Wenn ich das versuche, kann ich durch Quadrieren, indem ich das Reziproke nehme, die Ergebnisse addiere, und indem ich das Reziproke der Ergebnisse nehme, die folgenden Funktionen bilden:

$$\frac{y^2}{x^2} \qquad \frac{x}{y} \qquad \frac{y^2}{x^2} + \frac{x}{y} = \frac{y^3 + x^3}{x^2 y} \qquad \frac{x^2 y}{y^3 + x^3}$$

Wenn ich mir diese ansehe, scheint es mir plausibel zu sein, dass ich Funktionen P/Q wie die im Beispiel erzeugen kann. Ich bin also jetzt zufrieden genug, um weiterzulesen.

Im vierten (langen) Abschnitt steht:

Gleichungen dieser Art können durch die Substitution $y = vx$ in separierbare Gleichungen umgeformt werden, wobei v eine Funktion von x ist. Mit dieser Substitution gilt:

$$\frac{\mathrm{d}y}{\mathrm{d}x} = v + x\frac{\mathrm{d}v}{\mathrm{d}x},$$

daher kann die Gleichung umgeformt werden zu:

$$v + x\frac{\mathrm{d}v}{\mathrm{d}x} = f(v),$$

was separiert werden kann als:

$$\int \frac{\mathrm{d}v}{f(v) - v} = \int \frac{\mathrm{d}x}{x}.$$

In diesem Teil sieht es so aus, als seien wir von den Beispielen wieder zu einer allgemeinen Diskussion zurückgekehrt. Diese scheint relativ leicht verständlich zu sein, deshalb werde ich sie zuerst im Einzelnen betrachten, bevor ich versuche, eine Verbindung zu den Beispielen herzustellen. Wenn ich $y = vx$ anschaue, erkenne ich, dass ich ein Produkt differenzieren muss, um $\mathrm{d}y/\mathrm{d}x$ zu bestimmen. Wenn ich also die Produktregel anwende, erhalten wir v-mal die Ableitung von x plus x-mal die Ableitung von v. Das kommt genau wie behauptet heraus, weil v eine Funktion von x ist. Beachten Sie, dass das wichtig ist: Wäre v nur eine Konstante, wäre die Ableitung 0, deshalb müssen wir darauf achten, was als eine Funktion von was zu behandeln ist. Dann sehe ich mir die nächste Gleichung an und erkenne, dass hier nur $\mathrm{d}y/\mathrm{d}x$ durch $f(v)$ ersetzt wird. Eigentlich hätte ich erwartet, dass es durch $f(y/x)$ ersetzt wird, aber wenn ich kurz nachdenke, sehe ich, dass die Substitution $y = vx$ und $v = y/x$

ergibt. Um auf die letzte Gleichung zu kommen, muss ich ein bisschen rechnen, was ich wahrscheinlich ausschreiben würde, um mich von der Richtigkeit zu überzeugen:[1]

$$v + x\frac{\mathrm{d}v}{\mathrm{d}x} = f(v) \;\Rightarrow\; x\frac{\mathrm{d}v}{\mathrm{d}x} = f(v) - v$$
$$\Rightarrow\; \frac{1}{x}\frac{\mathrm{d}x}{\mathrm{d}v} = \frac{1}{f(v) - v} \;\Rightarrow\; \int \frac{\mathrm{d}v}{f(v) - v} = \int \frac{\mathrm{d}x}{x}.$$

Bisher weiß ich noch nicht, wie irgendetwas davon auf eine bestimmte Funktion, wie die aus den obigen Beispielen, angewendet wird. Ich bin mir auch nicht sicher, ob ich darüber nachdenken möchte, weil diese Funktionen ziemlich kompliziert aussehen. Ich glaube, dass es mir leichter fallen wird, dies herauszufinden, wenn ich das deutlich einfachere Beispiel am Ende des Auszugs heranziehe, also versuche ich das stattdessen:

Beispiel 2.5: Betrachten Sie die Gleichung $2xy\frac{\mathrm{d}y}{\mathrm{d}x} = x^2 + y^2$.

Ich erkenne, dass diese Gleichung nicht ganz dieselbe Form hat wie die, die ich mir angesehen habe, aber mit einer naheliegenden Umformung kann ich sie in diese Form bringen:

$$\frac{\mathrm{d}y}{\mathrm{d}x} = \frac{x^2 + y^2}{2xy}$$

Jetzt würde ich gerne herausfinden, wie man den allgemeinen Lösungsansatz auf diese spezielle Differentialgleichung anwenden kann. Ich bin mir nicht sicher, welche Rolle v spielen wird, aber darum muss ich mich jetzt nicht gleich kümmern, sondern kann einfach weitermachen und die Substitution $y = vx$ durchführen. Das heißt, ich kann $\mathrm{d}y/\mathrm{d}x$ auf der linken Seite wie im allgemeinen Fall ersetzen und ebenso y durch vx auf der rechten, das ergibt:

$$v + x\frac{\mathrm{d}v}{\mathrm{d}x} = \frac{x^2 + v^2x^2}{2vx^2}.$$

Jetzt sehe ich plötzlich den Sinn dieser Substitution: Alle vorkommenden x^2 kürzen sich auf der rechten Seite, sodass sich eine einfachere Gleichung ergibt:

$$v + x\frac{\mathrm{d}v}{\mathrm{d}x} = \frac{1 + v^2}{2v}.$$

---

[1] Weil ich ein wenig mehr Übung habe, ist mir natürlich klar, dass es manchmal zweifelhaft ist, eine Ableitung als Bruch zu behandeln, der auf diese Weise umgeformt werden kann. Weil es aber aus einer Vorlesungsmitschrift stammt, darf man wohl annehmen, dass es in diesem Fall unproblematisch ist.

Ich verstehe nun auch, warum wir P und Q in der dargestellten Form benötigen: Wenn sie diese annehmen, wird diese Substitution immer dazu führen, dass wir überall dieselbe Potenz von x haben, deshalb wird man immer auf diese Art kürzen können. Daher hat mich schon dieses eine Beispiel besser verstehen lassen, warum die allgemeine Formulierung so ist wie dargestellt. Jetzt kann ich weitermachen und diesen speziellen Fall durchrechnen. Durch Umformen erhält man:

$$v + x\frac{\mathrm{d}v}{\mathrm{d}x} = \frac{1 + v^2}{2v} \quad \Rightarrow \quad x\frac{\mathrm{d}v}{\mathrm{d}x} = \frac{1 + v^2}{2v} - v = \frac{1 + v^2 - 2v^2}{2v} = \frac{1 - v^2}{2v}.$$

Separieren führt dann zu:

$$\int \frac{2v}{1 - v^2}\,\mathrm{d}v = \int \frac{\mathrm{d}x}{x}.$$

Hier weiß ich, dass ich beide Integrale bestimmen könnte, was eine Gleichung für v in Abhängigkeit von x ergeben würde, die ich dann umformen könnte, um y in Abhängigkeit von x zu finden. Vielleicht wollen Sie hier unterbrechen und das durchführen? Ich werde weitermachen, um das zu besprechen, was Sie hoffentlich von dieser Erklärung verstanden haben.

Zum einen ist das Lesen von Vorlesungsmitschriften nicht unbedingt einfach. Solche Aufzeichnungen beginnen oft mit relativ allgemeinen Formulierungen, liefern aber nicht unbedingt jede einzelne Erklärung, aus der Sie erkennen können, wie alles zusammengehört. Das ist natürlich ein Grund, warum Sie Vorlesungen besuchen sollen. Zweifellos wären viele der Fragen, die ich mir selbst gestellt habe, vom Dozenten mündlich erklärt worden.

Zum anderen weist meine Art zu lesen einige spezifische Merkmale auf. Erstens gehört dazu, dass ich bestimme, um was es sich eigentlich bei dem Betrachteten handelt: Ist das eine Definition, ein Satz, ein Beispiel, ein Beweis oder etwas Allgemeineres wie ein motivierender Absatz zur Einleitung? Wenn ich das geklärt habe, weiß ich auch, welche Information ich von diesem Textteil erwarten kann. Zweitens schlage ich, wenn ich über ein Wort stolpere, an dessen Bedeutung ich mich nicht erinnere, die Definition nach oder mache mir eine Notiz, um es später zu tun. Drittens überprüfe ich bei einem gegebenen Beispiel, ob die Definition oder Eigenschaft darauf anwendbar zu sein scheint. (Entsprechend, wenn ich auf einen Verweis auf einen früheren Satz – z. B. „nach dem Satz von Rolle" oder „nach Satz 3.1" oder „mithilfe von Lemma 2.7" – stoße, schlage ich diesen nach, um zu klären, was er aussagt und wie er in der gegebenen Situation angewendet werden kann.) Viertens versuche ich eine allgemeine Aussage sowohl abstrakt als auch in Bezug auf einige Beispiele zu verstehen (vgl. auch Kap. 2). Fünftens: Wenn es kompliziert ist, sich Beispiele auszudenken, oder das zur Verfügung gestellte sehr schwierig aussieht, mache ich erst einmal weiter, denn vielleicht hat der Dozent ja nach der allgemeine Aussage ein einfacheres Beispiel folgen lassen. Das passiert sehr oft. Mathematiker wissen, dass allgemeine Aussagen oft schwer zu verstehen sein können, deshalb liefern sie meist sehr bald ein einfaches Beispiel.

Ganz allgemein gehört zum Lesen, dass man manchmal zurückblättert und manchmal weiterliest; ich springe bei mathematischer Literatur aber viel mehr herum, als ich es bei anderen Textarten mache. Gerne würde ich beschreiben können, woher ich weiß, wann ich das muss – wann ich es für vernünftig halte zu denken: „Macht nichts, ich lese einfach weiter und schaue, ob das alles einige Zeilen später einen Sinn ergibt." Aber ich fürchte, ich weiß nicht genau, wie ich derartige Entscheidungen treffe – vermutlich mehr aufgrund eines Gefühls dafür, was ich brauche, und nicht so sehr nach einer Regel, die mir sagt, wie ich mich verhalten muss. Trotzdem hoffe ich, dass Ihnen das Beispiel meines Leseprozesses dabei geholfen hat zu erkennen, was Sie tun müssen, um Ihren Vorlesungsmitschriften einen Sinn zu geben. Und dies scheint mir ein guter Zeitpunkt für eine Erinnerung an einen Rat aus Kap. 3: Sie müssen den Text lesen. Sie müssen das wirklich. Machen Sie sich bewusst, wie viele Informationen aus diesem Ausschnitt Sie verpasst hätten, wenn Sie einfach gesprungen wären, um die nächste Rechnung zu finden.

7.4   Lesen, um einen Überblick zu bekommen

Immer wieder werden Sie Texte lesen müssen, um einen Überblick zu bekommen und zu verstehen, wie die Mathematik, die von einer ganzen Vorlesung oder gar einer Reihe von Vorlesungen abgedeckt wird, zusammenpasst. Dies ist aus pragmatischen Gründen sehr wünschenswert, denn es hilft Ihnen, das Material bei der Vorbereitung auf eine Prüfung zu verdauen. Doch es ist auch intellektuell wünschenswert, denn das Vergnügen an der Mathematik liegt darin, die Beziehungen innerhalb eines ganzen Gebietes der mathematischen Theorie zu erkennen.

Bis zu einem gewissen Grad werden Sie ganz natürlich ein Gefühl dafür bekommen, wie ein Modul aufgebaut ist – Sie werden sehen, dass es Ähnlichkeiten zwischen verschiedenen Rechnungen gibt, dass manche Sätze mithilfe vorhergehender Sätze bewiesen werden usw. Wenn Sie ordentlich zuhören (vgl. Kap. 9), wird Ihr Dozent viele Informationen liefern, die Ihnen dabei helfen, diese Arten von Verbindungen zu erkennen. Trotzdem werden Sie Ihr Gesamtverständnis dafür, was vor sich geht, verbessern können, wenn Sie sich bemühen, einige deutliche Anstrengungen in diese Richtung zu unternehmen. Ich habe einige gezielte Vorschläge dafür, wie Sie das anstellen könnten; wenn

Sie diese Vorschläge im Laufe der Vorlesung immer wieder berücksichtigen, werden Sie feststellen, dass Sie bereits eine schöne Menge an Notizen für die Wiederholung zusammengetragen haben, wenn Sie sich an die Vorbereitung auf eine Prüfung machen.

Die erste Strategie ist, ständig eine Übersicht darüber zu erstellen, was in der Vorlesungsmitschrift steht. Vielleicht wurde Ihnen etwas Derartiges am Beginn der Vorlesung schon zur Verfügung gestellt, etwa in Form einer Inhaltsangabe oder einer Kurzfassung der Gesamtveranstaltung. (Da viele Dozenten inzwischen irgendeine Form von einer gedruckten oder elektronischen Mitschrift verteilen, kommt das immer öfter vor.) Doch eine Inhaltsangabe ist vielleicht nicht ganz das, was Sie wollen, weil sie zwar Überschriften und Unterüberschriften, nicht aber den eigentlichen Inhalt an Definitionen und Sätzen usw. enthält. Ich denke an etwas, das mehr wie das Folgende aussieht (ich stelle mir vor, das sei der Anfang eines Abschnitts einer Mitschrift, in der es um Relationen geht):

Beispiel

Definition: Relationen (die Notation für allgemeine Relationen ist $\sim$)

Beispiele für Relationen ($=$, $<$ usw.)

Definition: symmetrische Relationen ($a \sim b \Rightarrow b \sim a$)

Beispiele ($=$ symmetrisch, $<$ nicht symmetrisch)

Definition: reflexive Relation ($a \sim a$)

Beispiel ($=$ reflexiv, $<$ irreflexiv)

Definition: transitive Relation ($a \sim b$ und $b \sim c \Rightarrow a \sim c$)

Beispiele (sowohl $=$ als auch $<$ ist transitiv)

Ich kürze hier auf eine Art und Weise ab, wie ich es nie in einem mathematischen Text für andere tun würde (vgl. die Diskussion über formales Schreiben in Kap. 8). Ich fasse für mich selbst zusammen, deshalb schließe ich gerade genug Informationen ein, damit ich mich selbst daran erinnere, um welche mathematischen Inhalte es geht. Ich halte den Stellenwert des Ausdrucks fest (handelt es sich um eine Definition, einen Satz oder um Beispiele usw.?) und notiere als Gedankenstütze zumindest einige der Hauptgedanken. Wenn Sie sehr eifrig sind, können Sie zu dieser Art von Zusammenfassung noch Seitenzahlen ergänzen, sodass Sie schnell zwischen der Zusammenfassung und der Mitschrift wechseln können.

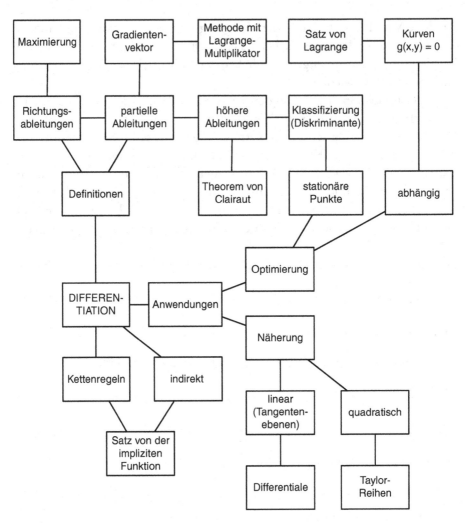

Abb. 7.1   Concept-Map für die Vorlesung „Rechnen in mehreren Variablen"

Neben dieser Zusammenfassung könnten Sie auch noch eine getrennte Liste mit den Definitionen führen. Das kann Ihnen viel Zeit sparen, wenn Sie Arbeitsblätter und Ähnliches bearbeiten. Aus den in Kap. 3 besprochenen Gründen werden Sie sehr oft Definitionen verwenden müssen – und Sie werden viel Zeit vergeuden, wenn Sie jedes Mal Ihre Mitschrift durchblättern müssen, um sie zu finden. Sie müssen sicherstellen, dass Ihre Definitionen absolut logisch richtig sind, deshalb würde ich jede vollständig herausschreiben (das Ziel ist ein anderes als in der Zusammenfassung: Genauigkeit statt Kürze). Heften Sie die Liste mit den Definitionen vor Ihrer Mitschrift ab, dann können Sie sich leicht darauf beziehen. Genauso können Sie eine Liste mit den

Sätzen anfertigen, wenn Ihnen das nützlich erscheint. Ich persönlich würde diese wegen dem unterschiedlichen Stellenwert von Definitionen und Sätzen in der mathematischen Theorie getrennt von den Definitionen abheften. Aber vielleicht sind Sie auch der Ansicht, dass Sie für unterschiedliche Vorlesungen verschiedene Ansätze benötigen.

Wenn Sie abgekürzte Listen erstellen, werden Sie den Überblick über eine Vorlesung behalten, ohne sich in Einzelheiten zu verheddern. Vielleicht reicht Ihnen das, vor allem wenn Sie ohnehin ein „Listenmacher" sind. Ich persönlich finde Listen in Ordnung, aber was ich wirklich mag, ist ein gutes Diagramm, daher bevorzuge ich *Concept-Maps* (vielleicht kennen Sie auch die Begriffe *Mindmap*, *Spinnendiagramm* oder *Konzeptdiagramm*). In Abb. 7.1 ist ein Teil einer Concept-Map zu sehen, die ich für meine Vorlesung „Rechnen in mehreren Variablen" erstellt habe. (Sie werden nicht wissen, was alle Wörter in den Kästchen bedeuten, doch es soll Ihnen auch nur ein Gefühl dafür vermittelt werden, wie so etwas aufgebaut ist).

Ich zeichnete während einer Wiederholungsvorlesung die Äste Stück für Stück vor meinen Studenten und hoffte, dass es ihnen den Aufbau meiner Vorlesung verdeutlichen würde: dass sie sich, obwohl sehr umfangreich, in Schlüsselthemen gliedert und nach verschiedenen Verfahren aufbaut, die ähnliche Ziele verfolgen.

Zu „Rechnen in mehreren Variablen" gehören (normalerweise) einige Sätze und Beweise sowie unzählige Verfahren, um Ableitungen und Integrale zu bestimmen. In diesem Sinne ist sie gemischt aufgebaut. Concept-Maps sind vielleicht noch nützlicher, wenn man die Struktur einer sehr theoretischen Vorlesung in reiner Mathematik zeigen möchte, denn dann kann man Pfeile verwenden, um die logischen Abhängigkeiten zu verdeutlichen; um zu zeigen, welche Definitionen und Sätze verwendet werden, um andere Sätze zu beweisen. In Abb. 7.2 ist ein Beispiel für eine Concept-Map des Stetigkeitsthemas in einer Analysis-Vorlesung zu finden. Hier habe ich auch unterschiedliche Formen für Definitionen (Ovale), Beispiele (Achtecke) und Sätze (Rechtecke) verwendet.

Ich habe vor der Vorlesung Kopien der gesamten Concept-Map an die Studenten verteilt, sodass sie den Aufbau der Vorlesung nachvollziehen konnten. Soweit ich weiß, machen so etwas nicht viele Dozenten. Vielleicht habe ich meinen Studenten damit sogar einen Bärendienst erwiesen, weil es besser gewesen wäre, wenn sie ein derartiges Konzept selbst erstellt hätten. Sicher ist es schwieriger, eine gute grafische Übersicht zu erstellen als eine gute Liste. Im Fall der Liste werden Sie aufzeichnen, was in der Vorlesung der Reihe nach vorkommt, und darüber entscheidet ja Ihr Dozent. Bei einer Concept-Map müssen Sie danach Ausschau halten, was miteinander verknüpft ist, und vermutlich einige Entscheidungen darüber treffen, welche Verknüpfungen es

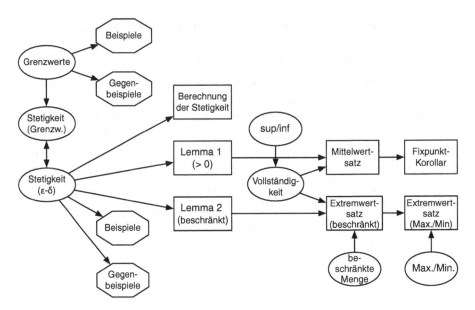

Abb. 7.2   Concept-Map für den Stetigkeitsbegriff

wert sind, aufgezeichnet zu werden. Das ist genau das, was Ihr Dozent von Ihnen erwartet.

Zum Schluss, da ich ja darüber spreche, wie wir etwas lesen, um einen Überblick zu gewinnen, würde ich gerne ein Wort über das Hervorheben mit Textmarkern und den Einsatz von Farbcodes sagen. Viele Studenten scheinen Textmarker zu lieben. Ihre Mitschriften sind übersät mit solchen Markierungen, oft in einer Vielzahl von Farben. Es sieht manchmal so aus, als bedeuten diese Markierungen nicht so sehr: „Das ist wichtig!", als vielmehr: „Ich habe diese Zeile gesehen." Ich denke, das ist nicht unbedingt falsch, aber ich persönlich mag es nicht, denn für mich sehen die Seiten zu grell und schwer lesbar aus; doch ich verstehe, dass manche es auch für ansprechend halten. Ich mache mir nur Gedanken darüber, dass ein Student die Gelegenheit verpasst haben könnte, diesen Hervorhebungen auch eine Bedeutung zu verleihen: zum Beispiel die Definitionen rosa zu markieren und alle Sätze grün. Oder etwas nicht nach dem Status, sondern nach dem Verfahren zu organisieren: zum Beispiel Ableitungen in Orange und Integration in Blau. Ich habe den Eindruck, dass eine solche Strategie das Gedächtnis in sinnvoller Weise unterstützen würde. Dasselbe gilt, wenn man unterschiedliche Teile der Aufzeichnungen mit verschiedenen Farben schreibt; wenn Sie schon Farben benutzen, dann sollten Sie sich vorher ein System dafür überlegen.

7.5 Zusammenfassungen für die Wiederholung verwenden

Ich fand Listen und Concept-Maps immer sehr hilfreich, wenn ich etwas wiederholen musste. Während meines ersten Studienjahrs gewöhnte ich mir an, jede Vorlesung auf einer DIN-A4-großen Liste zusammenzufassen. Manchmal musste ich erst alles auf zwei Seiten zusammenschreiben und dann noch weiter auf nur eine komprimieren. Dabei musste ich viel abkürzen, aber gleichzeitig so viele Informationen integrieren, dass ich wusste, was alles bedeutete. Doch das war nicht so schwer – ich brauchte die fertige Liste nicht mit einer Lupe zu lesen. Grafische Darstellungen nutzte ich erst ein wenig später, doch im Laufe meines Masterstudiums spezialisierte ich mich auf reine Mathematik und am Ende jeder Vorlesung machte ich eine Concept-Map und heftete sie an den Kühlschrank, die Küchenvitrine oder sonst einen Ort, wo ich sie die ganze Zeit sehen konnte. Ich weiß nicht, ob es die Erstellung der Concept-Map war oder die Tatsache, dass ich sie immer vor Augen hatte, doch all das gab mir ein besseres Gefühl dafür, mit der ganzen Vorlesungsstruktur vertraut zu sein. Heute rate ich Studenten nicht nur irgendeine Art von Zusammenfassung zu machen, sondern diese auch auf eine bestimmte Weise zu benutzen. Hier mein Rat:

Wenn Sie mit dem Wiederholen anfangen möchten, dann gehen Sie Ihre Zusammenfassung durch und haken jeden Punkt ab, den Sie verstanden haben, oder machen ein Fragezeichen, wo Sie sich unsicher sind, bzw. ein Kreuz, wenn Sie keine Ahnung haben, um was es geht. Wenn Sie so vorgehen, wird es vermutlich etwas erschreckend aussehen, denn Sie werden eine ganze Reihe von Fragezeichen und Kreuzen verteilen. Doch das ist besser, als wenn Sie sich selbst etwas darüber vormachen, was Sie wissen und was nicht; und nun können Sie effektiv arbeiten, etwas daran zu ändern. Dann fragen Sie sich: „Woran soll ich arbeiten?" Viele Studenten antworten: „An den Punkten mit den Kreuzen." Das scheint intuitiv eine vernünftige Antwort, doch ich glaube nicht, dass das am effektivsten ist. Ich glaube, Sie sollten sich erst um die Punkte mit den Fragezeichen kümmern, und zwar aus zwei Gründen: Zuerst einmal wissen Sie schon ein wenig darüber, deshalb werden Sie wahrscheinlich schneller Fortschritte machen und entsprechend schnell weitere Haken vergeben können. Das ist eine gute Idee, denn (wie ich in Kap. 13 genauer ausführen werde) es könnte besser sein, einige Dinge genau zu wissen, als alles nur so ungefähr. Außerdem gibt es Ihnen ein gutes Gefühl, was Ihre Motivation erhöht. Zweitens werden, während Sie an den Punkten mit den Fragezeichen arbeiten, aus einigen der Kreuze Fragezeichen werden, ohne dass Sie irgendetwas dazu tun müssen. Das passiert, weil Sie Ihr Grundwissen vergrößern, und deshalb werden einige der Dinge, die vorher für Sie noch keine Bedeutung hatten, nun zumindest zugänglich. Natürlich werden Sie irgendwann trotzdem etwas deprimiert sein angesichts all der Dinge, die Sie noch nicht wissen. Wenn das passiert, können Sie sich immer noch damit aufmuntern, dass Sie eine Zeit lang an Ihrer Liste mit den Haken arbeiten.

Nun sind das Strategien, die bei mir sehr erfolgreich waren, von denen ich aber nicht behaupten will, dass Sie auch unbedingt bei Ihnen funktionieren müssen. Ich weiß nicht, wie effektiv Sie im Mittel sind. Vielleicht haben Sie selbst schon Strategien entwickelt, die für Sie effektiver sind, dann sollten Sie sich überlegen, ob man sie gut von der Schul- auf die Hochschulmathematik übertragen kann. Ich glaube, es ist ein guter Rat, auf Dinge zu hören, die bei erfolgreichen Menschen funktioniert haben; fragen Sie deshalb Ihren Dozenten oder Übungsgruppenleiter, was sie/er darüber denkt.

7.6   Lesen, um sich etwas einzuprägen

Hieran führt kein Weg vorbei: Wenn Sie studieren, um einen Abschluss zu machen, müssen Sie sich viel merken. Großartig an der Mathematik ist natürlich, dass dies die meiste Zeit ohne Anstrengung funktioniert. Wenn Sie etwas aus der Mathematik gut verstanden haben, können Sie es sich oft sofort merken, weil es Ihnen dann ganz normal scheint, dass es so sein muss. Sogar bei schwierigen Dingen merke ich, dass ich oft rekonstruieren kann, was ich brauche, indem ich es aus vertrauteren Informationen herleite. Aber Sie werden Prüfungen zu absolvieren haben, das heißt, dass Sie irgendwann ziemlich viel Mathematik abrufbereit haben müssen. In diesem Abschnitt werde ich einige Wege besprechen, wie das möglich wird.

Eines, das Sie tun können und vor allem bei Rechenverfahren funktioniert, ist zu üben, bis eine Routine eintritt. Das wird manchmal in der Hochschulmathematik genauso funktionieren wie schon in der Schule. Doch wie ich bereits in Kap. 1 erwähnte, werden die Verfahren länger sein, mehr Entscheidungen nötig machen und Sie werden weniger Beispiele zur Verfügung haben, die Sie nachbilden, und weniger Beispiele, an denen Sie üben können. Sie sollten also nicht erwarten, dass es genauso leicht sein wird, Routine zu bekommen, wie es in der Schule der Fall war. Vielleicht werden Sie ein bisschen länger suchen, um Übungsmaterial zu finden, mehr Bücher benutzen usw. Oder Sie müssen, wie ich auch schon in Kap. 1 erwähnt habe, selbst Beispiele konstruieren.

Eine weitere Möglichkeit, sich an Dinge zu erinnern, besteht darin, sie in Bezug zu anderen zu setzen. In dieser Hinsicht tut uns die mathematische Sprache manchmal einen Gefallen. Erinnern Sie sich zum Beispiel daran, dass wir uns in Kap. 3 die Definition des Begriffs *steigend* für Funktionen angese-

Abb. 7.3 Die Grafik veranschaulicht die Definition von *steigend*

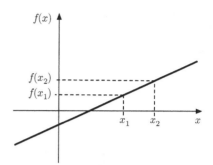

hen haben. Wenn Sie wollen, können Sie diese Definition auswendig lernen, etwa indem Sie sie auf eine Karteikarte schreiben und sich selbst so lange prüfen, bis Sie sie richtig beherrschen. Doch ich glaube, das wäre ziemlich ineffizient. *Steigend* bedeutet mehr oder weniger das, was die Meisten meinen. Deshalb würde ich nicht versuchen, mir die Definition zu merken, sondern mithilfe meines intuitiven Verständnisses zu rekonstruieren. Vermutlich weil ich Zeichnungen mag, würde ich mich an eine solche wie in Abb. 7.3 erinnern und den Begriff daraus rekonstruieren.

Probieren Sie es jetzt mal. Können Sie es? Wenn ja, großartig. (Aber vielleicht überprüfen Sie, dass Sie etwas geschrieben haben, was zu meiner Version logisch äquivalent ist, nur für den Fall.) Wenn nicht, blättern Sie zurück zur Definition in Abschn. 3.6 und überlegen sich, wie jeder Teil zu der Abbildung passt. Dann versuchen Sie es morgen noch einmal.

Ein ähnlicher Rat gilt für Sätze. Manchmal drücken Sätze ziemlich komplizierte Dinge aus, an die Sie selbst nie gedacht hätten. In diesen Fällen dürfte ein wenig verzweifeltes Auswendiglernen in Ordnung sein, zumindest bis Sie die ganze Vorstellung einigermaßen gut verinnerlicht haben. Doch manchmal drücken Sätze auch einfache Dinge aus, die intuitiv ziemlich offensichtlich sind. In diesen Fällen sollte es nicht so schwer sein, den Satz zu rekonstruieren. Betrachten Sie zum Beispiel den Mittelwertsatz (Sie werden ihn vermutlich in Analysis kennenlernen). Man zeichnet dazu oft eine Grafik wie die in Abb. 7.4. Der Satz lautet:

Satz

Sei f stetig auf $[a,b]$ und sei y_0 zwischen $f(a)$ und $f(b)$. Dann gibt es ein $x_0 \in (a, b)$, sodass $f(x_0) = y_0$.

Testen Sie an diesem Satz erst die Fähigkeiten, die wir im Kap. 4 besprochen haben. Erkennen Sie, wie alles darin zu der Zeichnung gehört? Scheint Ihnen der Satz wahr zu sein? Können Sie sich vorstellen, wie man die Funktion verändern muss, damit Sie zeigen können, dass die Schlussfolgerung immer

Abb. 7.4 Zum Mittel-
wertsatz

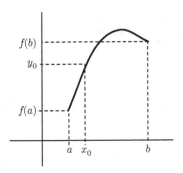

zu gelten scheint? Was wäre, wenn wir die Voraussetzung, dass f immer stetig sein muss, abmildern – muss die Schlussfolgerung dann immer noch stimmen? Verstehen Sie, warum der Satz Mittelwertsatz heißt? Decken Sie dann den Satz ab und versuchen Sie ihn zu rekonstruieren, während Sie auf das Bild schauen.

Hier nun einige Ratschläge, wenn Sie eine derartige Rekonstruktion eines Satzes versuchen. Oft sieht es so aus, als sei es leichter, sich an die Schluss-folgerung eines Satzes zu erinnern. Vielleicht schauen Sie zum Beispiel erst auf die Abb. 7.4 und denken zunächst daran, $f(x_0) = y_0$ zu schreiben. Es gibt keinen Grund, warum Sie das nicht als Erstes notieren sollten. Lassen Sie ein oder zwei Zeilen darüber Platz, um den Rest des Satzes darum herum zu schreiben. Dann benötigen wir die Voraussetzungen, und diese sollten (wie in Kap. 4) die Objekte einführen, mit denen wir uns beschäftigen. Hier müssen wir festlegen, wo y_0 ist. Das bringt uns dazu, etwas wie das Folgende zu notieren:

[Lücke] Sei y_0 zwischen $f(a)$ und $f(b)$.
[Lücke] $f(x_0) = y_0$.

Dann müssen wir x_0 einführen und entscheiden uns, was man darüber sagen muss. Offensichtlich liegt x_0 auf der x-Achse. Wir wissen nicht genau wo, nur dass es zwischen a und b sein muss, und offensichtlich ist es nicht so, dass für jedes x_0 gilt, dass $f(x_0) = y_0$. Also ist es vernünftig zu sagen, dass es ein x_0 mit dieser Eigenschaft gibt. Das vollendet die Schlussfolgerung:

[Lücke] Sei y_0 zwischen $f(a)$ und $f(b)$.
Dann gibt es ein $x_0 \in (a, b)$, sodass $f(x_0) = y_0$.

Doch die Voraussetzungen sind noch nicht vollständig, denn wir müssen noch die Funktion und ihre Eigenschaften einführen. Wenn wir zuerst sorg-fältig über den Satz nachgedacht haben, wird uns vermutlich einfallen, dass die Funktion stetig sein muss – sonst könnte es einen Sprung im Graphen der Funktion geben und die Schlussfolgerung würde nicht gelten. Also können wir nun den Satz vervollständigen:

Sei f stetig auf $[a,b]$ und sei y_0 zwischen $f(a)$ und $f(b)$.
Dann gibt es ein $x_0 \in (a, b)$, sodass $f(x_0) = y_0$.

Wenn Sie andere Hinweise nutzen, könnte die Rekonstruktion eines Satzes sogar noch einfacher sein. In Analysis, wo Ihnen dieser Satz vermutlich begegnen wird, sind einige der Haupteigenschaften von Funktionen die Stetigkeit, die Differenzierbarkeit und die Integrierbarkeit. Sie werden erkennen, dass das Einzige, was wir in diesem Fall benötigen, die Stetigkeit ist. Doch wenn Sie Ihre Zusammenfassungen sorgfältig geschrieben haben, benötigen Sie wahrscheinlich nicht einmal das; vielleicht werden Sie sich nur daran erinnern, dass dieser Satz am Ende des Kapitels über Stetigkeit vorkam, und das ist alles, was wir brauchen. Manche Studenten könnten denken, dass die Verwendung solcher Gedankenstützen irgendwie Betrug sei; dass ein fleißiger Student einfach alles lernen sollte. Vielleicht ist das wahr. Vielleicht aber auch nicht, denn erfolgreiche Mathematiker sind clever und denken strategisch. Sie wollen keine Zeit damit verschwenden, etwas auswendig zu lernen, das sie mit ein wenig Anstrengung und gesundem Menschenverstand rekonstruieren können.

Trotzdem möchte ich eines zur Erinnerung durch Rekonstruktion betonen: Sie benötigen dafür ein bisschen Zeit. Ich sage das, denn manchmal, wenn ich einen Studenten etwas frage, sehe ich ihn nach seinen Unterlagen greifen, bevor er auch nur einen Gedanken daran verschwendet hat. Das macht mich traurig. Gelegentlich halte ich die Studenten dabei auf und frage, ob sie die Mathematik auch aus ihrem Gedächtnis herausholen können. Ich würde sagen, dass sie das in mehr als der Hälfte der Fälle können. Vielleicht brauchen sie dazu eine Minute (das meine ich wörtlich) und vielleicht erinnern sie sich zunächst nur an Teile und rekonstruieren den Rest. Diese eine Minute ist auch nicht länger als die Zeit, die ein Nachschlagen in Anspruch genommen hätte. Vor allem geht es dabei aber auch noch um mehr: Denn der Erfolg verbessert ihr Selbstvertrauen.

7.7 Abbildungen als Erinnerungsstütze

Vielleicht haben Sie bemerkt, dass ich in diesen Abschnitten über das Erinnern häufig über Abbildungen spreche. Wir müssen bei Abbildungen sehr vorsichtig sein, denn leicht kann man etwas zeichnen, das nicht ganz allgemein genug

Abb. 7.5 Dreiecke zur Bestimmung der Winkelfunktionen

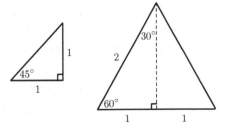

ist, und dann davon in die Irre geleitet werden; außerdem ersetzt ein Bild natürlich keinen formalen Beweis. Doch mithilfe von Abbildungen lassen sich viele mathematische Beziehungen so festhalten, dass man sie sich gut merken kann.

Als Beispiel, das Sie vermutlich von der Oberstufe her kennen, betrachten wir einige Standardbeziehungen zwischen Sinus, Kosinus und Tangens von Winkeln. Ich weiß nicht, wie es Ihnen geht, aber ich kann mir nie merken, welcher Winkel einen Sinus von $\sqrt{3}/2$ oder $1/\sqrt{2}$ ergibt. Zum Glück muss ich das auch nicht. Ich kann das bestimmen, indem ich die Dreiecke wie in Abb. 7.5 zeichne und den Satz des Pythagoras verwende, um die Längen der restlichen Seiten auszurechnen. Manchmal benötige ich einige Versuche, um mich zu entscheiden, welche der Längen gleich 1 sein soll, doch das finde ich immer noch weniger anstrengend, als sich all diese Sinusse usw. getrennt zu merken, Ich erinnere mich nicht gerne an „Daten" – ich finde das schwierig, langweilig und wenig lohnend.

Noch besser ist die Grafik in Abb. 7.6, die einen Einheitskreis, einen Winkel Θ, den man im Uhrzeigersinn von der positiven x-Achse aus misst, und ein rechtwinkliges Dreieck zeigt.

Was sehen wir in diesem Bild? Viele, viele Dinge. Erstens ist der mit x bezeichnete Punkt gleich $\cos\theta$. Wissen Sie warum? Denken Sie an die Seite, die im rechtwinkligen Dreieck, dessen Hypotenuse 1 ist, an Θ anliegt. Ge-

Abb. 7.6 Der Einheitskreis mit einem Winkel Θ

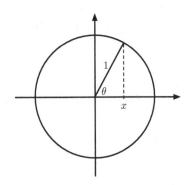

nauso können wir $\sin\theta$ auf der y-Achse erkennen. Zweitens sehen wir, dass $\cos 0 = 1$ und $\sin 0 = 0$, was sehr praktisch ist, vor allem für diejenigen, die sich nie merken können, wo die Sinus- und Kosinuskurven die Achsen schneiden. Drittens hilft das Bild, sich daran zu erinnern, dass $\cos\frac{\pi}{6}$ und $\sin\frac{\pi}{6}$ gleich 1/2 sind. Zum Schluss (obwohl das fairerweise niemand zu vergessen scheint) zeigt das Bild, dass offensichtlich immer $\cos^2\theta + \sin^2\theta = 1$ ist. Dies ist eines meiner Lieblingsbilder, und es betrübt mich immer wieder, wenn ich Studenten begegne, die es nicht kennen, denn es erspart (mir) viel Arbeit.

7.8 Beweise lesen, um sie sich einzuprägen

In diesem letzten Abschnitt werde ich darüber sprechen, wie man sich Beweise merken kann. Studenten machen sich über diesen Aspekt ihres Studiums immer Sorgen. Für sie sieht es so aus, als gäbe es übermäßig viele Beweise, die alle unterschiedlich sind, und die meisten sind auch noch recht lang. Man scheint dazu eine ziemlich große Gedächtnisleistung zu brauchen, vor allem bei Vorlesungen, in deren Klausuren Standardbeweise abgefragt werden. Ich will Sie nicht kränken und behaupten, es sei nicht schwierig. Aber Sie können es sich viel einfacher machen, wenn Sie einige der Strategien verwenden, die Ihnen schon in Bezug auf mathematische Rechenverfahren vertraut sind.

Beachten Sie zuerst, dass, wenn Sie sich an ein Rechenverfahren erinnern, nicht jedes einzelne Detail im Kopf erscheint, sondern nur die wichtigsten Schritte. Wenn Sie zum Beispiel jemandem erklären sollen, wie Sie die lokalen Maxima und Minima einer Funktion ermitteln, würden Sie vermutlich etwas sagen wie: „Die Funktion ableiten, dann die Ableitung gleich null setzen und die Lösungen bestimmen. Danach berechne ich die zweite Ableitung für jede Lösung. Wenn sie positiv ist, dann ist der Punkt ein Minimum und umgekehrt." Sie würden kein Wort darüber verlieren, wie Sie ableiten, und auch keine Ableitungen einer bestimmten Funktion nennen, sondern nur die wichtigsten Schritte erklären und den Rest als Routinerechnungen behandeln.

Das kann man auch mit weniger offensichtlich ablauforientierten Dingen machen. Wenn Sie zum Beispiel in einer Mechanik-Vorlesung waren, haben Sie vermutlich Probleme gelöst, in denen ruhende Teilchen beteiligt waren (auf einer schiefen Ebene mit Reibung, so etwas). Ihre Vorgehensweise bei derartigen Problemen ist wahrscheinlich etwas wie: „Zeichne ein Bild, in dem die physikalische Situation dargestellt wird, markiere alle Kräfte darauf mit Pfeilen, entscheide, in welche Richtungen man arbeiten muss (horizontal und vertikal oder parallel zur schiefen Ebene und senkrecht dazu), dann setze Gleichungen für die Kräfte in diese Richtung an." Wieder ist es eine Detailfrage, wie dies auf ein bestimmtes Problem umgesetzt wird. Wenn Sie einen Überblick über die Vorgehensweise haben, können Sie solche Einzelheiten für alle Spezialfälle bestimmen.

Das Konstruieren und Rekonstruieren von Beweisen kann so ähnlich ablaufen. Man kann ziemlich mechanisch beginnen. Wenn wir beweisen sollen, dass eine Definition erfüllt ist, können wir meist die Definition verwenden, um den Beweis zu strukturieren. Auch wenn wir einen allgemeineren Satz zeigen sollen, kann uns die Struktur dieses Satzes weiterhelfen (vgl. Kap. 5). Wir können immer versuchen, Voraussetzungen und Schlussfolgerungen im Sinne von Definitionen zu formulieren, und es gibt mehrere Standard-Beweisverfahren und Tricks, die nützlich sind, um bestimmte Arten von Aussagen zu beweisen (vgl. Kap. 6). Im Großen und Ganzen können wir das Beweisen als eine Art Verfahren auf einer höheren Ebene ansehen: „Klären Sie die Struktur von dem, was zu beweisen ist, schreiben Sie Voraussetzungen und Schlussfolgerungen im Sinne der Definitionen auf, ziehen Sie Standard-Beweisverfahren in Betracht. (Wenn Sie nicht weiterkommen, versuchen Sie an bestimmte Beispiele zu denken.)"

Wenn Sie daran denken, dass Sie einen Beweis am besten so ausführen, und dabei nach angewendeten Standardstrukturen und Tricks Ausschau halten, dann sollten Sie herausfinden, dass selbst lange Beweise gar nicht so geheimnisvoll sind. Am Anfang Ihres Studiums wird man für nur wenige Beweise mehr als einen guten Trick benötigen. Daher können Sie vermutlich die meisten Beweise, die Sie sehen, auf eine komprimierte Version reduzieren, die in einer Zeile wie der folgenden geschrieben werden kann: „Schreibe alles im Sinne der Definition, wende den Trick mit der Addition und Subtraktion $f(x + h)g(x)$ an, zerlege es in Teile und berechne dann alles wie gewohnt." (Das war eine Beschreibung des Beweises für die Produktregel – haben Sie ihn erkannt?) Wenn Sie das bei den meisten Beweisen, auf die Sie treffen, so machen können, werden Sie merken, dass selbst Vorlesungen mit zahlreichen Beweisen nicht so viele neue Ideen beinhalten. Die Meisten der zehn oder 15 Zeilen langen Beweise, die Ihnen begegnen, können wahrscheinlich auf zwei oder drei Hauptschritte verkürzt werden, sodass Sie sich nur an diese erinnern müssen, um alles zu rekonstruieren. Sie werden einige Einzelheiten in Form von algebraischen Umformungen oder Rechnungen einfügen müssen, doch daran sind Sie bei Rechenverfahren ohnehin gewöhnt. Die Rekonstruktion von Beweisen in Prüfungen ist also nicht einfach, doch wenn Sie die Arbeitsbelastung dadurch reduzieren, dass Sie sich nur die wichtigsten Schritte merken, ist sie auch nicht unmöglich.

Als letzten Punkt in diesem Kapitel möchte ich noch etwas zum Lesen und Einprägen von ziemlich langen Beweisen sagen: Seien Sie sehr sehr vorsichtig, wenn Sie beschließen, etwas auswendig zu lernen. Ich hoffe, Sie machen das ohnehin nicht, denn es ist Zeitverschwendung. Aber wenn Sie es versuchen, sollten Sie sich im Klaren darüber sein, dass es für einen Dozenten oft sehr offensichtlich ist, wenn das jemand so praktiziert. In einer Klausur sehe ich manchmal Beweise von Studenten, die auf den ersten Blick ganz gut aussehen, doch gar keinen Sinn ergeben, wenn ich zu lesen anfange. Manchmal ist die Logik vollkommen durcheinander und die Hauptideen fehlen oder werden in einer seltsamen unlogischen Reihenfolge gebracht. Gelegentlich wird eine Notation verwendet, bevor sie eingeführt wurde, oder sie wird eingeführt, dann aber nie benutzt, oder eingeführt als ein Objekt, dann aber für ein ganz anderes verwendet. Wenn ich so etwas sehe, fühle ich mich schlecht, weil der Student offensichtlich den verzweifelten Versuch unternommen hat, sich an dieses Stück Mathematik zu erinnern. Aber indem er es so schlecht aufgeschrieben hat, zeigt er, dass er nichts verstanden hat. Ich kann ihm dann keine gute Note geben, denn es ist ja das Verständnis, was zählt. Also nutzen Sie erst alle Ansätze aus, die vielleicht zu einem Verständnis führen, bevor Sie etwas stur auswendig lernen – es gibt für Sie so vieles zu tun, was erfüllender ist.

Fazit

- Beim Studium werden Sie selbstständig lesen müssen. Vermutlich haben Sie damit noch nicht so viele Erfahrungen und müssen erst die entsprechenden Fähigkeiten entwickeln.
- Sie werden während der Vorlesung wahrscheinlich nicht alles verstehen, deshalb müssen Sie Ihre Vorlesungsmitschriften nacharbeiten. Studenten, die das nicht oft genug tun, finden es oft schwierig, mit der Lösung eines Problems zu beginnen.
- Das Lesen von Mitschriften ist nicht unbedingt einfach. Sie enthalten in der Regel eine Kombination aus allgemeinen Erklärungen und Beispielen, und es kann Arbeit notwendig sein, um die Verbindungen dazwischen herzustellen.
- Wenn Sie mathematische Texte lesen, müssen Sie zuerst den Stellenwert verschiedener Punkte bestimmen, vorhergehende Definitionen und Sätze nachschlagen, Beispiele in Verbindung mit allgemeinen Aussagen bringen und mehr vor- und zurückblättern als beim normalen Lesen.
- Um einen Überblick zu gewinnen, sind verschiedene Arten der Zusammenfassung nützlich: Sie können fortlaufende Inhaltsangaben oder Listen mit Definitionen erstellen und Concept-Maps zeichnen.
- Zusammenfassungen können helfen, um die Planung der Wiederholung zu vereinfachen; ich schlage ein Häkchen-Fragezeichen-Kreuz-System vor. Bearbeiten Sie erst die Punkte mit den Fragezeichen.
- Übung ist wichtig, wenn man etwas liest, um es sich etwas einzuprägen. Doch Sie sollten irgendwann in der Lage sein, sich eine Abbildung oder die Schlüsselgedanken einer Definition, eines Satzes oder eines Beweises zu merken und dann den Rest zu rekonstruieren.

Weiterführende Literatur

Mehr über das Lesen mathematischer Beweise finden Sie in:

- Solow, D.: *How to Read and Do Proofs*. John Wiley, Hoboken, NJ (2005)
- Allenby, R. B. J. T.: *Numbers & Proofs*. Butterworth Heinemann, Oxford (1997)

Mehr über Lernstrategien gibt es in:

- Moore, S. & Murphy, S.: *How to be a Student: 100 Great Ideas and Practical Habits for Students Everywhere*. Open University Press, Maidenhead (2005)

8

Wie man Mathematik schreibt

Zusammenfassung

In diesem Kapitel geht es darum, wie wichtig es ist, Mathematik gut aufzuschreiben, und warum Sie nicht nur um richtige Antworten bemüht sein
sollten, sondern auch um eine professionelle Präsentation Ihrer Gedanken. Es
erklärt, wie Sie sicherstellen können, dass Ihre mathematischen Argumente
deutlich dargestellt wurden, und präsentiert Tipps, wie Sie verbreitete Fehler
bei der Verwendung neuer mathematischer Symbole vermeiden können.

8.1 Wie erkennt man gutes Schreiben?

Betrachten Sie die zwei in Abb. 8.1 und 8.2 gezeigten Rechnungen, in denen
der Autor versucht, das folgende Integral zu lösen:

$$\int \sin^4 x \, dx.$$

Konzentrieren Sie sich nicht darauf, ob Ihnen eine andere (vielleicht bessere) Methode einfällt, wie Sie die Rechnung durchführen können. Versetzen
Sie sich stattdessen in die Rolle des Lesers und achten Sie darauf, wie mühsam
es ist, den Gedankengang der beiden Personen zu folgen.

Welche Rechnung halten Sie als Leser für besser? Für einen Mathematiker
ist es offensichtlich die zweite in Abb. 8.2. Beide Rechnungen enthalten im
Wesentlichen dieselben Informationen, doch die zweite ist viel leichter zu lesen. Sie enthält einige verbale Hinweise darauf, was in jedem Schritt passiert,
sodass der Leser verstehen kann, warum bestimmte Umformungen möglich
oder vernünftig sind. In ihr wird außerdem dem ursprünglichen Integral eine Bezeichnung gegeben, die dann durchwegs verwendet wird, und sie nutzt
einen Stern, um anzuzeigen, wo verschiedene Gleichungen miteinander in
Verbindung gebracht werden. Die erste Rechnung in Abb. 8.1 ist nicht falsch,
doch sie springt ohne weitere Erklärungen herum, sodass sich der Leser anstrengen muss, um herauszufinden, wie alles zusammenpasst. Mathematiker
finden, dass es nicht die Aufgabe eines Lesers ist, das zu tun – dass also ein
Verfasser mehr Hilfe anbieten kann und muss.

© Springer-Verlag Berlin Heidelberg 2017
L. Alcock, *Wie man erfolgreich Mathematik studiert*, DOI 10.1007/978-3-662-50385-0_8

RECHNUNG 1

$$\int \sin^4 x \, dx \qquad\qquad u = \sin^3 x \quad \frac{dv}{dx} = \sin x$$

$$\frac{du}{dx} = 3\sin^2 x \cos x \quad v = -\cos x.$$

$$= -\sin^3 x \cos x - \int -3\sin^2 x \cos^2 x \, dx$$

$$= -\sin^3 x \cos x + 3\int \sin^2 x \cos^2 x \, dx$$

$$= -\sin^3 x \cos x + 3\int \sin^2 x (1 - \sin^2 x) \, dx$$

$$= -\sin^3 x \cos x + 3\int \sin^2 x \, dx - 3\int \sin^4 x \, dx$$

$$\cos(2x) = 1 - 2\sin^2 x$$
$$\sin^2 x = \tfrac{1}{2}(1 - \cos(2x))$$
$$\int \sin^2 x \, dx = \tfrac{1}{2}\int 1 - \cos(2x) \, dx = \tfrac{1}{2}x - \tfrac{1}{4}\sin(2x)$$

$$-\sin^3 x \cos x + 3\int \sin^2 x \, dx - 3\int \sin^4 x \, dx$$

$$= -\sin^3 x \cos x + 3\left(\tfrac{1}{2}x - \tfrac{1}{4}\sin(2x)\right) - 3\int \sin^4 x \, dx$$

$$= -\sin^3 x \cos x + \tfrac{3}{2}x - \tfrac{3}{2}\sin x \cos x - 3\int \sin^4 x \, dx$$

$$4\int \sin^4 x \, dx = -\sin^3 x \cos x + \tfrac{3}{2}x - \tfrac{3}{2}\sin x \cos x$$

$$\boxed{\tfrac{3}{8}x - \tfrac{1}{4}\sin^3 x \cos x - \tfrac{3}{8}\sin x \cos x + c}$$

Abb. 8.1 Rechnung 1

Also, welche der beiden Rechnungen sieht dem ähnlicher, wie Sie selbst Mathematik aufschreiben? Wenn Sie ein typischer Studienanfänger und kein unverbesserlicher Lügner sind, werden Sie zugeben müssen, dass es die erste ist. Ich sage das nicht, um Sie zu entmutigen, ganz im Gegenteil: Ich will Ihnen zeigen, dass Sie, auch wenn Sie nicht immer alles gut aufschreiben, durchaus selbst erkennen, wie gutes mathematisches Formulieren aussieht.

Auch wenn es ihnen eigentlich klar sein solle, sind Studenten dann doch oft überrascht, wie wichtig das Formulieren in der Hochschulmathematik ist. So kommt es, dass manche entrüstet etwas sagen wie: „Ich kann nicht glauben, dass wir das tun müssen – ich habe Mathe gewählt, weil ich keine Aufsätze schreiben wollte!" Natürlich übertreiben sie dabei ein wenig. Keiner verlangt von Ihnen, dass Sie Aufsätze schreiben. Sie sollen nur Ihre Logik deutlich machen. Ich habe darüber schon gesprochen: Eine gute Darstellungsweise kann

---

RECHNUNG 2

Sei $I = \int \sin^4 x \, dx$.

Seien $u = \sin^3 x$, sodass $\dfrac{du}{dx} = 3\sin^2 x \cos x$ und $\dfrac{dv}{dx} = \sin x$, sodass $v = -\cos x$.

Dann ergibt partielle Integration:

$$I = -\sin^3 x \cos x - \int -3\sin^2 x \cos^2 x \, dx$$

$$= -\sin^3 x \cos x + 3 \int \sin^2 x \cos^2 x \, dx$$

$$= -\sin^3 x \cos x + 3 \int \sin^2 x(1 - \sin^2 x) \, dx$$

$$= -\sin^3 x \cos x + 3 \int \sin^2 x \, dx - 3 \int \sin^4 x \, dx$$

$$= -\sin^3 x \cos x + 3 \int \sin^2 x \, dx - 3I$$

$$\text{So } 4I = -\sin^3 x \cos x + 3 \int \sin^2 x \, dx \quad (*)$$

Um $\int \sin^2 x \, dx$ zu finden, beachten Sie, dass

$$\cos(2x) = 1 - 2\sin^2 x \quad \text{so} \quad \sin^2 x = \tfrac{1}{2}(1 - \cos(2x)).$$

Also folgt aus $(*)$,

$$4I = -\sin^3 x \cos x + 3 \int \sin^2 x \, dx$$

$$= -\sin^3 x \cos x + \tfrac{3}{2} \int 1 - \cos(2x) \, dx$$

$$= -\sin^3 x \cos x + \tfrac{3}{2}x - \tfrac{3}{4}\sin(2x) + c.$$

$$= -\sin^3 x \cos x + \tfrac{3}{2}x - \tfrac{3}{2}\sin x \cos x + c.$$

Folglich ist $I = \tfrac{3}{8}x - \tfrac{1}{4}\sin^3 x \cos x - \tfrac{3}{8}\sin x \cos x + c$.

Abb. 8.2 Rechnung 2

einem anderen Ihre Gedankengänge deutlicher machen und Zweideutigkeiten zu vermeiden helfen. In diesem Kapitel werde ich einige dieser Ideen wiederholen und mehrere verbreitete Fehler beschreiben, sodass Sie diese erkennen und vermeiden können.

8.2 Warum sollte ein Student gut formulieren?

Wenn Ihnen Ihr Lehrer schon beigebracht hat, dass Sie sich darauf konzentrieren müssen, wie Sie Mathematik formulieren, dann werden Ihnen viele der Ratschläge in diesem Kapitel bereits vertraut sein. Wenn nicht, dann machen Sie sich aber keine Sorgen – es ist nicht schwierig, etwas gut zu formulieren, an der Universität legt man nur mehr Wert darauf als in der Oberstufe der Schu-

le. Dennoch ein Wort der Warnung, bevor wir anfangen: Vielleicht denken
Sie, dass manche der Ratschläge in diesem Kapitel übertrieben und pedantisch
sind. Wenn das so ist, ertragen Sie es! Sie wollen doch nicht als schlechter mathematischer Denker erscheinen, wenn Sie doch eigentlich ein guter Denker,
nur schlecht im Formulieren sind. Um Sie weiter zu motivieren, will ich Ihnen drei Gründe nennen, warum Sie sich beim Formulieren besondere Mühe
geben sollten.

Der erste ist kurzfristig und ganz pragmatisch: Gute Formulierungen bringen Ihnen bessere Noten in Arbeitsblättern und anderen Prüfungen. Wenn
Studenten frisch an die Universität kommen, denken manche, das sei etwas
unfair, weil es doch um die Mathematik gehe, also darum, die richtige Antwort zu finden. Zur Erklärung, warum es nicht ungerecht ist, bitte ich sie
dann meist, sich einmal vorzustellen, dass jemand eine *falsche* Antwort gegeben hat. Das passiert ziemlich oft, vor allem in Prüfungen. Jetzt versetzen Sie
sich in meine Lage als Dozent, der die Arbeit korrigiert. Wenn ein Student
eine falsche Antwort gegeben, aber den Beweis so aufgeschrieben hat, dass die
Logik klar daraus hervorgeht, kann ich mit einiger Zuversicht sagen, dass er
gewusst hat, was er tat, und sich nur ein kleiner Fehler eingeschlichen hat (ein
Vorzeichen übersehen o. Ä.). In diesem Fall gebe ich ihm gerne den Großteil
der Punkte. Wenn auf der anderen Seite ein Student eine schlecht formulier-
te falsche Antwort hingeschrieben hat, dann kann ich oft nicht einschätzen,
ob er wusste, was er zu tun hat, oder nicht. Das gilt vor allem dann, wenn er
die Teile seiner Überlegungen über die ganze Seite verteilt hat und ich nicht
erkenne, wie alles zusammengehören soll. Es könnte sein, dass er wusste, was
er tat, aber genauso wahrscheinlich ist, dass er keine Ahnung hatte und nur
zufällig alles aufgeschrieben hat, in der Hoffnung, wenigstens einige Punkte
zu bekommen. Sollte ich ihm das günstig auslegen? Wenn Sie dieser Student
wären, der einen derartigen „Beweis" hingeschrieben hat, wären Sie sicherlich
geneigt, ja zu sagen. Aber wenn Sie ein Student wären, der die gleiche falsche
Antwort erhalten, aber alles ordentlich aufgeschrieben hat, dann würden Sie
vielleicht denken, dass Ihr Kommilitone mit den schlechten Formulierungen
nicht so viele Punkte verdient hat, weil Ihr Beweis ein besseres mathematisches
Verständnis zeigt. Derartige Urteile muss ich ständig fällen. Wenn ich nicht
entscheiden kann, ob das Denken von jemandem vernünftig war, kann ich
ihm auch nicht wirklich eine gute Note geben. Das wäre den anderen Studenten gegenüber nicht gerecht.

Auch der zweite Grund für gute Formulierungen ist pragmatisch, das aber
auf lange Sicht, und er könnte Sie betreffen, vor allem falls Sie eines Tages viel
Geld verdienen möchten. Denn welche Karriere Sie auch immer anstreben, Sie
werden dabei oft mit anderen schriftlich kommunizieren müssen, und wenn
Sie das nicht beherrschen, werden Sie kaum erfolgreich sein. Wenn Sie ein

Buchhalter werden, müssen Sie Berichte in einer Standardsprache verfassen, sodass verschiedene Teile Ihres Unternehmens die finanzielle Situation verstehen, soweit es sie betrifft. Wenn Sie Versicherungsmathematiker werden, müssen Sie bestimmen, wie Ihre Firmenkunden die Rentenbeiträge ihrer Beschäftigten investieren sollen, und dabei Empfehlungen geben, die die Vor- und Nachteile der verschiedenen Optionen erklären. Wenn Sie Logistikmanager eines großen Einzelhandelsunternehmens werden, müssen Sie Entscheidungen treffen, wie man die Versorgungsgüter möglichst effektiv verteilt, und dazu Dokumente erstellen, die erklären, wie Ihr System funktioniert und warum es gut ist. Wenn Sie Unternehmer werden, werden Sie Dokumente für Banken und potenzielle Investoren erstellen müssen, die diese von Ihrem Produkt oder Ihrem Service überzeugen und detailliert darstellen, wie sie zusammen mit Ihnen Geld verdienen können. Wenn Sie ein Hedgefondsmanager werden, müssen Sie Kunden Ihre Investmententscheidungen schriftlich erklären und begründen. Wenn Sie ein Statistiker für die Regierung, die Wettervorhersage oder eine große Arzneimittelfirma werden, werden Sie statistische Modelle entwerfen und testen müssen, um Phänomene in der echten Welt vorherzusagen und zu erläutern – und Sie werden erklären müssen, warum Ihr Modell besser ist als andere und warum Ihre Vorgesetzten auf Sie hören sollten, um eigene Vorhersagen zu verbessern. Wenn Sie Lehrer werden, präsentieren Sie Schülern aller Altersstufen und mit den unterschiedlichsten Fähigkeiten jeden Tag Lerninhalte und müssen schriftlich mit Eltern, Schulleitern und weiteren Gruppen kommunizieren. Sie verstehen, was ich meine? Wenn Sie erwerbstätig und erfolgreich sein möchten, dann ist es offensichtlich wichtig, dass Sie gut darstellen können, wie Probleme gelöst werden sollen. Aber es ist genauso wichtig, in der Lage zu sein, überzeugend darüber zu kommunizieren, was Ihrer Meinung nach die beste Lösung ist. Kluge Leute lassen sich von schlecht aufgebauten oder dargestellten Argumenten nicht beeindrucken, egal ob es um mathematische oder andere Inhalte geht. Deshalb ist es eine gute Idee, dies zu üben, indem Sie so zu schreiben lernen, dass Ihre Dozenten zufrieden sind.

Den dritten Grund für gute Formulierungen sehe ich als den eigentlichen an, er betrifft die intellektuelle Reife in Bezug auf ein akademisches Gebiet. In diesem Stadium Ihrer Ausbildung sollen Sie nicht nur mathematische Kenntnisse, sondern auch Arbeitstechniken eines professionellen Mathematikers erwerben; das heißt zum einen ihre Denkweise verstehen, aber auch die Art und Weise, wie sie miteinander kommunizieren, und dabei lernen, sich genauso auszutauschen. Dazu müssen Sie die Konventionen für die Verwendung von Notationen lernen, aber auch, wie man umfangreiche logische Argumentationsketten gut darstellt. Derartige Konventionen erscheinen vielleicht willkürlich, aber jede Art von Konvention beschleunigt alles: Jeder weiß, was er zu erwarten hat, deshalb kann jeder neue Informationen schneller und genauer verarbeiten. Das gilt nicht nur für die Mathematik. Wenn Sie Architektur studieren, sollten Sie bestimmte Standardzeichnungen und spezielle Dokumente erstellen und interpretieren könnten. Wenn Sie Soziologie studieren, sollten Sie ein stichhaltig begründetes Essay schreiben können. Wenn Sie ein Mathematiker sein möchten, sollten Sie Ihre Beweise so darstellen können, dass diejenigen, die auf Ihrem Gebiet arbeiten, sie als folgerichtig und vernünftig erkennen. Wenn Sie sich an Standardkonventionen halten, werden Sie das schnell beherrschen und so Anerkennung als reflektierender und intellektuell fähiger mathematischer Denker erlangen.

8.3 Einen Beweis deutlich formulieren

In den Kap. 5 und 6 haben wir uns einige Sätze und Beweise angesehen, wobei ich Sie hinwies, worauf Sie achten und was Sie für Ihr mathematisches Schreiben übernehmen sollten. Wenn Sie diesen Ratschlägen gefolgt sind, haben Sie wahrscheinlich noch nicht viel falsch gemacht. Doch manche Formulierungsfehler sind bei Studienanfängern sehr verbreitet. In diesem Abschnitt möchte ich einige davon herausstellen und dabei mit Fehlern beginnen, die oft bei der Präsentation eines logischen Gedankengangs begangen werden.

Betrachten Sie zuerst den Anfang eines Beweises. Studenten beginnen oft damit, den erwünschten Satz oder die Schlussfolgerung als erste Zeile hinzuschreiben. Wenn sie zum Beispiel die Aufgabe „Beweisen Sie, dass, wenn f eine gerade Funktion ist, df/dx eine ungerade Funktion ist" behandeln sollen, beginnen sie folgendermaßen:

$$f \text{ ist gerade} \Rightarrow df/dx \text{ ist ungerade.}$$

Ich bin ziemlich sicher, dass Studenten so vorgehen, um sich selbst daran zu erinnern, was sie beweisen möchten, und so gesehen ist das auch sinnvoll. Doch für den Leser ist es verwirrend, denn es sieht so aus, als beginne der Student damit, das anzunehmen, was zu beweisen ist. Natürlich ist es vollkommen in Ordnung, das festzuhalten, was Sie beweisen möchten, doch Sie können den Leser unterstützen, indem Sie den Sinn dieser Aussage verdeutlichen. So ließe sich zum Beispiel eine der folgenden Formulierungen nutzen:
Wir wollen beweisen, dass, wenn f gerade ist, $\Rightarrow df/dx$ ist ungerade.

Behauptung: f ist gerade $\Rightarrow df/dx$ ist ungerade.

Beide Formulierungen zeigen, dass Sie wissen, was Sie zu tun beabsichtigen, aber auch, dass Sie es noch nicht bewiesen haben.

Zweitens: Beachten Sie die Verbindungen in den Zeilen eines Beweises oder einer Rechnung. In der Schulmathematik haben Sie oft etwas wie das Folgende geschrieben:

$$x^2 - 5x + 6 = 0$$
$$(x - 2)(x - 3) = 0$$
$$x = 2, 3.$$

Eine derartige Abfolge von Gleichungen ist nicht falsch, doch sie enthält keine logischen Verknüpfungen zwischen den einzelnen Zeilen. Wenn ich als Leser vor so etwas sitze, ist mir nicht klar, ob ein Student weiß, dass aus jeder Zeile die nächste folgt, oder ob jede Zeile äquivalent zur nächsten ist oder etwas ganz anderes. Das scheint nicht viel auszumachen, was aber ein ziemlicher Irrtum ist. Das lässt sich leicht erkennen, wenn wir stattdessen auf folgende Abfolge von Gleichungen schauen:

$$\sqrt{x} + 2 = x$$
$$\sqrt{x} = x - 2$$
$$x = (x - 2)^2$$
$$x = x^2 - 4x + 4$$
$$0 = x^2 - 5x + 4$$
$$0 = (x - 4)(x - 1)$$
$$x = 4, 1.$$

Wenn Sie die Lösungen für x in die Ursprungsgleichung einsetzen, werden Sie sehen, dass hier etwas schiefgelaufen ist. Können Sie herausfinden was?

Die Antwort wird klarer, wenn wir uns die Verbindungen sorgfältig ansehen. Manche untereinanderliegenden Zeilen sind äquivalent zueinander, doch der Schritt, bei dem wir beide Seiten quadrieren, gilt nur in eine Richtung. Es ist zwar richtig, dass

$$\sqrt{x} = x - 2 \implies x = (x - 2)^2,$$

doch es stimmt *nicht*, dass

$$x = (x - 2)^2 \implies \sqrt{x} = x - 2.$$

Also sieht die Argumentationskette mit den passenden logischen Verbindungen folgendermaßen aus:

$$\sqrt{x} + 2 = x$$
$$\Leftrightarrow \sqrt{x} = x - 2$$
$$\Rightarrow x = (x - 2)^2$$
$$\Leftrightarrow x = x^2 - 4x + 4$$
$$\Leftrightarrow 0 = x^2 - 5x + 4$$
$$\Leftrightarrow 0 = (x - 4)(x - 1)$$
$$\Leftrightarrow x = 4, 1.$$

Wir können also aus $\sqrt{x} + 2 = x$ schließen, dass $x = 4$ oder $= 1$ ist, doch wir können *nicht* sofort folgern, dass, wenn $x = 4$ ist, dann $\sqrt{x} + 2 = x$ oder dass, wenn $x = 1$ ist, dann $\sqrt{x} + 2 = x$ gilt. Das ist kein Problem, denn der eigentliche Effekt dieser Überlegung besteht darin, dass sie die Lösungsmöglichkeiten einschränkt. Er verrät uns, dass die einzig möglichen Lösungen 4 und 1 sind, also müssen wir nur überprüfen, ob eine davon tatsächlich funktioniert.

Daraus-folgt- und Äquivalenzpfeile werden in algebraischen Überlegungen oft verwendet. In anderen Beweisen, etwa in zahlreichen der Kap. 5 und 6, werden Sie oft Zeilen finden, die mit „daher", „also", „folglich" oder „somit" beginnen. All diese Begriffe zeigen an, dass die daran anschließende Zeile in logisch gültiger Weise aus der oder den vorhergehenden Zeilen und (eventuell) einer zusätzlichen üblichen logischen Überlegung, einer algebraischen Umformung oder aus einer bekannten Definition bzw. einem Satz folgt. Um bei der Verwendung dieser Art von Sprache Fehler zu vermeiden, muss man bemerken, dass „also" in der Mathematik immer die Bedeutung „also folgt daraus, dass" hat, aber *nicht* „also müssen wir zeigen, dass". Manchmal vergessen Studenten dies und schreiben dann etwas wie:

Wir wollen beweisen, dass, wenn f gerade ist, $\Rightarrow \mathrm{d}f/\mathrm{d}x$ ist ungerade. Also $f(x) = f(-x) \Rightarrow f'(-x) = -f'(x)$.

Was sie aber meinen, ist:

Wir wollen beweisen, dass, wenn f gerade ist, $\Rightarrow \mathrm{d}f/\mathrm{d}x$ ist ungerade.

Also wollen wir zeigen, dass gilt: $f(x) = f(-x) \Rightarrow f'(-x) = -f'(x)$.

Was aber ein Mathematiker liest, ist:

Wir wollen beweisen, dass, wenn f gerade ist, $\Rightarrow$ df/dx ist ungerade.
Also folgt, dass gilt: $f(x) = f(-x) \Rightarrow f'(-x) = -f'(x)$.

Das Letzte ist verwirrend, denn es sieht so aus, als beginne der Student mit dem, was er beweisen will und leite Dinge daraus ab. Dies erscheint dem Leser „verdreht", denn eigentlich möchten wir mit den Voraussetzungen beginnen und uns zur Schlussfolgerung vorarbeiten (das wurde in Kap. 5 besprochen).

Die Interpretation von „also" als „also folgt daraus, dass" ist nur eine Konvention. Und natürlich können Sie die Ansicht vertreten, das sei nicht die Interpretation, die Ihrem Sprachverständnis entspricht. Aber wie ich schon oben sagte, müssen Sie die Konventionen eines Fachgebiets kennen, um darin ein reifer Denker zu werden, und lernen, sich daran zu halten.

Was schreiben Sie also, wenn eine neue Zeile nicht logisch aus der vorhergehenden folgt? Es gibt zwei Situationen, in denen das öfter vorkommt. Die erste tritt auf, wenn Sie ein Objekt oder eine neue Notation einführen müssen. Wir können das in einem Beweis immer tun, wenn wir es für nötig halten, und normalerweise führen wir dadurch ein beliebiges Objekt ein oder erklären, was eine Schreibweise im Rest des Beweises bedeuten soll. In derartigen Fällen verwendet man oft das Wörtchen „sei", wie in:

Sei $\theta \in \mathbb{R}$ beliebig.
Sei $P(n)$ die Aussage, dass $\sum\limits_{i=1}^{n} i^2 = \frac{n(n+1)(2n+1)}{6}$.

Der zweite Fall tritt auf, wenn man in einem Beweis zwei Überlegungen getrennt entwickeln muss und dann die Ergebnisse verbinden möchte, um den Satz zu beweisen. Ich mag das Wort „nun" in solchen Situationen, und Sie werden oft den Ausdruck „sei nun" am Anfang einer Zeile mitten im Beweis sehen. Das bedeutet dann im Wesentlichen: „Gut, wir haben jetzt das eine, was wir brauchten, bewiesen, und jetzt führen wir etwas Neues ein, bevor wir alles zusammensetzen." Wir müssen so etwas in längeren Beweisen öfter tun, und es ist dann sehr nützlich, wenn wir eine Möglichkeit haben, dem Leser anzuzeigen, dass wir seine Aufmerksamkeit auf einen neuen Gedanken lenken möchten. Solch längere Beweise finden sich vor allem in Kap. 6, und vielleicht lohnt es sich, wenn Sie einmal zurückblättern, um sich mit den Informationen über die Sprachkonventionen im Hinterkopf einige davon anzusehen.

8.4   Notationen richtig verwenden

In diesem Kapitel sprechen wir über neue Notationen, die in der Hochschulmathematik eingeführt werden, und weisen auf Fehler hin, die Studenten oft machen, während sie lernen, damit umzugehen. Wenn Sie diese Fehler vermeiden, werden Sie Ihre Dozenten sehr glücklich machen.

Den ersten weit verbreiteten Fehler kann man am besten mit einem Beispiel verdeutlichen. Stellen Sie sich vor, Sie wollen etwas über ungerade Zahlen beweisen. Sie wissen, dass wir nach Definition eine ungerade Zahl festlegen können, indem wir sagen:

Sei n eine ungerade Zahl, also ist $n = 2k + 1$ für ein $k \in \mathbb{Z}$.

Doch stellen Sie sich vor, Sie müssten etwas beweisen, an dem zwei ungerade Zahlen beteiligt sind (etwa dass wir eine weitere erhalten, wenn wir sie miteinander multiplizieren, oder etwas Ähnliches). Studenten schreiben dann etwas wie das Folgende:

Seien n und m ungerade Zahlen, also ist $n = 2k + 1$ und $m = 2k + 1$.

Erkennen Sie, warum das nicht angemessen ist? Der Student hat zwar die Definition benutzt, doch weil er zu stark daran festhielt, hat er unabsichtlich den Buchstaben k für zwei Zahlen verwendet, die verschieden sein könnten. Das ist leicht zu beheben. Sie können stattdessen schreiben:

Seien n und m ungerade Zahlen, also ist $n = 2k + 1$ für ein $k \in \mathbb{Z}$ und $m = 2l + 1$ für ein $l \in \mathbb{Z}$.

Vielleicht ist Ihnen etwas Ähnliches im Beweis über rationale und irrationale Zahlen in Abschn. 6.3 aufgefallen; in dem Beweis wurde p/q für eine rationale Zahl definiert und r/s für eine andere, die sich eventuell davon unterscheidet.

Ein zweiter, weit verbreiteter Fehler ist, neu eingeführte Symbole zu verwenden, wo sie nicht angemessen sind. Zum Beispiel verwenden Mathematiker 0 für Null und Ø für die leere Menge (die Menge, die keine Elemente enthält). Manchmal lernen Studenten das Symbol Ø und fangen dann an, es zu verwenden, wenn sie eigentlich 0 meinen. Natürlich haben die Null und die leere Menge Ähnlichkeiten. Null ist eine Zahl, und wenn man sie zu irgendeiner anderen Zahl addiert, erhält man wieder letztere Zahl. Die leere Menge ist eine Menge, und wenn man sie in irgendeiner Weise mit einer beliebigen anderen Menge verbindet, erhält man wieder letztere. Doch als Objekte sind 0 und Ø nicht das Gleiche: 0 ist eine Zahl und Ø ist eine Menge. Studenten lassen sich dadurch manchmal verwirren, denn sie stellen sich 0 als „nichts" vor. Aber 0 ist nicht „nichts", es ist eine Zahl. Sie können sie auf der Zahlengeraden genauso markieren wie jede andere Zahl. Verwenden Sie also 0, wenn Sie die Zahl meinen, und nicht Ø, nur weil es neu ist.

Ähnliche Fehler passieren – allerdings noch viel öfter – beim Gebrauch des Symbols „=" (ist gleich). Eigentlich finde ich das erheiternd, denn Studenten, die an die Universität kommen, haben das Symbol „=" über zehn Jahre hinweg richtig und vielleicht nur in den letzten zwei Jahren falsch verwendet. Das passiert dann, wenn Studenten „=" nicht verwenden, um auszudrücken, dass zwei Dinge gleich sind, sondern als eine Art Platzhalter zwischen den Schritten einer Rechnung. Hier folgt ein verbreitetes Beispiel, in dem ein Student die dritte Ableitung von $y = 4x^5 + 2x$ berechnen möchte:

$$\frac{dy}{dx} = 20x^4 + 2 = 80x^3 = 240x^2.$$

Das ist einfach falsch. Die erste Gleichsetzung ist richtig, doch die anderen beiden stimmen nicht.[1] Solch eine Berechnung sollte folgendermaßen geschrieben werden:

$$\frac{dy}{dx} = 20x^4 + 2, \quad \text{also} \quad \frac{d^2y}{dx^2} = 80x^3, \quad \text{also} \quad \frac{d^3y}{dx^3} = 240x^2.$$

Man braucht dazu einige Wörter und Symbole mehr, doch es hat den großen Vorteil, dass es dann richtig ist.

Manchmal hören Studenten auch damit auf, das Gleichheitszeichen zu verwenden, obwohl es an eigentlich *richtig* wäre, weil sie gerade den Äquivalenzpfeil „⇔" als neues Symbol gelernt haben und darüber etwas zu aufgeregt sind. Sie beginnen dann etwas wie das Folgende zu schreiben:

$$x^3 + 4x^2 - 7x - 10 \Leftrightarrow (x + 5)(x^2 - x - 2) \Leftrightarrow (x + 5)(x + 1)(x - 2).$$

Das ist aus einem tiefsinnigeren Grund falsch, nämlich dem, dass „=" für Objekte, „⇔" aber für Aussagen verwendet wird. Der Ausdruck $x^3 + 4x^2 - 7x - 10$ ist keine Aussage – es ist nicht sinnvoll zu fragen, ob es „wahr" ist oder nicht, deshalb kann es auch nicht äquivalent zu irgendetwas sein. Es gibt zwei Möglichkeiten, wie man dieses Problem beheben kann. Vermutlich würde ein

---

[1] Die zweite und dritte Gleichsetzung sind zumindest im Allgemeinen falsch – gibt es irgendwelche speziellen Zahlen, für die sie gelten?

Student folgende Art von Berechnung durchführen, um Werte für x zu finden, für die der Ausdruck $x^3 + 4x^2 - 7x - 10$ gleich 0 ist. In diesem Fall könnten wir die Gleichheitszeichen wieder einfügen, weil sie für Ausdrücke, in denen etwas gleichgesetzt wird, angemessen sind:[2]

$$x^3 + 4x^2 - 7x - 10 = (x + 5)(x^2 - x - 2)$$
$$= (x + 5)(x + 1)(x - 2).$$

Also $x^3 + 4x^2 + 3x - 10 = 0 \Leftrightarrow x = -1$ oder $x = 2$ oder $x = -5$.

Alternativ dazu können wir die ganze Rechnung in Form von Aussagen, die äquivalent zueinander sind, umschreiben:

$$x^3 + 4x^2 - 7x - 10 = 0$$
$$\Leftrightarrow (x + 5)(x^2 - x - 2) = 0$$
$$\Leftrightarrow (x + 5)(x + 1)(x - 2) = 0$$
$$\Leftrightarrow x = -5 \text{ oder } x = -1 \text{ oder } x = 2.$$

Beachten Sie, dass wir beide Rechnungen, so wie sie auf dem Papier stehen, wörtlich vorlesen könnten, weil alles ausgesprochen sinnvoll ist. Versuchen Sie es. Dann versuchen Sie, die ursprüngliche Version laut vorzulesen, und sagen dabei „dann und nur dann", wenn Sie das Symbol „$\Leftrightarrow$" sehen. Sie werden merken, dass Sie das nicht in einem vernünftigen Tonfall lesen können; der Satz scheint kein Ende zu haben, weil er nicht wirklich ein Satz ist. Mathematiker schreiben ganze Sätze. Manchmal gibt es in diesen Sätzen Symbole, trotzdem handelt es sich um Sätze.

Zum Schluss möchte ich noch ein Wort über die Genauigkeit bei der Beschreibung von Mathematik sagen. Studenten verwenden gerne das Wort *Gleichung* für etwas, das viele x und andere Symbole in sich hat. Eigentlich ist das oft falsch. Zum Beispiel ist $x^3 + 4x^2 - 7x - 10 = (x + 5)(x^2 - x - 2)$ eine Gleichung, denn es ist eine Aussage über zwei Dinge, die gleich sind. Im Gegensatz dazu ist $x^3 + 4x^2 - 7x - 10 < 0$ eine *Ungleichung*. Aber $x^3 + 4x^2 - 7x - 10$ allein ist keine Gleichung, denn darin wird keinerlei Gleichheit ausgedrückt. Man sollte so etwas besser *Ausdruck* nennen.

---

[2] Übrigens sollten Sie beachten, dass das „oder" in der dritten Zeile wichtig ist. Es darf nicht durch „und" ersetzt werden, denn wir können nicht $x = -1$ und $x = 2$ gleichzeitig erhalten.

8.5 Pfeile und Klammern

Erinnern Sie sich noch einmal an die Verwendung von „=" bei der Berechnung der Ableitungen. Verstehen Sie, warum der folgende, weit verbreitete Fehler noch schlimmer ist?

$$\frac{\mathrm{d}y}{\mathrm{d}x} = 20x^4 + 2 \; \Rightarrow \; 80x^3 \; \Rightarrow \; 240x^2.$$

Was meinen Sie damit, wenn Sie sagen, dass aus $20x^4 + 2$ das Objekt $80x^3$ folgt? Das ist ein wenig so, als würde man „aus 2 folgt 5" und „aus 5 folgt $\cos x$" sagen. Es hat keine Bedeutung, weil aus Objekten keine anderen Objekte „folgen" können. Manchmal schreiben Studenten etwas Ähnliches auch mit einfachen Pfeilen, etwa folgendermaßen:

$$\frac{\mathrm{d}y}{\mathrm{d}x} = 20x^4 + 2 \; \rightarrow \; 80x^3 \; \rightarrow \; 240x^2.$$

In beiden Fällen werden die Pfeile nicht im mathematischen Sinn verwendet, sondern im Verlauf der Zeile mehr in der Art: „Ja, das passt, und das ist die Rechnung, die ich danach gemacht habe." In manchen Vorlesungen wird man Ihnen das vielleicht noch durchgehen lassen, aber ich würde Ihnen nicht dazu raten. Pfeile haben in der Mathematik unterschiedliche Bedeutung, vor allem bei der Definition von Funktionen und in Vorlesungen, in denen es um Grenzwerte geht (wo „$\rightarrow$" als „geht gegen" oder „konvergiert gegen" gelesen werden kann). Wenn Sie also Pfeile falsch benutzen, laufen Sie Gefahr etwas zu schreiben, das vollkommen unsinnig ist. Ein besserer Rat lautet: „Verwenden Sie Wörter!" Wenn Sie auf derart unklare Art und Weise Pfeile verwenden, meinen Sie damit ziemlich sicher so etwas wie „also" oder „daraus folgt" oder „wegen dem, was wir in Zeile (1) eingeführt haben"; also schreiben Sie einfach etwas Entsprechendes statt des Pfeils.

Ein weiteres, weit verbreitetes Schreckgespenst für Dozenten ist, dass Studenten dazu neigen, die falsche Art von Klammern zu setzen. Man kann Studenten dafür nicht wirklich einen Vorwurf machen, denn bislang war das für sie nicht sehr wichtig. Wenn Sie nichts weiter wollen, als die Struktur klarzumachen, dann kümmert es niemanden, ob Sie

$$x\left((x+1)^2 - 15x\right) \quad \text{oder} \quad x\left[(x+1)^2 - 15x\right]$$

schreiben. Doch Sie werden feststellen, dass es an der Universität Zusammenhänge gibt, in denen Klammern ziemlich unterschiedliche Bedeutung haben. Wenn wir etwa über Mengen reeller Zahlen sprechen, dann verwenden wir folgende Konventionen:

- [0,1] bedeutet, die Menge enthält alle Zahlen zwischen 0 und 1, einschließlich der „Endpunkte" 0 und 1 (*geschlossenes Intervall*).
- (0,1) bedeutet, die Menge enthält alle Zahlen zwischen 0 und 1, ausschließlich der Endpunkte 0 und 1 (*offenes Intervall*).
- {0,1} bedeutet, die Menge enthält nur die Zahlen 0 und 1.

Aus offensichtlichen Gründen heißen sie runde Klammern, eckige Klammern und geschweifte Klammern. (Anm. d. Übers.: Den englischen Begriff „curly braces" für die geschweiften Klammern findet die Autorin aus Gründen, die ihr selbst nicht klar sind, lustig.) Machen Sie sich klar, dass die runden und die eckigen Klammern nur einen Sinn ergeben, wenn sie zwei Zahlen umschließen, wobei die erste die kleinere sein muss. Wenn Sie geschweifte Klammern für Mengen sehen, dann taucht innerhalb nur eine Liste auf, und das können (durchaus mehr als zwei) Zahlen oder Dinge sein, etwa in $\{1, 2, 3, i, 1 + i, 7, 362\}$.

Geschweifte Klammern werden bei der Beschreibung einer Menge auch allgemeiner verwendet, etwa so:

$$\left\{ x \in \mathbb{R} \,|\, x^2 < 2 \right\}.$$

Laut gelesen bedeutet dieser Ausdruck: „Die Menge aller Elemente x aus den reellen Zahlen, für die gilt, dass x-Quadrat kleiner als 2 ist." Manche verwenden einen Doppelpunkt statt des vertikalen Striches mit der Bedeutung „für die gilt, dass". Die Verwendung von runden oder eckigen Klammern würde man in diesem Fall aber als falsch betrachten.

Große Versionen der geschweiften Klammer werden auch für stückweise definierte Funktionen verwendet, wie wir sie in Kap. 3 zum ersten Mal gesehen haben:

$$f(x) = \begin{cases} x + 1 & \text{für } x < 0, \\ 1 & \text{für } 0 \leq x \leq 1, \\ x & \text{für } x > 1. \end{cases}$$

Beachten Sie, dass hier nur die Klammer auf der linken Seite verwendet wird.

Es bleiben durchaus Fälle, in denen die Form der Klammern nicht viel ausmacht. Es ist in Ordnung, solange sie die Struktur des algebraischen Ausdrucks klarmachen. So ist es erlaubt, Matrizen entweder in runden oder eckigen Klammer zu schreiben:

$$\begin{pmatrix} 1 & 2 \\ 6 & -3 \end{pmatrix} \qquad \begin{bmatrix} 1 & 2 \\ 6 & -3 \end{bmatrix}.$$

Doch Sie werden feststellen, dass Dozenten verschiedene Arten von Klammern verwenden, und im Zweifel sollten Sie sich in jeder Vorlesung an die dortige Notationen halten.

8.6 Ausnahmen und Fehler

Mit Ausnahme des Abschnitts über die Klammern habe ich so getan, als seien diese Ratschläge zu Symbolen und Konventionen bei Layouts in Stein gemeißelt. Vermutlich werden Sie feststellen, dass das Meiste davon überall gilt, doch vielleicht verwendet einer Ihrer Dozenten Symbole auch anders, etwa weil sie eine besondere Beziehung zum Rest der Vorlesung haben. Eventuell verwendet er „→" statt „⇒" für „daraus folgt", vor allem wenn es in der Vorlesung nur um Logik und nicht um Grenzwerte geht. Wir würden dies gerne restlos klären, doch ich fürchte, das ist nicht realistisch: Verschiedene Zweige der Mathematik entwickelten sich im Laufe der Geschichte manchmal unterschiedlich und alle haben sich innerhalb ihres Zweigs an bestimmte Notationen gewöhnt, sodass sich niemand umgewöhnen möchte. Für Sie als Student ist das lästig, aber Sie werden sich daran gewöhnen müssen, wenn Sie in einem technischen Gebiet arbeiten. Sie sollten nur darauf gefasst sein und im Zweifelsfall nachfragen, wie ein bestimmtes Symbol verwendet wird.

Gestehen Sie sich zu, dass Sie nicht schon ab dem Beginn Ihres Studiums perfekt schreiben werden. Selbst wenn Sie diese Ratschläge sorgfältig gelesen haben, werden Sie zumindest einige davon vergessen, sobald Sie über ein kompliziertes Problem nachdenken; während Sie über einem Gedanken auf hohem Niveau brüten, werden Sie vielleicht nicht bemerken, dass Ihnen ein Fehler in der Notation unterlaufen ist. Das ist in Ordnung. Doch manchmal ist es verlockend, Dinge schleifen zu lassen, weil alles so pedantisch wirkt. Tun Sie das nicht! Seien Sie nicht faul! Machen Sie es richtig! Sie können nicht behaupten, Sie liebten die Tatsache, dass es in der Mathematik richtige Antworten gibt, und gleichzeitig, dass Sie sich nicht um solche Details scheren möchten. Ungenau zu sein ist schlampig. In manchen Fällen wird es Ihre Antwort zweideutig machen, in anderen wird sie dadurch sogar falsch. Wenn Sie also jemand auf einen derartigen Fehler hinweist, dann ist die angemessene Antwort nicht: „Oh, du bist so kleinlich, du weißt doch, was ich meine", sondern: „Oh ja, ich sehe den Fehler und werde ihn korrigieren. Danke!"

8.7   Formulierungsaufgaben abtrennen

Ich hoffe, Sie haben erkannt, dass die exakte Formulierung zu finden ein wertvolles Ziel ist. Aber vielleicht können Sie sich momentan kaum vorstellen, dass Sie in der Lage sein werden, alles perfekt niederzuschreiben, während Sie über all die mathematischen Zusammenhänge nachdenken müssen. Mein Rat dazu lautet: Versuchen Sie es gar nicht erst. Sie müssen nicht alles schon beim ersten Mal schön hinschreiben, und es ist voll und ganz zulässig, sich zuerst darauf zu konzentrieren, eine Lösung auszurechnen oder einen Beweis zu finden. Doch wenn Sie das geschafft haben, sollten Sie sich Ihre Arbeit mit kritischem Blick ansehen und fragen: „Könnte ich jetzt noch die Art, wie ich es aufgeschrieben habe, verbessern?" In manchen Fällen werden Sie alles schon dadurch besser machen können, indem Sie nur einige Wörter ergänzen. Vielleicht ein „sei" hier und ein „dann" oder ein „also" dort und zum Schluss noch einen Schlusspunkt. Eine gute Möglichkeit zu testen, ob Ihnen das schon gut genug gelungen ist, besteht darin, es laut zu lesen – wenn Sie bemerken, dass Sie dabei zusätzliche Wörter ergänzen, vergessen Sie nicht, diese auch hineinzuschreiben.

In anderen Fällen könnte es angemessen sein, eine Rechtfertigung hinzuzufügen. Vielleicht könnten Sie einige Gründe an den Anfängen oder Enden mancher Zeilen angeben („Nach Satz 3.1" oder „Nach der Definition der Stetigkeit"), vielleicht ist auch eine weitere Rechnung oder ein kleinerer Beweis notwendig, um zu erklären, warum ein einzelner Schritt erlaubt ist. In wieder anderen Fällen wollen Sie vielleicht etwas in einer anderen Reihenfolge aufschreiben. Vielleicht sollte Ihr Beweis besser in umgekehrter Richtung dargestellt werden, sodass er die Struktur des Satzes widerspiegelt. Solche Dinge erfordern ein bisschen Arbeit, aber eben nur ein bisschen. Und Sie werden feststellen, dass angemessenes Formulieren im Laufe der Zeit weniger mühsam wird.

Trotzdem würde ich vorschlagen, dass Sie immer auf diese Weise vorgehen. Oft wollen Studenten das nicht. Manchmal bittet mich ein Student darum, seine Arbeit anzuschauen, und ich gebe ihm dann als Feedback, dass sie im Grunde in Ordnung ist, aber die Formulierungen verbessert werden könnten. Der Student sagt dann oft: „Aber das ist nur ein grober Entwurf." Darauf antworte ich mit zwei Gegenargumenten: Erstens werden Ihnen die Formulierungen umso leichter fallen werden, je mehr Sie üben, und die daraus resultierenden Geschwindigkeitsvorteile kommen Ihnen dann in Prüfungen zugute. Zweitens werden Sie beim Wiederholen in einigen Monaten diesen groben Entwurf vielleicht noch einmal lesen wollen. Werden Sie sich dann noch daran erinnern, was Sie gedacht haben? Wahrscheinlich nicht. Wenn Sie jetzt aber noch ein paar Wörter ergänzen, die Ihre Gedankengänge nachvollziehbar machen, werden Sie beim Wiederholen viel effektiver sein.

Das Letzte, was ich über das gute Formulieren von Mathematik sagen ist, ist: Halten Sie durch! Jedes Jahr kommen neue Studienanfänger in meine Tutorien, und jedes Jahr machen sie eine Phase durch, in der sie sich an die neuen Schreibweisen gewöhnen müssen. Das geschieht meist auf eine zunächst plumpe und fehleranfällige Art und Weise, bis sie sich daran gewöhnt haben. Und jedes Mal haben sich ihre Formulierungskünste bis zum Ende des Jahres deutlich verbessert.

Fazit

- Sie erkennen gutes mathematisches Schreiben sehr wahrscheinlich bereits, auch wenn Sie es selbst noch nicht so gut beherrschen. Dozenten erwarten, dass Sie Ihre Fähigkeiten, mathematisch gut zu formulieren, weiterentwickeln.
- Gute Formulierungen werden Ihnen mehr Punkte in Arbeitsblättern und anderen Prüfungen sowie Erfolg im späteren Berufsleben bringen. Sie zeigen auch, dass Sie wissen, wie Mathematiker miteinander kommunizieren.
- Wenn Sie einen mathematischen Beweis aufschreiben, sollten Sie den Status der ersten Zeile(n) verdeutlichen; verwenden Sie passende logische Verbindungswörter und halten Sie sich an die übliche mathematische Verwendung von Wörtern wie „also", „daher", „sei" und „sei nun".
- Gehen Sie sorgfältig mit Symbolen um, vor allem wenn diese neu sind, wie „$\emptyset$" und „$\Rightarrow$". Lassen Sie sich nicht in Versuchung führen, Symbole zu oft zu verwenden, nur weil sie neu sind.
- Verschiedene Arten von Pfeilen und Klammern können verschiedene Bedeutungen haben. Stellen Sie sicher, dass Sie diese kennen und auch richtig verwenden können.
- Es könnte sinnvoll sein, die Suche nach passenden Formulierungen als separate Aufgabe zu betrachten, die Sie in Angriff nehmen, sobald Sie herausgefunden haben, wie ein Problem zu lösen ist. Um zu entscheiden, ob Ihre Formulierungen gut sind, versuchen Sie diese laut zu lesen.
- Sie werden sehr wahrscheinlich Fehler machen, wenn Sie neue Notationen verwenden oder logische Argumente formulieren, vor allem wenn die Mathematik schwierig ist. Doch die meisten Studenten machen im Laufe ihrer ersten Studienjahre große Fortschritte beim Formulieren.

Weiterführende Literatur

Mehr über das treffende mathematische Formulieren finden Sie in:

- Vivaldi, F.: *Mathematical Writing.* Springer, Heidelberg (2014)
- Houston, K.: *Wie man mathematisch denkt: Eine Einführung in die mathematische Arbeitstechnik für Studienanfänger.* Springer Spektrum, Heidelberg (2009)

Wenn Sie schwierigere Aspekte des mathematischen Formulierens betrachten und dabei Ihr schriftliches Englisch verbessen möchten, lesen Sie:

- Higham, N. J.: *Handbook of Writing for the Mathematical Sciences*. Society for Industrial and Applied Mathematics, Philadelphia (1998)
- Kümmerer, B.: *Wie man mathematisch schreibt*. Springer, Heidelberg (2016)

Teil II

Lerntechniken fürs Studium

9
Vorlesungen

Zusammenfassung

In diesem Kapitel geht es darum, was Sie in Vorlesungen erwartet. Es enthält Ratschläge, wie Sie als jemand, der selbstständig lernt, für sich das Maximale aus dem Vorlesungsbetrieb herausholen und wie Sie mit verbreiteten Problemen umgehen.

9.1 Wie sieht eine Vorlesung aus?

Vorlesungen haben sich in den letzten 20 Jahren sehr verändert. In meiner Studienzeit liefen alle Vorlesungen im Wesentlichen noch gleich ab. Der Dozent schrieb zweimal 45 min lang – mit einer 15-minütigen Pause – auf eine Tafel und die Studenten übernahmen alles in ihre Aufzeichnungen. Außerdem machten sie sich weitere Notizen zu den Erklärungen, die er zusätzlich gab, damit sie bei der Wiederholung auch alles verstehen konnten.

Heute gibt es eine größere Vielfalt. Manche Dozenten halten ihre Vorlesungen immer noch mit Kreide und Tafel, wenn auch Whiteboards inzwischen immer öfter die Tafel ersetzen. Manche stellen den Studenten Gliederungsskizzen oder Zusatzinformationen zur Verfügung, die sie als Kopien oder zum Download aus einer virtuellen Lernumgebung anbieten. Manche verwenden zur Präsentation PowerPoint bzw. Beamer statt Tafeln. Manche stellen sogar im Voraus ein vollständiges Skript auf die Server der virtuellen Lernumgebung oder auch Lückentexte, die die Studenten dann in die Vorlesung mitbringen sollen, um sie dort auszufüllen. Andere Dozenten legen ihr Skript erst am Ende der Vorlesungen oder nach einem größeren inhaltlichen Abschnitt auf den Server. So könnte ich noch lange weitermachen – und auch Sie werden viele verschiedene Ansätze kennenlernen.

Weitere Unterschiede gibt es darin, wie Dozenten mit ihren Studenten arbeiten. Manche stellen erst einen Abriss der Vorlesung vor, bevor sie starten, andere nicht. Manche machen kurze Pausen, andere nicht. Manche erwarten von ihren Studenten, dass sie ziemlich viel Zeit damit verbringen, während der Vorlesung über mathematische Ideen zu sprechen; manche tun das gelegentlich und andere wiederum überhaupt nicht. Manche erwarten, dass Studenten vor dem ganzen Kurs Antworten geben (vor allem, wenn es sich um kleine Kurse handelt), andere wiederum nicht. Wieder könnte ich so weitermachen.

9.2   Wie ticken Dozenten?

Weitere Unterschiede ergeben sich dadurch, dass Dozenten natürlich verschiedene Persönlichkeiten und Fähigkeiten haben. Manche praktizieren einen peppigen und überschwänglichen Vorlesungsstil, andere sind ruhig und ernsthaft. Manche machen sehr deutlich (sogar auf autoritäre Weise), was und wie etwas aufgeschrieben werden soll, andere überlassen das den Studenten. Einige legen Wert darauf, mit jedem im Raum Augenkontakt aufzunehmen, andere nicht. Manche verstehen sehr gut, wie Studenten denken, und nehmen wahrscheinliche Fehler vorweg; andere haben weniger Erfahrung und sprechen auf einem Niveau, das für Anfänger nur schwer verständlich ist. Manche haben eine deutliche Handschrift, andere nicht. Das alles haben Sie vielleicht erwartet, vielleicht aber nicht, dass viele Ihrer Dozenten nicht aus Ihrem Land stammen. Universitäten sind sehr internationale Orte – und sie tun ihr Bestes, um talentierte Mathematiker aus der ganzen Welt anzuwerben. In meiner Fakultät[1] gibt es Dozenten aus Australien, Österreich, China, Estland, Deutschland, Griechenland, Italien, Libanon, Mauritius, Mexiko, Neuseeland, Russland, Schweden und Großbritannien und den USA; und das ist ziemlich typisch für eine erfolgreiche Universität. Dies ist in vielerlei Hinsicht großartig, doch es bedeutet auch, dass manch ein Dozent mit mehr oder weniger deutlichem Akzent spricht oder einen anderen Stil bei der Handschrift hat. Sie müssen vielleicht sorgfältiger zuhören und aufpassen, bis Sie sich an die jeweilige Person gewöhnt haben.

Wichtig in Bezug auf Persönlichkeiten ist, dass auch Sie eine besitzen, und deshalb werden Sie auf die verschiedenen Dozenten unterschiedlich reagieren. Manch einem werden Sie nacheifern, weil Sie ihn bewundern und seine Vorlesungen genießen. Andere werden Persönlichkeiten haben, die ganz und gar nicht zu der Ihren passen, und Sie werden nicht gerne mit bei ihnen hören/lernen. Hoffentlich haben Sie von Ersteren mehr als von Letzteren, doch Sie werden das Beste aus all Ihren Vorlesungen machen müssen. Und darum geht es im nächsten Abschnitt.

---

[1] Anm. d. Übers.: Die Autorin ist Dozentin an der Loughborough University in Großbritannien. Ähnliches gilt aber auch für den deutschsprachigen Raum.

9.3 Mit Vorlesungen zurechtkommen

In der universitären Vielfalt wird es immer einige Dinge geben, die Sie mögen, und einige, die Sie nicht mögen. Vielleicht lieben Sie interaktive Vorlesungen, die von enthusiastischen Typen gehalten werden, doch manchmal werden Sie vollkommen passiv in Vorlesungen eines Dozenten sitzen müssen, den Sie völlig uninspirierend finden. Wenn Sie zusätzlich Pech haben, können Sie seine Schrift kaum lesen und seine Aussprache schlecht verstehen. Vermutlich werden Sie dann einige Zeit damit verbringen, sich mit anderen Studenten über diese Umstände zu beklagen, und wenigstens das wird Sie aufheitern – sich zu beklagen kann recht reinigend sein, und es wird Sie mit Ihren Kommilitonen verbinden. Doch ist es nicht sonderlich konstruktiv. Soviel Sie auch mit Ihren Freunden herumnörgeln, es wird davon nicht besser. Nachdem Sie also ein bisschen Spaß damit gehabt haben, sich ungerecht behandelt zu fühlen, sollten Sie überlegen, wie sich die Situation verbessern lässt.

Das Erste, woran Sie denken sollten, ist: Selbst wenn all Ihre Freunde bezüglich einer Vorlesung der gleichen Meinung sind, könnte es auch Studenten geben, die anders denken. Was Sie als unglaublich langweiligen Vortrag empfinden, mag ein anderer als großartig in seiner Klarheit ansehen. Was für Sie dagegen lebendig und begeisternd ist, könnte ein anderer für zerfahren und völlig chaotisch halten. Für Sie geht der Dozent viel zu langsam vor, für einen anderen viel zu schnell (im Ernst, ich lese manchmal beide Anmerkungen auf den Evaluationsbögen für dieselbe Vorlesung). In Vorlesungen ist es wie im normalen Leben: Sie müssen sich daran gewöhnen, mit einem gewissen Grad an Unvollkommenheit fertig zu werden, und anerkennen, dass andere Leute vielleicht andere Präferenzen haben.

Das Zweite, woran Sie denken sollten, ist: Bei einem einfachen, leicht lösbaren praktischen Problem erweist es sich immer als besser, etwas zu unternehmen, statt nur darüber zu jammern. Benutzen Sie als Erstes Ihren gesunden Menschenverstand. Wenn Sie nicht gut sehen können, weil Sie in einem riesigen Raum mit den anderen coolen Typen ganz hinten sitzen, dann suchen Sie sich einen anderen Ort/eine andere Gelegenheit, um cool zu sein, und setzen sich nach vorne. (Oder lassen Sie Ihre Sehstärke überprüfen – tatsächlich erkennen viele Leute erst, dass sie eine Brille brauchen, wenn Sie zum ersten Mal in Vorlesungen sitzen.) Wenn Sie nun einige Änderungen selbst vorgenommen haben und zur Ansicht gelangen, Sie würden mehr verstehen, wenn Ihr Dozent langsamer oder lauter spräche oder größer bzw. mit einem anderen Stift schriebe, dann können Sie ihm immer noch schnell eine entsprechende E-Mail schicken. Fassen Sie sich dabei kurz und seien Sie höflich. Ein Beispiel:

> **Beispiel**
>
> Sehr geehrter/e Herr/Frau Professor X,
>
> Ich bin in Ihrer Vorlesung „Lineare Algebra". Einige meiner Mitstudenten und ich haben Schwierigkeiten, Ihre Schrift zu lesen. Können Sie, wenn möglich, etwas größer und mit dem schwarzen Stift schreiben (den sieht man am besten)?
>
> Vielen Dank!
>
> Lukas Weyl

Vergessen Sie dabei nicht, genau zu sagen, über welche Vorlesung Sie sprechen – Dozenten halten mehr als nur eine.

Dieses Vorgehen funktioniert vielleicht auch, wenn Ihr Dozent zum Beispiel Aufzeichnungen in die virtuelle Lernumgebung stellt und gleichzeitig Blätter während der Vorlesung verteilt, aber nicht signalisiert, wie beide zusammengehören. Vielleicht kann er die Verbindungen deutlicher machen, indem er es erklärt, oder durch eine numerische Gliederung – und vielleicht ist er auch dazu bereit, dies zu tun. Doch wieder einmal sollten Sie sich erst selbst ausreichend bemühen – könnte es sein, dass alles, was Sie brauchen, in einer Einleitung zur Vorlesung erklärt wurde und Sie dieses Dokument längst vergessen haben? Vielleicht haben Sie aber auch einfach nicht genug gelernt und ein Student, der auf dem neuesten Stand ist, hätte keine Probleme, der Veranstaltung zu folgen? Wenn das so ist, sollten Sie zuerst an sich arbeiten.

Jedenfalls, wenn Sie derartige Anfragen stellen, sollten Sie nicht vergessen, höflich zu sein, denn Dozenten sind auch nur Menschen, und sie haben vielleicht in diesem Bereich ihres Berufs noch nicht so viele Erfahrungen gesammelt. Wenn Sie sich hinstellen sollten, um jede Woche drei Stunden Vorlesungen über ein schwieriges technisches Thema zu halten, würden Sie darin vermutlich zu Anfang auch nicht glänzen. Vielleicht hätten Sie sogar Angst davor, aber vermutlich würden Sie jemandem sehr freundlich antworten, der Ihnen sagt, dass er viel von Ihren Vorlesungen oder Vorlesungsmitschriften profitiert, aber besser daraus lernen könnte, wenn Sie noch kleinere Änderungen vornehmen.

9.4 Verbreitete Probleme bewältigen

Selbst wenn vernünftige Änderungen vorgenommen wurden, werden Sie einige Vorlesungen als nicht ideal für Sie empfinden. In diesem Fall sollten Sie überlegen, wie Sie während der Vorlesungszeit möglichst viel lernen können, und sicherstellen, dass Sie zum Schluss eine Vorlesungsmitschrift haben, aus der Sie effektiv lernen können. Hier sind einige Vorschläge, wie ich in einer solchen Situation vorgehen würde.

Erstens nehmen wir an, dass der Dozent schon vor Beginn der Vorlesungen seine vollständige Vorlesungsmitschrift zur Verfügung stellt. Dann nutzen Sie die Zeit der Vorlesung, sich diese Mitschrift anzusehen. Als organisierter Student haben Sie diese Mitschrift ausgedruckt und vor sich liegen, aber weil es in Vorlesungen nichts Physisches für Sie zu tun gibt, langweilen Sie sich und driften in Tagträume ab. Vielleicht werden Sie sich beschweren, dass die Mitschrift identisch mit der Vorlesung sei und behaupten, es ließe sich in der Veranstaltung selbst nichts lernen. Sie täuschen sich hier natürlich – Mitschriften in Mathematik können sehr knapp sein, wobei sie natürlich alle wichtigen Gedanken enthalten, allerdings vielleicht ohne größere Erklärungen dazu, wie diese verknüpft sind oder wie eine kluge Person darüber nachdenken soll (vgl. Kap. 7). Der Dozent wird solche Erklärungen mündlich geben, und wenn Sie dann das Skript vor sich haben, können Sie Anmerkungen ergänzen, die das Ausgangsmaterial nicht beeinflussen, aber festhalten, wie Sie darüber nachdenken sollten. Zum Beispiel könnte ein Dozent erklären, wie eine Zeile in einem Beweis aus der vorhergehenden folgt, oder eine Verbindung zwischen einem Thema, das Sie früher in der Vorlesung durchgenommen haben, und dem derzeitigen herstellen. So etwas könnten Sie notieren, und der Dozent wird das vermutlich sogar von Ihnen erwarten. Er denkt wahrscheinlich auch, dass er Ihnen mit der Vorablieferung der Mitschrift einen großen intellektuellen Gefallen getan hat, weil Sie sich so im Voraus vorbereiten können. Sie könnten vor jeder Vorlesung einen angemessenen Teil des Skripts lesen und alle Begriffe wiederholen, die dafür notwendig zu sein scheinen, oder all das markieren, was Sie nicht verstehen, sodass Sie besonders hellhörig sein werden, wenn es besprochen wird. Dies ist ein Teil von dem, was man als selbstständiges Studieren bezeichnet – Sie müssen selbst die Verantwortung dafür übernehmen, was Sie wissen müssen, und Wege finden, wie Sie es herausfinden. Wenn dieser Ansatz nicht funktioniert, können Sie natürlich damit aufhören, das Vorlesungsskript auszudrucken, und sich selbst dazu zwingen, alles mitzuschreiben.

Stellen Sie sich zweitens vor, dass die Mitschrift einer bestimmten Vorlesung nicht sonderlich gut gegliedert ist. Vielleicht gibt es kaum eine Systematik, fehlende Nummerierung oder Untergliederung, sodass es den Anschein hat, alles sei ein langer Strom aus Definitionen, Sätzen, Beweisen, Beispielen und Rechnungen. In diesem Fall könnte es schwierig für Sie sein, eine Vorstellung davon zu entwickeln, wie alles in dieser Vorlesung zusammengehört. Doch wieder bieten sich einige ganz einfache Dinge an, die Sie tun können, um sich selbst zu helfen. Das Erste und Offensichtlichste ist, den Dozenten höflich zu bitten, sinnvolle Abschnitte einzuführen. Vielleicht könnten Sie aber auch selbstständig dem Rat aus Kap. 7 folgen, vor allen dem über das Lesen, um einen Überblick zu gewinnen: Machen Sie sich eine Liste über alles, was sich in Ihrer Mitschrift befindet, vielleicht nummerieren Sie dazu sogar die Seiten oder verwandeln die Liste in eine Concept-Map. Dann können Sie Ihr eigenes Gliederungssystem einführen, je nachdem, wo die deutlichsten Schritte in der Vorlesung zu erkennen sind.

Drittens könnten die Aufgaben auf einem Übungsblatt offensichtlich nichts mit den Inhalten der Vorlesungsmitschrift zu tun haben. Darüber beklagen sich Studenten ziemlich oft. Wenn Sie in diese Situation kommen, sollten Sie vielleicht Teil I dieses Buches lesen – wenn Sie das nicht schon getan haben. Es könnte sein, dass Sie nach ausgeführten Beispielen suchen, während ein Dozent seine Inhalte ohne allzu viele Beispiele darstellt (vgl. Kap. 1). Vielleicht ließe sich auch Ihre Fähigkeit im Lesen mathematischer Texte verbessern (vgl. Kap. 7) oder die Selbstreflexion dahingehend trainieren, was zu tun ist, wenn Sie mit bestimmten Sorten von Problemen konfrontiert sind (vgl. Kap. 1 und 6). Vielleicht hilft es Ihnen auch, wenn Sie mit anderen Studenten zusammenarbeiten oder mit einer Fragenliste zu Ihrem Übungsgruppenleiter oder einer anderen Person gehen, die Ihnen weiterhelfen kann (vgl. Kap. 10).

Dies sind nur Beispiele für Probleme, vor denen Sie stehen könnten, und von Maßnahmen, die Sie daraufhin ergreifen könnten. Vielleicht werden Sie auch auf ganz andere Probleme stoßen, und das Wichtigste dabei ist, sich dann nicht lange damit aufzuhalten, andere dafür verantwortlich zu machen – wie ich bereits sagte, erwartet man von Ihnen, dass Sie selbst Verantwortung für Ihr eigenes Lernen übernehmen.

Wenn wir schon über Eigenverantwortung sprechen: Es ist durchaus denkbar, dass Sie nicht unbedingt in allen Vorlesungen anwesend sein müssen. Wenn Sie fleißig sind, aber eine bestimmte Vorlesung als sehr frustrierend empfinden und glauben, Sie könnten effektiver lernen, wenn Sie einfach die Mitschrift herunterladen und unabhängig lernen, sollten Sie sich überlegen, ob Sie das nicht mal eine Woche lang versuchen. Dies sollten Sie jedoch mit sehr großer Vorsicht und Planung angehen, und wirklich auch nur dann, wenn Sie sich für eine sehr disziplinierte Person halten, die das dann auch konsequent macht. Mehr darüber im nächsten Abschnitt.

9.5 In Vorlesungen etwas lernen

Wenn Sie etwas aus einer Vorlesung lernen wollen, dann müssen Sie auch hingehen. Ich betone das, weil Sie an Universitäten alle möglichen interessanten Dinge tun und Menschen kennenlernen können, und irgendwann werden Sie einiges davon reizvoller finden als 90 min ruhig dazusitzen und jemanden über lineare Approximation reden zu hören. Trotzdem sollten Sie hingehen, von seltenen Ausnahmen abgesehen. Statistische Erhebungen haben ergeben, dass Studenten, die konsequent in ihre Vorlesungen gehen, besser sind als diejenigen, die das nicht tun.[2] Abgesehen von all dem hilft Ihnen der Besuch von Vorlesungen, als Student aktiv zu bleiben. Vermutlich werden Sie in dieser Hinsicht sehr engagiert beginnen – die Meisten fangen mit guten Vorsätzen an –, doch Sie dürfen anschließend nicht nachlassen. Verwenden Sie ungeliebte Vorlesungen nicht als Ausrede dafür, nachlässig zu werden. Und lassen Sie, wenn Sie einmal einige Vorlesungen verpasst haben, sich nicht vom Weg abbringen bzw. als Folge dessen dazu verleiten, immer weniger zu tun. Wenn Sie Ihren Weg aus den Augen verlieren, dann nehmen Sie so schnell wie möglich eine Neuorientierung vor und lesen Kap. 11 und 12 dieses Buches.

Was über das Lernen in Vorlesungen noch zu sagen ist: Wenn Sie schon einmal da sind, dann sollten Sie auch aufpassen. Dies scheint keine tiefschürfende Erkenntnis zu sein, aber womöglich überraschend schwierig für Sie. Denn in vielen Vorlesungen wird der Dozent während der kompletten zweimal 45 min sprechen. Von Ihrem Lehrer in der Schule sind Sie das vermutlich nicht gewohnt, er hat wahrscheinlich einige Zeit geredet und dann Aufgaben zum Bearbeiten verteilt oder in kleinen Gruppen arbeiten lassen oder jemand anderen an die Tafel gerufen. Es wird anstrengend für Sie sein, eine ganze Vorlesung lang aufzupassen, denn die mathematischen Inhalte werden schwieriger sein als jene in der Schule, die Geschwindigkeit höher und Ihnen wird vermutlich der Gesamtüberblick fehlen, sodass Sie nicht ganz genau wissen, was passiert. Wenn Sie jedoch nicht gut aufpassen, dann nutzen Sie Ihre Zeit nicht besonders gut. Und wenn Sie nicht während der Vorlesungen über bestimmte Dinge nachdenken, werden Sie es später tun müssen – dann, wenn Sie sich lieber mit anderen interessanten Aktivitäten und Leuten beschäftigen würden.

Als Drittes sollten Sie erkennen, dass es leichter ist, schon während der Vorlesungen etwas zu lernen, wenn Sie gut genug darauf vorbereitet sind. Es ist leichter, neue Mathematik zu verstehen, wenn Sie die Bedeutung der wichtigsten Begriffe einer Vorlesung kennen, wenn Sie mit den üblicherweise

---

[2] Wenn Sie etwas über Statistik wissen, wären Sie sich im Klaren darüber, dass der Zusammenhang zwischen Anwesenheit in Vorlesungen und Leistung nicht notwendigerweise impliziert, dass der Besuch von Vorlesungen *der Grund* für bessere Leistungen ist – vielleicht haben einfach nur hochmotivierte Leute Erfolg und gehen zufällig auch öfter in Vorlesungen. Aber wollen Sie das wirklich riskieren?.

verwendeten Beweisarten vertraut sind und wenn Sie die großen Sätze kennen, die die ganze Vorlesung zusammenhalten. Das Kap. 7 enthält Ratschläge, wie Sie mit solchen Dingen zurechtkommen, und Kap. 11 sagt Ihnen, wie Sie Ihre Zeit planen, um all das möglichst effektiv zu tun.

Ein Letztes, was Sie über das Lernen in Vorlesungen erkennen müssen ist: Niemand wird Sie dazu zwingen. Denn Folgendes ist ganz klar: Während Ihr Lehrer in der Schule vielleicht noch bemerkte, wenn Sie abdrifteten, und dann vielleicht sagte: „Amy, kommst Du bitte wieder zu uns zurück!", wird Ihr Dozent wahrscheinlich nicht einmal die Chance haben, Ihren Namen zu erfahren. Und selbst wenn, wird er Sie bestimmt nicht vor 200 anderen Studenten bloßstellen, indem er so etwas sagt. Sie tragen also mehr Eigenverantwortung dafür, bei der Sache zu bleiben. Doch ich will noch etwas Grundlegenderes sagen. In den meisten Universitäten wird Sie niemand zwingen, die Vorlesungen zu besuchen. An manchen Hochschulen gibt es eine Anwesenheitspflicht, in vielen aber nicht.[3] Eigentlich fällt es sogar niemandem auf, wenn Sie nicht da sind. Wenn Sie früher von Ihren Lehrern viel Aufmerksamkeit erhalten haben, könnten Sie es so empfinden, als ob sich in Ihrer Fakultät niemand um Sie kümmert. Wenn Sie ein wenig rebellisch veranlagt sind, könnten Sie auch mit dem Gedanken spielen, dem anonymen Hochschulsystem dadurch eins „auszuwischen", indem Sie nicht in die Vorlesungen gehen, aber auch keine Schwierigkeiten deswegen bekommen. Doch es wäre ein schwerer Fehler, auch nur eines davon zu glauben. Wenn Sie nicht studieren, zeigen Sie nicht Ihre Unabhängigkeit, sondern bringen sich nur selbst in Schwierigkeiten. Menschen scheitern, und wenn sie scheitern, müssen sie unbequeme Wege gehen – in diesem Fall etwa in den Ferien lernen, um eine Prüfung zu wiederholen, oder gar ein ganzes Semester wiederholen, was auch finanzielle Folgen haben kann. Ihre Universität und Ihre Fakultät kümmern sich durchaus um Sie. Sie freuen sich sehr, wenn Sie Erfolg haben. Aber Sie sind jetzt erwachsen. Die Dozenten an der Universität sehen es als ihre Aufgabe an, Ihnen eine hochwertige Ausbildung zur Verfügung zu stellen, aber nicht, Sie zum Studieren zu bringen. Das ist jetzt Ihre Sache.

9.6 Höflichkeit in Vorlesungen

Wenn Sie in Vorlesungen gehen, sollten Sie pünktlich sein. Und wenn ein Dozent zu sprechen anfängt, sollten Sie bereit sein: Stift in der Hand, Aufzeichnungen an der richtigen Seite geöffnet usw. Sie sollten Ihr Handy ausschalten

---

[3] Anm. d. Übers.: In einigen deutschen Bundesländern ist die Kontrolle der Anwesenheit sogar gesetzlich verboten.

und nicht sprechen, wenn der Dozent redet. All das ist normale Höflichkeit. Damit zeigen Sie Respekt gegenüber einem Dozenten, der wahrscheinlich Stunden damit verbracht hat, diesen mathematischen Vortrag für Sie vorzubereiten. Aber es ist auch Ihren Kommilitonen gegenüber höflich, die jedes Recht haben, sich gestört zu fühlen, wenn Sie zu spät kommen, zu einem freien Platz an ihnen vorbeidrängen, herummachen, um Utensilien aus Ihrer Tasche zu kramen, und sie dann ablenken, indem Sie Ihrem Freund etwas zuflüstern. Ich trete das hier nur deshalb ein bisschen breit, weil ich weiß, wie leicht es ist, sich in einer großen Vorlesung anonym zu fühlen, aber auch wie wichtig es ist zu verstehen, dass scheinbar harmloses Verhalten andere stören kann.

Meiner Erfahrung nach weiß jeder, wie man höflich ist, aber manchem fällt es sehr schwer, sich entsprechend zu verhalten. Insbesondere kommen Leute sehr oft zu spät. Ich glaube, das geschieht aus zwei Gründen. Der erste ist, dass vor allem Erstsemester sehr nahe am Ort der Vorlesungen wohnen. Das klingt paradox, ist es aber nicht wirklich: Wenn Sie wissen, dass Sie normalerweise 45 min brauchen, um irgendwohin zu kommen, nehmen Sie sich für gewöhnlich eine Stunde Zeit, doch wenn Sie nur fünf Minuten benötigen, dann planen Sie auch genau diese fünf Minuten ein. Deshalb werden Sie ganz bestimmt zu spät kommen, wenn Sie etwas vergessen haben oder irgendwie abgelenkt wurden. Der zweite Grund ist, dass Menschen unabsichtlich etwas selbstbezogen sind. Sie wissen, dass es für ihr Lernen nicht förderlich ist, wenn sie zu spät kommen – sie werden einen Teil der Vorlesung verpassen, vielleicht sogar den, in dem der Hauptgedanke erklärt wird. Doch sie denken nicht darüber nach, wie ihr Zuspätkommen andere stören kann. Studenten, die zu spät kommen, bringen Dozenten aus dem Konzept und stören andere Studenten, die sich zu konzentrieren versuchen. Tun Sie also so, als ob die Vorlesung fünf Minuten früher begänne, wenn Sie auf diese Weise pünktlich kommen. Dann werden Sie entspannt und in der richtigen Gemütsverfassung sein, um mit dem Zuhören zu beginnen, woraus resultiert, dass Sie auch mehr aus der Vorlesung für sich mitnehmen.

Jetzt zu den Handys. Ich rate Ihnen, sie ganz auszuschalten. Für Mathematikvorlesungen müssen Sie sich sehr konzentrieren, und etwas dabei zu lernen ist eine wirkliche Herausforderung, selbst wenn Sie ein gut vorbereiteter Student sind. Handys und Ähnliches bezeichnet man manchmal auch als „Unterbrechungstechnologien", und das aus gutem Grund. Es ist ziemlich blöd, wenn Sie Ihre eigene Konzentrationsfähigkeit untergraben, indem Sie etwas zur Hand haben, das Sie ständig ablenken wird. Sie sollten sich auch darüber im Klaren sein, dass Ihr Dozent sehen kann, wenn Sie Ihr Handy benutzen. Vom Aussichtspunkt eines Dozenten ist es ziemlich offensichtlich, wenn ein Student gerade dasitzt, seinen Stift in der Hand und aufmerksam die Augen auf die Tafel gerichtet. Genauso klar ersichtlich ist, wenn er Hände und Blick nach unten zwischen die Beine richtet und eine Nachricht liest oder verschickt. Ich erntete einmal viel Gelächter, indem ich dies mithilfe eines Stuhls und eines Tisches, die zufällig vorne im Hörsaal standen, vormachte. Gelegentlich vergessen sich Leute sogar ganz und gar, sitzen da und halten ihr Telefon mit abgewinkeltem Arm deutlich sichtbar in Höhe ihres Kopfes. Offensichtlich ist das noch schlimmer, aber beide Fälle sagen dem Dozenten im Grunde: „Mir ist egal, wie viel Mühe Sie sich geben, mir etwas beizubringen. Ich werde nicht einmal so tun, als wolle ich aufpassen." Ein solches Benehmen mag nicht als persönliche Beleidigung gemeint sein, doch es kommt so rüber.

Zum Schluss: Versuchen Sie in Vorlesungen nicht zu reden. Wieder glaube ich, dass die Meisten nicht unhöflich sein wollen, doch sie werden aufgrund der Anonymitätsillusion dazu verleitet. Sie glauben, dass man sie nicht hört oder so viele Studenten im Hörsaal sind, dass der Dozent einzelne Individuen nicht identifizieren kann, vor allem wenn sie weit hinten sitzen. Aber sie täuschen sich in beiderlei Hinsicht. Ich höre es immer, wenn sich jemand unterhält, und ich sehe jeden sehr genau. Falls Sie daran zweifeln, bleiben Sie einmal kurz stehen, wenn Sie vorne durch einen ziemlich vollen Hörsaal gehen – Sie werden feststellen, dass Sie alle Gesichter recht gut erkennen können. Auch wenn jemand spricht, kann ich meist sehr genau sagen, wer es war. Selbst wenn Sie glauben, Ihr Dozent sehe schlechter als ich und sei zu aufgeregt, um Sie zu bitten, still zu sein, sollten Sie das Reden schon aus Höflichkeit unterlassen.

Dennoch muss eingeräumt werden, dass es Gelegenheiten gibt, bei denen Sie durchaus sprechen sollten. Wenn ein Dozent Sie bittet, etwas mit anderen Studenten zu diskutieren, haben Sie Gelegenheit, Ihre Gedanken zu ein Problem auszusprechen, und damit vielleicht eine gute Basis, auf der Sie im Rest der Vorlesung aufbauen können. Nutzen Sie diese Gelegenheit. Sie sollten sich immer melden oder den Dozenten auf andere Weise höflich ansprechen, wenn Sie feststellen, dass er bei seinem Tafelanschrieb einen Fehler gemacht hat (z. B. ein n statt eines m geschrieben hat oder Ähnliches). Das wird manchmal passieren, denn es ist für einen Dozenten schwierig, gleichzeitig zu zusammenhängend zu sprechen, einen Teil von dem, was er sagt, aufzuschreiben, und dabei in vernünftigem Augenkontakt mit einer Schar von Studenten zu bleiben. Dozenten sind dankbar, wenn man sie auf Fehler hinweist, denn es ist normalerweise viel einfacher, diese sofort zu verbessern, als später noch einmal darauf zurückzukommen. Auch andere Studenten werden dankbar sein – wenn Sie einen Fehler bemerkt haben, dann ja vielleicht auch andere, von denen aber einige zu verwirrt oder schüchtern sein werden, um nachzufragen. Wenn Sie sich nicht sicher sind, ob ein Fehler vorliegt oder nicht, gehen Sie später zum Dozenten und lassen es prüfen (vgl. Kap. 10, in dem Orte und

Gelegenheiten beschrieben werden, wo Sie derartige Fragen formloser stellen können).

Was ich grundsätzlich in diesem Abschnitt sagen möchte: Ich bin mir sicher, dass Sie eine Person mit guten Manieren sind, die in den meisten Situationen rücksichtsvoll und höflich reagiert. Seien Sie es auch in Vorlesungen und man wird Ihnen dankbar sein.

9.7 Feedback auf Vorlesungen

Eine weitere Gelegenheit, höflich zu sein, ergibt sich, wenn Sie eine Rückmeldung zu Ihren Vorlesungen geben sollen. Das wird vermutlich gegen Ende eines Semesters geschehen. Ihr Dozent wird Ihnen ein Standard-Feedback-Formular austeilen, auf dem Sie offene Fragen („Was hat Ihnen an dieser Vorlesung am besten gefallen?") oder auch Fragen durch Ankreuzen von „ich stimme voll zu" bis „ich stimme gar nicht zu" beantworten können. Wenn Sie ein derartiges Formular erhalten, lesen Sie die Anweisungen, denn die Formulare sind oft maschinenauswertbar, und wenn Sie die kleinen Kästchen nicht richtig (etwa mit der falschen Farbe) markieren, werden Sie jemandem unnötige Arbeit machen. Seien Sie auch vorsichtig mit der Antwort „ich stimme zu". Ich hatte einmal zwei Studenten, die mir nach dem Ausfüllen des Formulars nachliefen und sagten: „Es tut uns wirklich leid! Wir haben die Zahlen falsch herum gelesen, und jetzt sieht es so aus, als hassten wir Sie, wo wir doch finden, dass Sie wirklich gut sind!"

Wichtiger ist aber, dass Sie die Gelegenheit zu konstruktiven Kommentaren nutzen. Ich betone *konstruktiv*, bitte! Es macht nicht viel Sinn, auf eine Frage wie „Was hat Ihnen an dieser Vorlesung gefallen?" mit „nichts" zu antworten. Dieser Kommentar enthält keine Information, die dem Dozenten hilft, etwas zu verbessern. Versuchen Sie deutlich zu sein, und wenn Sie eine Beschwerde haben, dann machen Sie einen konstruktiven Vorschlag, was man verwertbar verbessern könnte. Es muss natürlich realistisch sein, dass dies so verbessert werden kann – jemand kann nicht einfach seinen chinesischen Akzent ablegen, aber vielleicht langsamer sprechen. Diese Bitte um eine spezifische Antwort gilt genauso für positive Kommentare. Für einen Dozenten ist es sehr schön, wenn er ein positives Feedback bekommt, aber es ist auch hilfreich, genau zu erfahren, welche Aspekte der Vorlesung für den Lernprozess des Studenten am hilfreichsten waren.

Vielleicht finden sich auch formlosere Gelegenheiten, eine Rückmeldung zu geben. Womöglich verteilt ein Dozent schon früher Fragebögen, um herauszufinden, was funktioniert und was nicht. Oder er bittet Sie um Ihre Meinung zu einer Veranstaltung oder einem Hilfsmittel, das zum ersten Mal eingesetzt wird. Seien Sie auch hier wieder konstruktiv bei Ihren Antworten und bitten Sie höflich um kleinere Veränderungen, wenn diese hilfreich wären. Zum Schluss, wenn Ihnen die Vorlesung von jemandem gefallen hat und Sie viel dabei gelernt haben, finden Sie sicherlich einen Weg, ihn das wissen zu lassen. Dozenten stecken oft viel Arbeit in ihre Vorlesungen, und es ist schön, wenn das anerkannt wird. Sie müssen es nicht übertreiben – ein einfaches „Danke" auf dem Weg aus der Vorlesung wird sehr geschätzt.

Fazit

- Vorlesungen sind sehr unterschiedlich in Hinsicht auf das Vortragsmedium, die Bereitstellung von Material und das Maß, in dem Studenten mitwirken sollen.
- Dozenten pflegen verschiedene Unterrichtsstile, von denen Sie einige mehr, andere weniger mögen werden. Viele Dozenten kommen aus dem Ausland, deshalb werden Sie sich an verschiedene Akzente und Handschriften gewöhnen müssen.
- Wenn Sie bei einer Vorlesung ein kleineres praktisches Problem haben, dann denken Sie darüber nach, ob Sie es selbst beheben können. Wenn nicht, bitten Sie höflich und konstruktiv um eine Veränderung.
- Vielleicht können Sie sich schlechter konzentrieren, wenn Skripten im Voraus ausgeteilt werden, oder können nicht erkennen, welche Struktur eine Vorlesung hat oder wie die Mitschriften zu den Übungsaufgaben passen. Es gibt vernünftige Lösungen für diese Art von Problemen.
- Sie sollten in die Vorlesungen gehen und aufpassen. Sie sind selbst dafür verantwortlich und es wird leichter, wenn Sie sich bemühen, immer vorbereitet zu sein.
- Für Höflichkeit in Vorlesungen wird man sehr dankbar sein: Seien Sie pünktlich, schalten Sie Ihr Handy aus und sprechen Sie nicht, wenn der Dozent redet.
- Wenn Sie die Gelegenheit zu Feedback haben, geben Sie es möglichst spezifisch und konstruktiv.

Weiterführende Literatur

Mehr über das Lernen aus Vorlesungen finden Sie in:

- Moore, S. & Murphy, S.: *How to be a Student: 100 Great Ideas and Practical Habits for Students Everywhere*. Open University Press, Maidenhead (2005)

10

Dozenten, Kommilitonen und andere gute Geister

Zusammenfassung

In diesem Kapitel finden Sie Vorschläge, wie Sie das Maximale aus dem Zusammenspiel mit Dozenten und Übungsgruppenleitern herausholen, und was Sie bedenken müssen, wenn Sie mit anderen Studenten zusammenarbeiten. Es bespricht auch Gelegenheiten, bei denen Sie als Einzelner auf Projektbetreuer und Praktikumsvermittler treffen, und beschreibt verbreitete Betreuungsangebote an Universitäten.

10.1 Dozenten als Lehrkräfte

An der Universität werden Sie viel von anderen Menschen lernen. Zuallererst natürlich von Ihren Dozenten. Aber während des Studiums werden Sie auch mit vielen anderen Menschen zu tun haben. Gegen Ende dieses Kapitels werde ich darüber sprechen, wie man mit anderen Studenten lernt, doch zuerst möchte ich auf die Gelegenheiten eingehen, bei denen Sie mit Dozenten und anderen Autoritäten umgehen müssen.

An der Universität ist es nicht so offensichtlich, dass Sie unmittelbar Kontakt mit Ihren Lehrkräften haben. In der Schule boten Ihnen die Lehrer jeden Tag ihre Hilfe an. Sie sprachen persönlich mit Ihnen, bemerkten, wenn Sie Probleme hatten, einen Lösungsansatz für eine Aufgabe zu finden, oder Ähnliches. An der Universität finden die Vorlesungen in einem wesentlich größeren Rahmen statt, deshalb wird Ihr Dozent dies vermutlich nicht tun. In einem Kurs mit 100 Leuten ist es einfach nicht praktikabel, dass ein Dozent auf jemanden zukommt und sagt: „So, Nina, wie bist Du gestern mit den Aufgaben zurechtgekommen?"

Aus diesem Grund kann sich leicht das Gefühl einstellen, der Dozent sei sehr weit weg und man könne von ihm nicht viel Hilfe erwarten. Doch das ist nicht der Fall. Es gibt Unterstützung – eine ganze Menge sogar –, der Unterschied ist nur, dass Sie die Initiative ergreifen und darum bitten müssen. Dies scheint anfangs entmutigend, vor allem, wenn Sie ein wenig schüchtern sind. Dozenten sehen in der Regel sehr autoritär und extrem intelligent aus, und manche empfinden es als einschüchternd, mit ihnen zu sprechen. Doch auch

© Springer-Verlag Berlin Heidelberg 2017
L. Alcock, *Wie man erfolgreich Mathematik studiert*, DOI 10.1007/978-3-662-50385-0_10

Dozenten sind nur Menschen, lieben Mathematik und werden meistens sehr gerne darüber mit Ihnen sprechen. In diesem Kapitel werde ich erklären, wie Sie mit Ihrer neuen Lehrkraft gut, effektiv und persönlich interagieren.

10.2   Tutorien und Übungen

Wir beginnen mit den Tutorien, denn diese sind wahrscheinlich der offensichtlichste Ort, um mathematische Fragen zu stellen. Wie ich schon in der Einleitung dieses Buches erwähnte, arbeiten manche Universitäten[1] mit einem System, in dem Sie einem akademischen Betreuer (Tutor) zugeteilt sind. Es wird erwartet, dass Sie sich mit einer kleineren Gruppe anderer Studenten einmal in der Woche mit diesem treffen. Ihr Tutor könnte ein Dozent sein oder ein Doktorand, der in Mathematik promovieren will. Wenn Ihre Universität ein derartiges System anbietet, wird ein Tutor seine Studenten in den mathematischen Grundlagenfächern betreuen und vielleicht auch in einigen Spezialgebieten. Das ist ein sehr nützliches System, denn die Grundmodule werden oft von vielen Studenten besucht; anders als Ihr Dozent wird Sie Ihr Tutor persönlich kennenlernen und Ihre individuellen Fragen beantworten können.

Was in solchen Tutorien passiert, variiert von Einrichtung zu Einrichtung und von Tutor zu Tutor. Vielleicht müssen Sie jede Woche eine bestimmte Zahl von Übungsaufgaben bearbeiten und die schriftlichen Lösungen abgeben oder sie zum nächsten Tutorium mitbringen. Vielleicht wird dies aber auch freier gehandhabt. Ihr Tutor wird erwarten, dass Sie mit Problemen, bei denen Sie nicht weitergekommen sind, oder mit Fragen zur Vorlesung auf ihn zukommen. In diesem Fall wird das Treffen umso effektiver ablaufen, je besser Sie vorbereitet sind.[2] Im Idealfall haben Sie eine Liste mit Fragen, die zugehörigen Aufzeichnungen und Aufgabenblätter sowie Ihre Lösungsversuche dabei.

Auch wie die Tutorien an sich ablaufen, variiert. Vielleicht spricht Ihr Betreuer die meiste Zeit; vielleicht fragt er Sie nach den Problemen, bei denen Sie nicht weitergekommen sind, und stellt dann die Lösung an der Tafel vor. Alternativ dazu kann er sich auch in die hinterste Reihe setzen und die Studenten das Schreiben und Reden übernehmen lassen, wobei er Hinweise gibt, falls das notwendig ist. Sie sollten die Gelegenheit nutzen, wenn sie sich Ihnen

---

[1] Anm. d. Übers.: Derartige Systeme gibt es vor allem im angelsächsischen Bereich. In Deutschland sind derartige Einzelbetreuungen eher selten.
[2] Ich habe von einem Betreuer gehört, der seine Schützlinge wieder wegschickte, wenn sie ohne Fragen zu ihm kamen. Das klingt mir ein bisschen extrem, doch ich kann seine Position nachvollziehen. Die Hauptverantwortung für das Lernen an der Universität liegt beim Studenten.

bietet, denn es ist die beste Möglichkeit, Ihre Gedanken zu artikulieren und eine Anleitung zu erhalten, wie Sie diese verbessern können. Aber Sie können auch um Erklärungen bitten. Wenn Sie in der Vorlesung etwas nicht verstanden haben, kann eine alternative Erläuterung durch Ihren Tutor genau das sein, was Sie brauchen. Im Laufe der Zeit sollten diese Abläufe auch immer effektiver werden, denn Ihr Betreuer lernt Sie besser kennen und wird ein Gefühl dafür entwickeln, was Sie bereits wissen und welche Erklärungen deshalb am nützlichsten für Sie sind.

Insgesamt ist Ihr Tutor besser als jeder andere geeignet, Sie als individuellen mathematischen Denker zu unterstützen, weil er eine direkte Rückmeldung auf Ihre schriftlichen Arbeiten geben kann und in der Lage ist, Ihre Art zu denken zu verbessern. Das heißt, dass Sie immer zu den Tutorien gehen und das Maximale aus diesem Angebot für sich herausholen sollten. Sollte Ihr Tutor ein Dozent sein, gibt es noch einen wichtigen Grund dafür, immer hinzugehen: Denn irgendwann möchten Sie vielleicht, dass er ein Gutachten für Sie schreibt. Wenn Sie ihn dann darum bitten und er als Erstes denkt: „Oh ja, Martin, das ist der, der so selten auftauchte und dann immer schlecht vorbereitet war", dann versetzt ihn das sicherlich nicht in die Gemütsverfassung zu schreiben, wie brillant Sie sind.

In manchen Einrichtungen werden keine Tutorien angeboten, dafür dann meist sogenannte Übungen, die einen ähnlichen Zweck erfüllen, aber eher an eine einzelne Vorlesung oder Vorlesungsreihe angegliedert sind. Genau wie die Tutorien laufen die Übungen je nach Größe des Kurses und den Vorstellungen des Dozenten unterschiedlich ab. Es kann sein, dass eine Übung eigentlich wie eine weitere Vorlesung daherkommt, bei der der Dozent (oder manchmal ein Doktorand) vor dem ganzen Kurs Probleme löst. Aber vielleicht haben Sie dort einen Einfluss darauf, welche Probleme gelöst werden sollen. Es kann auch sein, dass Studenten in kleinen Gruppen Aufgaben bearbeiten sollen und der Dozent (oder ein Doktorand) herumgeht, um Ihnen zu helfen, wenn Sie nicht weiterkommen. In diesem Fall erhalten Sie mehr Aufmerksamkeit als Individuum oder kleine Gruppe und darüber wahrscheinlich auch Anregungen, wie Sie Ihr eigenes Denken und Schreiben verbessern können.

In Deutschland ist auch ein Übungssystem verbreitet, bei dem studentische Hilfskräfte, d. h. sehr gute Studenten aus einem höheren Semester, Übungsgruppen leiten und Ihre schriftlichen Hausaufgaben korrigieren. Die Lösungen werden dann während der Übungen vorgerechnet. Der Vorteil dieses Systems ist, dass diese älteren Studenten Ihre Probleme sehr gut nachvollziehen können, weil sie selbst noch nicht allzu weit davon entfernt sind, und Ihnen deshalb bei individuellen Fragen helfen können.

So oder so sollten Sie auch Fragen stellen, die nichts mit den Problemen zu tun haben, welche der Dozent oder Doktorand bespricht. Ich meine damit natürlich nicht, dass Sie sie vor dem ganzen Kurs unterbrechen sollen, aber vielleicht können Sie im Voraus per E-Mail eine Frage stellen und bitten, ein bestimmtes Problem zu behandeln oder einen wichtigen Begriff per E-Mail zu erläutern. Und wenn sie da sind, um individuelle Fragen zu beantworten, dann ist das eine gute Gelegenheit, auch Fragen zu anderen Teilen der Vorlesung zu stellen.

10.3   Fragen vor und nach der Vorlesung stellen

Sie können Ihrem Dozenten auch unmittelbar während der Vorlesung Fragen stellen. Doch die Meisten fühlen sich dabei nicht ganz wohl, vor allem in großen Erstsemesterkursen. Das ist absolut verständlich – es besteht immer die Gefahr, dass Sie etwas falsch verstanden haben, und es ist zwar gut für die Entwicklung Ihres Selbstvertrauens, wenn Sie lernen, Ihre Unsicherheit auszudrücken, aber es ist auch normal, dass Sie das nicht vor 200 anderen Leuten trainieren wollen. Doch es hält Sie niemand auf, am Ende der Vorlesung zu Ihrem Dozenten zu gehen und ihm dann eine Frage zu stellen. Das ist vollkommen in Ordnung und viele Dozenten fördern das auch aktiv. Ich würde mir wünschen, das wäre häufiger der Fall, nicht zuletzt weil Studenten, die Fragen stellen, mir einen großen Gefallen tun. Manchmal stellt es sich heraus, dass sie verwirrt sind, weil ich einen kleinen Fehler gemacht habe, der keinem aufgefallen ist; wenn ich es weiß, kann ich ihn dann in der nächsten Vorlesung verbessern. Und manchmal haben sie etwas falsch interpretiert, was ich gesagt oder geschrieben habe. Weil Menschen in der Regel nichts ganz verrückt interpretieren, werden aus dem gleichen Grund andere Studenten das dann vielleicht auch falsch verstanden haben, und wieder kann ich diese Informationen nutzen, um in der nächsten Vorlesung eine andere Erklärung zu geben.

Natürlich sind Fragen nach der Vorlesung nur dann praktikabel, wenn kleinerer Punkte zu klären sind. Wenn Sie sich überhaupt nicht mehr auskennen, sind Sie vielleicht gar nicht in der Lage, Ihre Frage so schnell sorgfältig zu formulieren, und vielleicht müssen Sie erst in Ruhe eine Weile darüber nachdenken. In diesem Fall könnten Sie zur nächsten Vorlesung etwas früher kommen und vor Beginn nachfragen. Auch das ist in Ordnung.

Sie sollten aber darauf gefasst sein, dass sich Ihr Dozent vielleicht nicht sofort auf Ihre Frage konzentrieren kann. Eventuell muss er sich auf die Vorlesung vorbereiten oder sich am Ende der Vorlesung beeilen wegzukommen, weil er eine Besprechung am anderen Ende des Campus hat. Selbst wenn er sich konzentrieren kann, kommt er vielleicht zu dem Schluss, dass er für eine sorgfältige Antwort mehr als nur einige Minuten benötigt. Auf jeden Fall könnte er Sie bitten, zu einem anderen Zeitpunkt zurückzukommen oder ein gesondertes Treffen mit ihm zu vereinbaren. Sie sollten sich dadurch nicht zurückgewiesen fühlen – meist stecken ganz praktische Gründe dahinter.

10.4   Ein Einzelgespräch mit einem Dozenten vereinbaren

Manchmal kommen Sie eventuell zu dem Schluss, dass ein längeres Einzelgespräch mit einem Dozenten hilfreich wäre. Vielleicht haben Sie sogar Probleme damit, zu formulieren, was Sie verwirrt, oder Sie haben schon eine ganze Liste von Fragen und wollen diese alle auf einmal stellen. Dozenten bieten dafür manchmal spezielle Sprechstunden an. Üblicherweise finden Sie die Zeiten leicht an den Bürotüren, im Internet oder sie wurden Ihnen am Anfang der Vorlesung mitgeteilt. Dann können Sie zu den angegebenen Zeiten einfach (meist ins Büro des Dozenten) kommen. Falls ein Dozent keine Sprechstunden anbietet, sollte Sie das nicht abhalten. Es ist völlig in Ordnung, ihm dann eine E-Mail zu schreiben und um einen Termin zu bitten. Wenn Sie das vorhaben, folgen hier nun einige Vorschläge, wie Sie alles möglichst effektiv gestalten können.

Schlagen Sie erstens einen Tag vor, an dem Sie kommen könnten (normalerweise gehen Sie in solchen Fällen zum Büro des Dozenten). Wenn ich Sie wäre, würde ich etwas schreiben wie: „Vielleicht könnte ich am Dienstagnachmittag kommen? Ich habe von 14:00 bis 16:00 Uhr frei, falls Sie da Zeit hätten." Ich würde diesen Zeitrahmen nicht noch weiter einschränken – auf mich wirkt es etwas verstörend, wenn Studenten etwas schreiben wie: „Ich würde gerne am Freitag um 15:30 Uhr zu Ihnen kommen." Denn das erweckt den Eindruck, als nähmen Sie an, dass ich alles liegen und stehen lassen könnte, sobald Sie es wünschen. Vielleicht bin ich in dieser Hinsicht ja etwas übersensibel, doch Sie sollten auf jeden Fall etwas Flexibilität beweisen – Dozenten sind schließlich viel beschäftigte Menschen (vgl. Kap. 14).

Zweitens sollten Sie in Betracht ziehen, Ihre Fragen erst mit einigen anderen Studenten zu besprechen und dann gemeinsam hinzugehen. Für Ihren Dozenten ist dies vorteilhaft, weil er dadurch Zeit spart.

Drittens sollten Sie sich im Voraus klarmachen, was Sie fragen möchten. Es ist schwierig, jemandem zu helfen, der mit dem vagen Gefühl kommt, dass er „Kapitel 3 nicht verstanden hat". Es ist viel leichter, zum Kern der Sache vorzudringen, wenn ein Student sagt: „Bei Problem 2 bin ich bis hierher gekommen, doch jetzt weiß ich nicht, wie ich weitermachen soll." Oder: „Ich habe das Meiste an diesem Beweis verstanden, doch ich verstehe nicht, warum man den Schritt von Zeile drei auf vier machen darf." Nehmen Sie eine Liste von Fragen mit, um sicher zu sein, was Sie wissen wollen, und dabei nichts vergessen. Machen Sie sich keine Gedanken, wenn die Liste ziemlich lang ausfällt. Ich habe bemerkt, dass sich Studenten manchmal schämen, wenn sie mit einer so langen Liste ankommen, doch ich mag das – es zeigt, dass sie gut organisiert sind, und bedeutet meist, dass wir viele Fragen sehr schnell durchgehen können. Wenn Sie natürlich bei einem ganzen Abschnitt einer Vorlesung vor einem Rätsel stehen, ist es auch in Ordnung zu fragen, doch versuchen Sie, Ihre Fragen konstruktiv einzugrenzen. Sie könnten etwas sagen wie: „Ich habe das Meiste von Abschnitt 4 verstanden, aber in Abschnitt 5 konnte ich nicht mehr folgen und ich frage mich, ob ich einen Kerngedanken nicht mitbekommen habe, der alles einfacher machen würde." Dann hat Ihr Gegenüber wenigstens ein Gefühl dafür, wo er anfangen kann.

Viertens: Nehmen Sie alles mit, worauf Sie sich beziehen möchten. Das ist wichtig, denn Ihr Dozent hat vielleicht nicht alles sofort zur Hand, aber auch weil er über kein enzyklopädisches Wissen darüber verfügt, um was es in Frage 5 auf Blatt 6 genau ging. (Ich bin manchmal ganz gerührt bei dem Vertrauen, das Studenten in mein Wissen darüber haben, was ich vor Stunden oder Tagen genau geschrieben oder gefragt habe, doch meist muss ich sie da enttäuschen.) In der Tat kann es auch aus einem anderen Grund nützlich sein, wenn Sie Ihre Materialien dabeihaben: Manchmal schaue ich in die Aufzeichnungen von Studenten und entdecke, dass der Grund für deren Verwirrung darin liegt, dass sie etwas falsch abgeschrieben haben. Und natürlich muss nicht erwähnt werden, dass Sie Ihr ganzes Material geordnet haben sollten, sodass Sie alles Wichtige zu Ihren Fragen rasch finden, ohne herumkramen zu müssen.

Letztlich sollten Sie verinnerlichen, dass es Teil der Aufgabe des Dozenten ist, Sie in dieser Vorlesung zu unterstützen, deshalb haben Sie auch wirklich das Recht, sich persönlich an ihn zu wenden. Was natürlich nicht bedeutet, dass Sie sich wie ein Sechsjähriger verhalten sollten. Also werden Sie hoffentlich nicht jedes Mal an seine Tür klopfen, sobald Sie nicht mehr weiterwissen – natürlich sollten Sie zuerst selber gründlich nachdenken. Doch wenn Sie sich dann entscheiden, Ihren Dozenten aufzusuchen, werden Sie vielleicht feststellen, dass dies eine überraschend erfreuliche Erfahrung ist. Als Studentin habe ich das eigentlich erst viel zu spät herausgefunden, nämlich erst am Ende meines Masterstudiums. Damals hat sich mein Dozent sehr darüber gefreut, dass sich jemand für sein Fach interessierte, und wollte ewig mit mir reden.

10.5 Fragen auf elektronischem Weg stellen

Heutzutage bekomme ich ziemlich viele Fragen per E-Mail. Um ehrlich zu sein, ermüdet mich das ein wenig. Ich freue mich natürlich darüber, dass der Student eine Frage stellt – es ist viel besser, wenn er fragt, als wenn es ihm Kopfschmerzen bereitet oder er vollkommen verwirrt ist … und bleibt. Doch selbst bei allen Fortschritten der Technologie ist es ziemlich schwierig, über Mathematik in einer normalen E-Mail-Umgebung zu sprechen. Manchmal verstehe ich nicht, was der Student wissen will. Manchmal verstehe ich zwar, was er wissen will, doch ich kann keine klare schriftliche Antwort geben. Normalerweise habe ich das Gefühl, es wäre viel besser, wenn der Student hier im Zimmer säße, sodass wir gemeinsam auf ein Blatt Papier schauen und ein wechselseitiges Gespräch führen könnten, bei dem ich sicher wäre, dass wir uns gegenseitig verstehen. Das Fazit, wenn mir jemand eine Frage per E-Mail schreibt, ist oft, dass ich ihn bitte, stattdessen zu mir zu kommen.

Andererseits kenne ich durchaus Dozenten, die sehr gerne über verschiedene technologische Werkzeuge mit Studenten kommunizieren, etwas über solche, die durch die virtuelle Lernumgebung der Universität zur Verfügung gestellt werden. Wenn das so ist, sollten Sie sich überlegen, was praktikabel ist, und auch darauf achten, was ein Dozent zu bevorzugen scheint.

An eines sollten Sie jedoch grundsätzlich denken: Immer wenn Sie Kontakt zu einem Dozenten aufnehmen, sollten Sie ordentlich schreiben, mit (soweit Ihnen das möglich ist) richtiger Rechtschreibung, Grammatik und passenden Satzzeichen. Das ist so, weil Sie in einer Art Geschäftsbeziehung mit diesen Personen stehen – es handelt sich um Ihre Vorgesetzten. Während der Vorlesung benehmen sie sich vielleicht entspannt und formlos – vielleicht wollen sie sogar mit dem Vornamen angesprochen werden –, doch sie sind nicht Ihr Kumpel. Verwenden Sie die richtige Anrede („Sehr geehrter Herr Professor Schmid"), seien Sie höflich und nutzen Sie keine SMS-Sprache. Vergessen Sie nicht, mit Ihrem Namen zu unterschreiben, sodass der Angeschriebene weiß, wie er Sie ansprechen muss, und lassen Sie alle Emoticons am Ende weg. Wenn Ihnen klar ist, dass Ihr Deutsch nicht besonders gut ist, dann wäre es vielleicht an der Zeit, sich ein Büchlein anzuschaffen, mit dessen Hilfe Sie das verbessern können (vgl. weiterführende Literatur am Ende dieses Kapitels). Etwas, das jeden Arbeitgeber abschreckt, ist nämlich jemand, der unzählige Grammatikfehler macht. Lernen Sie jetzt, wie Sie diese vermeiden können.

10.6   Mathematische Betreuungsangebote

Es gibt an Universitäten mehr und mehr Betreuungsangebote, und diese spezialisieren sich im Laufe der Zeit immer mehr. Eine recht neue Entwicklung ist, dass inzwischen einige Universitäten besondere mathematische Betreuungen anbieten. Normalerweise sind diese für alle Studenten einer Universität offen – man benötigt ja für viele Abschlüsse Kenntnisse in Mathematik –, doch vielleicht sind sie auch darauf spezialisiert, Studenten im ersten Studienjahr oder einer bestimmten Fakultät zu helfen. Sie sollten aufgrund des Namens nicht denken, das sei nur für diejenigen, die wirklich Probleme haben – auch gute Studenten können diese Unterstützung nutzen.

Es gibt einige Grundmodelle für die Unterstützung in Mathematik. In einigen Universitäten buchen Sie einen Termin (wahrscheinlich online), kommen zur verabredeten Zeit und erhalten dann individuelle Hilfe. Die Person, die Ihnen hilft, könnte ein Dozent sein oder jemand, der ausschließlich für diesen Service eingestellt ist. Hilfe gibt es teilweise auch in einem offeneren System, wo Sie einfach in einen Raum zum Lernen (manchmal „Lernwerkstatt" genannt) kommen und sich anstellen können, um Hilfe von jemandem zu erhalten. An meiner Universität zieht man eine Nummer und stellt sie in einen Ständer vor sich am Arbeitstisch, sodass der Dozent im Dienst weiß, dass Sie seine Unterstützung wünschen. Meist gibt es Arbeitsräume mit verschiedenen mathematischen Materialien (Bücher, Computer, Merkblätter), und oft ist es vorteilhaft für Sie, wenn Sie einfach hineingehen und als Raum zum Lernen nutzen, entweder allein oder mit anderen Studenten.

Solche Lernwerkstätten können die Zusammenarbeit von Studenten erleichtern. Inmitten unserer Universität sehe ich oft Studentengruppen, die ruhig zusammenarbeiten. Ich habe sogar echte Freundschaft und Unterstützung zwischen Studenten erlebt, die sich vorher nicht einmal kannten. Einmal versuchte ich jemandem in einer weiterführenden Veranstaltung zu helfen, konnte das aber nicht besonders gut, weil mir teilweise das Wissen dazu fehlte. Ich wurde in dieser Situation gerettet, als ein Student von einem anderen Tisch zu uns herüberkam, auf seine Freunde zeigte und sagte: „Wir arbeiten da drüben daran, und ich glaube, wir können diese Frage beantworten – du kannst Dich uns gerne anschließen, wenn Du willst." Was für ein schöner Augenblick!

Etwas, was Sie bei diesen Hilfsangeboten nicht vergessen sollten, ist, dass Sie von einem Dozenten Unterstützung erhalten, der alles über das Gebiet weiß, das Sie gerade lernen. Dies sollte immer der Fall sein, wenn es eine Vorlesung aus dem ersten Jahr betrifft. Aber Sie erreichen auch irgendwann eine Stufe Ihrer mathematischen Ausbildung, in der Sie sich spezialisieren, und dann kann es durchaus sein, dass die Person ein begeisterter reiner Mathematiker ist, der aber mit dem Material in Ihrer Mechanik-Vorlesung nicht vertraut ist. Trotzdem wird er Ihnen vermutlich helfen können – wahrscheinlich sind seine Fähigkeiten, Probleme zu lösen, im Allgemeinen ausgeprägter als Ihre – doch er wird vielleicht einige Definitionen nachschlagen oder herausfinden müssen, wie Ihr Dozent eine bestimmte Notation verwendet. Sie sollten also wie immer alle notwendigen Unterlagen dabeihaben.

Sie werden mir wahrscheinlich zustimmen, dass es viele Gelegenheiten gibt, Ihr Verständnis zu verbessern, indem Sie mit Leuten sprechen, die mehr Erfahrung haben. Trotzdem kann es vorkommen, dass Sie (oder einige Ihrer Freunde) irgendwann eine schlechte Erfahrung machen, wenn Sie um Hilfe bitten. Das ist selten der Fall, aber gelegentlich höre ich durchaus, dass ein Dozent einen Studenten niedergemacht hat, indem er ihm vorwarf, er solle doch eigentlich wissen, wie man irgendetwas macht, oder indem er überrascht von dem Mangel an Wissen war. Im unwahrscheinlichen Fall, dass Ihnen so etwas passiert, machen Sie sich klar, dass sich diese Person unsensibel verhalten hat – und von so jemand wollen Sie sich doch nicht abschrecken lassen, oder? (Vielleicht ist er auch sonst gar nicht so unsensibel und hatte nur einen wirklich schlechten Tag.) Also schütten Sie Ihr Herz gegenüber einem Freund aus, vergessen das Ganze und wenden Sie sich mit Ihrer Frage an jemand anders.

10.7 Projekte und Praktika

Bisher hat sich dieses Kapitel damit befasst, wie Sie mit Dozenten oder anderen versierten Menschen während Ihrer alltäglichen Aktivitäten an der Universität in Kontakt treten können. Im ersten Studienjahr wird das vermutlich alles sein, was Sie benötigen, wenn Sie Vorlesungen, Tutorien und Übungsgruppen besuchen. Im weiteren Verlauf Ihrer Ausbildung werden Sie aber vielleicht die Möglichkeit zu anderen Aktivitäten haben, für die man ganz andere zwischenmenschliche Beziehungen benötigt und spezielle Fähigkeiten entwickeln muss.

Zuerst einmal werden Sie vielleicht die Möglichkeit erhalten, eine Seminararbeit zu verfassen oder gegen Ende Ihres Studiums eine Bachelor-, Master- oder Doktorarbeit zu schreiben. Derartige Abschlussarbeiten und Projekte (ich verwende dies als Oberbegriff) bergen einige Gefahren. Am Ende Ihres Studiums haben Sie schon ein ganz gutes Gefühl dafür, wie gut Sie im Klausurenschreiben sind, doch ein derartiges Projekt ist eine unbekannte Größe. Aber genau das ist auch ein große Vorteil: Denn Sie werden neue Fähigkeiten erlernen. Und das ist es ja, was wirklich erstrebenswert ist. Das Mathematikstudium läuft in der Hinsicht, dass Studenten meist von Dozenten lernen, ziemlich gleichförmig ab. Mathematikstudenten arbeiten zum Beispiel nur selten in Gruppen, halten nur wenige Vorträge oder verfassen selten Dokumente, auch nicht solche, mit denen sie Texte von anderen kritisch hinterfragen. Auch unabhängige Forschung betreiben sie nicht oft. Das ist an sich nichts Schlechtes, doch es kann auch bedeuten, dass Mathematikstudenten Erfahrungen fehlen, die potenzielle Arbeitgeber sehen möchten, um zum Beispiel herauszufinden, wie es um ihre Kommunikationsfähigkeit bestellt ist.

Wenn Sie ein Projekt angehen, werden Sie Erfahrungen sammeln, die zumindest einige dieser Punkte abdecken. Sie werden in Ihrer eigenen Geschwindigkeit aus Büchern oder Forschungsarbeiten lernen, werden Standardbeweise auf ein neues Beispiel anwenden oder Ähnliches. Vielleicht müssen Sie während der Arbeit oder am Ende einen Vortrag vor anderen Studenten und/oder Ihrem Dozenten halten. Ziemlich sicher werden Sie sich mit Ihrem Dozenten treffen müssen, der Ihr Projektbetreuer ist. Er wird Ihnen regelmäßig eine Rückmeldung zu dem geben, was Sie bisher geschrieben haben. Das ist vor allem dann wichtig, wenn Sie sich überlegen, weiter an der Universität zu bleiben, denn es ähnelt dem, was Sie bei einer Promotion erwartet, dagegen nicht so sehr dem Lernen aus einer Vorlesung. Außerdem könnten Sie das alles auch als eine sehr schöne Erfahrung empfinden und viel daraus lernen. Es ist etwas sehr Befriedigendes, etwas Substanzielles zu schreiben, das ein tiefes Verständnis für ein Gebiet beweist und zeigt, dass Sie etwas strukturiert, zusammenhängend und klar darstellen können. Ich kann zwar nichts über eine spezifische Situation sagen, doch ich denke, dass die Vorteile eines derartigen Projekts die Gefahren bei Weitem überwiegen.

Eine weitere Gelegenheit, die sich Ihnen vorschlagen könnte, ist ein Semester im Ausland zu studieren. Normalerweise können Sie nicht überall hingehen (Hawaii geht vermutlich nicht), denn die Vorlesungen im Ausland müssen mit denen Ihrer Universität vergleichbar und sollten für Ihr Studium anrechenbar sein. Aber Ihre Fakultät hat vielleicht Verbindungen zu Universitäten auf der ganzen Welt, und Sie sollten einfach einmal schauen, was angeboten wird. Dies gilt vor allem, wenn Sie eine ungewöhnliche Sprache gelernt haben oder dies neben dem Studium tun wollen. Verbindungen zu englischsprachigen Universitäten in Amerika und Großbritannien gibt es ziemlich sicher. Auf jeden Fall bringt Ihnen ein Studienjahr im Ausland Erfahrungen mit einem anderen Schulsystem, und Sie werden Studenten und Dozenten mit einem anderen kulturellen Hintergrund kennenlernen. Das hat wieder offensichtliche Vorteile, die ein zukünftiger Arbeitgeber schätzen wird; außerdem ist es auch für Sie sehr reizvoll und wird ganz sicher Ihr Selbstvertrauen stärken.

Zuletzt könnten Sie auch die Gelegenheit nutzen, für ein Jahr als Werkstudent zu arbeiten. Das ist nicht so akademisch: Üblicherweise bedeutet dies, dass man eine Zeit lang als (bezahlter) Praktikant in irgendeinem Unternehmen arbeitet. Viele große Unternehmen bieten derartige Praktika an. Und zahlreiche Studenten arbeiten – soweit die Studienordnung ihrer Fakultät derartige Praktika nicht ohnehin vorsieht – während der Semesterferien auf Praktikumsstellen. Eventuell gibt es an Ihrer Universität eine Beratungsstelle, die Ihnen allgemeine Informationen darüber, wo und wie Sie sich bewerben können, zur Verfügung stellt. Sie müssen dann in der Regel selbst die Initiative ergreifen und sich – wie später für eine ganz normale Stelle – schriftlich bewerben und Bewerbungsgespräche führen. Wenn Sie einen Abschluss anstreben, der ganz offensichtlich eine Wirtschafts-, Volkswirtschafts- oder Finanzwirtschaftskomponente enthält, kann es sein, dass jeder in Ihrer Fakultät einen Praktikumsplatz zu finden versucht. Falls Sie „nur" Mathematik studieren oder Mathematik mit einem Nebenfach, das nicht so wirtschaftsorientiert ist, wird das wahrscheinlich nicht der Fall sein, aber vielleicht ergibt sich trotzdem eine Gelegenheit für ein Praktikum. Ich rate Ihnen, nach solchen Chancen Ausschau zu halten, zumindest wenn Sie eine Karriere in der Wirtschaft oder der Finanzwirtschaft (im weitesten Sinne) anstreben. Bei einem Praktikum lernen Sie sehr viel über die Branche, die Sie sich ausgesucht haben. In die Köpfe derer zu schauen, die dort arbeiten, und den nötigen Geschäftsverstand zu entwickeln, ist schwierig, wenn man nur in theoretischen Kursen sitzt. Nach meiner Erfahrung gewinnen Praktikanten ein besseres Verständnis dafür, wie es ist, in dem speziellen Zweig zu arbeiten, den sie sich ausgesucht haben, und mach einer bekommt sogar schon ein Jobangebot. Es ist nicht belanglos, wenn man an die praktischen Dinge des Lebens denkt – Sie können sich weit besser auf den Abschluss Ihres Studiums konzentrieren, wenn Sie wissen, dass Sie danach schon mit einem guten Beruf versorgt sind.

In all diesen Situationen mit Projekten und Praktika werden sich die Beziehungen zu anderen Menschen verändern. Sie werden nicht mehr länger nur ein Student unter vielen sein, stattdessen eng mit bestimmten Leuten zusammenarbeiten, von denen Sie viele sonst nie kennengelernt hätten. Machen Studenten gefällt diese Veränderung in ihrem Leben, anderen dagegen nicht, und ich will nicht behaupten, dass jeder davon gleichermaßen profitiert. Aber vielleicht möchten Sie sehr bald herausfinden, welche Möglichkeiten es gibt, vor allem weil für einige Programme ein bestimmter Notendurchschnitt notwendig ist. Wie bei anderen Themen in diesem Buch möchte ich Ihnen nur raten, sich gut zu informieren und sorgfältige Entscheidungen zu treffen.

10.8 Mit anderen Studenten lernen

Nun aber zurück zum normalen Grundstudium und speziell zum Lernen mit anderen Studenten. Kommilitonen sind im Überfluss vorhanden, meist einigermaßen klug und viele von ihnen sehr nett. Dadurch werden sie zu einem hervorragenden „Hilfsmittel", das man zum Lernen neuer Mathematik in Anspruch nehmen kann, und mit ihnen macht das Lernen dann auch viel mehr Spaß.

Je nach Ihren Erfahrungen in der Oberstufe sind Sie das Lernen in Gruppen schon gewöhnt, und vielleicht möchten Sie an der Universität damit weitermachen. Ich sehe oft, wie Studenten zusammensitzen, ihre Notizen über den ganzen Tisch verteilt und darüber diskutierend, wie man etwas am besten löst. Ich weiß nicht genau, wie sich diese Gruppen zusammenfinden, aber wenn Sie in Vorlesungen und Tutorien mit den Leuten sprechen, werden Sie sicherlich eine derartige Gruppe finden. Wenn das gemeinsame Arbeiten dann einmal in Gang gekommen ist, sollten Sie sich Gedanken darüber machen, wie gut die Gruppe arbeitet. Auf der einen Seite bringt Sie die Tatsache, dass man sich treffen und miteinander arbeiten will, dazu, es auch wirklich zu tun; es ist ein wenig so, als wenn man einen Kumpel hat, mit dem man gemeinsam ins Fitnessstudio geht. Wenn sich jedoch eine Gruppe mit dem Ziel trifft, zusammenzuarbeiten, die Mitglieder sich dann aber nur gegenseitig ablenken, ist das wahrscheinlich nicht sehr nützlich. Sie sollten sich einen Mittelweg überlegen, bei dem Sie sich erst selbst etwas ansehen und dann zusammenkommen, um über die Teile zu sprechen, bei denen Sie nicht weitergekommen sind. Reflektieren Sie auch immer, was Sie aus einer bestimmten Diskussion für sich selbst herausholen. Ich würde mir an Ihrer Stelle nicht allzu viele Sorgen machen, wenn Ihr Freund in einer Vorlesung besser mitkommt als Sie; er wird sein eigenes Verständnis verbessern, indem er Ihnen etwas erklärt. Allerdings würde ich mir Gedanken machen, wenn Sie nicht zu Wort kommen oder am Ende nur etwas abschreiben, was jemand gesagt hat, ohne es selbst zu verstehen. In diesem Fall tun Sie sich damit auf lange Sicht keinen Gefallen.

Vielleicht gefällt Ihnen der Gedanke, mit anderen zusammenzuarbeiten, aber auch gar nicht. Womöglich sind Sie davon überzeugt, sich allein besser konzentrieren zu können, oder halten Mathematik nur für etwas, das man grundsätzlich allein betreibt. Auch das ist in Ordnung, und in der Regel wird Sie niemand dazu zwingen, mit anderen Studenten zusammenzuarbeiten (zumindest in Vorlesungen und beim selbstständigen Lernen – manche Dozenten erwarten aber, dass Sie in Übungen mit anderen zusammenarbeiten). Wenn ich Sie wäre, würde ich jedoch darüber nachdenken, einen guten Mittelweg für mich zu finden. Sie sollten keinesfalls in Abgeschiedenheit arbeiten, nur weil Sie denken, dass das alle genialen Mathematiker tun. Die größten Köpfe arbeiten zwar teilweise allein, doch manchmal auch in Forschergruppen, und so oder so engagieren sie sich ganz bestimmt in größeren Mathematiker-Netzwerken, indem sie an Tagungen und Seminaren teilnehmen und darüber diskutieren, ob ein Beweis richtig ist oder ob man eine Idee wirklich durch eine neue Art von Objekt verallgemeinern kann. Ob Sie selbst nun ein Mathematiker sein wollen oder nicht: Es ist immer eine gute Idee, an mathematischen Diskussionen und Streitgesprächen teilzunehmen, um zu üben.

Sie sollten auch nicht vergessen, dass Sie durch die Zusammenarbeit mit anderen Studenten ein Gefühl dafür bekommen, wie gut Sie selbst eine Thematik beherrschen. Wenn Sie ganz isoliert lernen, werden Sie am Ende kaum wissen, wie gut Ihr eigenes Verständnis im Vergleich zu dem anderer Studenten ist. Das mag nicht so schlimm sein, aber wenn Sie selbst meinen, schlecht zu sein, könnte das durch diese Isolation noch verschlimmert werden (vgl. Kap. 13). Wenn Sie also allein vor sich hin kämpfen, dann ziehen Sie in Betracht, zumindest einen Teil Ihrer Lernzeit mit anderen zu verbringen. Wahrscheinlich werden Sie dann merken, dass Sie besser sind, als Sie selbst denken.

Das klingt jetzt wahrscheinlich so, als wollte ich sagen, dass Studenten viel zusammenarbeiten sollen. Ich bin mir jedoch gar nicht sicher, ob ich so weit gehen würde. Als ich studierte, lernte ich meist allein, und offensichtlich stellte sich das als richtig für mich heraus. Aber im Nachhinein erkenne ich, dass ich wohl teilweise deshalb so arbeitete, weil ich es so gewohnt war – in der Oberstufe war ich die Einzige, die Mathematik als Leistungskurs hatte, deshalb gab es auch keine anderen Schüler, mit denen ich mich unterhalten konnte, und ich habe mir das deshalb auch nie angewöhnt. Später im Studium lernte ich mehr mit anderen. Ich entdeckte, dass es mein Selbstvertrauen stärkte, und es machte auch wirklich Spaß. Daher wünschte ich, ich hätte schon viel früher damit begonnen. Wenn Sie natürlich ein Teilzeitstudent oder ein Spätstudierender sind, oder wenn Sie nicht in der Nähe der Universität wohnen, ist es aus ganz praktischen Gründen schwieriger für Sie, mit anderen Studenten zusammenzukommen. Doch die Meisten haben im Laufe der Woche wenigstens einige Pausen zwischen den Vorlesungen, und vielleicht könnten Sie dabei regelmäßig mit anderen lernen.

10.9 Hilfsangebote für alles andere

Während Sie an der Universität lernen, sind Sie aber nicht nur Mathematikstudent, sondern eine komplexe Person mit einem ganzen Leben. Ich hoffe, Ihr Leben wird großartig sein, dass sie Fortschritte hin zu einem guten Verständnis der Mathematik machen, einen guten Abschluss, eine interessante Karriere oder was auch immer Sie erreichen möchten. Aber das Studium dauert lange und gelegentlich läuft aus Gründen, die Sie nicht beeinflussen können, etwas schief. Sie werden Informationen über das Studentenwerk und andere Einrichtungen erhalten, die Ihnen Hilfe anbieten, wenn Sie an die Universität kommen. Aber ich möchte einiges über die Unterstützung sagen, die Sie darüber hinaus erwarten können.

Ich will mit der Berufsberatung beginnen. Meiner Erfahrung nach arbeiten in der Berufsberatung von Universitäten sehr gut informierte und hilfsbereite Menschen, die alles dafür tun würden, Studenten zu interessanten und gut bezahlten Jobs zu verhelfen. Deren größtes Problem besteht darin, dass die Studenten gar nicht kommen, um sich zu informieren, oder wenn, dann meist viel später, als es eigentlich sinnvoll wäre. Ich verstehe, wie das passieren kann – zumindest Mathematikstudenten haben ständig ein Arbeitsblatt, an dem sie arbeiten, eine Prüfung, auf die sie sich vorbereiten, oder noch eine Vorlesung, die sie besuchen müssen. Und diese Dinge scheinen immer dringender zu sein, als an die Zukunft zu denken. Außerdem haben Studenten oft kein klares Bild von der Zukunft, sie erscheint eher etwas beängstigend, und daher vermeiden es viele möglichst, daran zu denken.

Doch es ist wirklich nicht schwierig, die Berufsberatung effektiv zu nutzen, selbst wenn Sie noch keine Ahnung haben, was Sie mit Ihrem Leben anfangen wollen (was bei Leuten, die gerade zu studieren beginnen, ziemlich verbreitet ist). Wenn Sie sich in einer solchen Situation befinden, schlage ich Ihnen vor, schon in der ersten Woche Ihres Studiums zur Berufsberatung zu gehen. Sagen Sie den Leuten am Informationsschalter, dass Sie Mathematik studieren und nicht wissen, was Sie auf lange Sicht tun wollen. Bitten Sie um Informationsmaterialien, aus denen hervorgeht, welche Berufsmöglichkeiten Ihnen offen stehen. Sie werden dann mit hübschen Hochglanzbroschüren versorgt, durch die Sie über Jobs in einer Vielzahl von verschiedenen Bereichen informiert werden. Diese können Sie, wenn Sie Zeit haben, im Laufe des Jahres durchsehen, und danach haben Sie ein besseres Gefühl dafür, was Sie vielleicht interessieren könnte. Dann können Sie auch zurückkehren und einen Termin vereinbaren, um detailliertere Ratschläge zu erhalten.

Wenn Sie auf der anderen Seite schon genauere Vorstellungen haben, was Sie vielleicht einmal machen wollen, können Sie schon viel früher einen Termin vereinbaren, zum Beispiel, um für die Semesterferien im Sommer einen Praktikumsplatz zu bekommen. Wenn Sie sich dies alles nicht vorstellen können, dann lesen Sie wenigstens die E-Mails der Berufsberatung, die Sie auf Jobmessen auf dem Unicampus hinweisen. Hierhin schicken in der Regel viele Arbeitgeber (normalerweise junge) Mitarbeiter, die Studenten erzählen, wie ihr Berufsfeld aussieht. Gehen Sie zu solchen Veranstaltungen, dann entwickeln Sie ein Gespür dafür, was in der Welt so vor sich geht.

Es ist wie immer: Es gibt Hilfe, aber Sie müssen sich selbst darum kümmern. Sie brauchen dazu nicht sehr aktiv zu werden – es ist nicht besonders anstrengend, das zu tun, was ich Ihnen gerade vorgeschlagen habe. Aber warten Sie nicht darauf, dass Ihnen jemand befiehlt, dass Sie es tun sollen. Vielleicht gibt es jemanden – wenn Sie zufällig einen Tutor wie mich bekommen, wird er Sie ziemlich regelmäßig mit so etwas quälen. Doch viele Mathematiker halten das nicht für ihre Aufgabe. Sie nehmen an, dass Sie selbstverantwortlich genug sind, um sich selbst darum zu kümmern. Manche Studenten tun das auch wirklich, andere aber nicht; und Letztere versuchen dann etwas über Berufsmöglichkeiten herauszufinden, während sie für ihre Abschlussprüfungen lernen. Wenn Sie schon früh mit dem Sammeln von Informationen anfangen, können Sie vermeiden, in solch eine Situation zu kommen.

Neben der Berufsberatung bietet Ihnen die Universität auch Unterstützung in vielen praktischen Dingen an. Natürlich gibt es eine Bibliothek. Es gibt eine Art von Druckerei oder einen Copyshop, wo Sie Ihre Arbeiten drucken und binden lassen können. Es gibt eine zentrale Studentenverwaltung, wo Sie sich einschreiben und eventuell Gebühren zahlen müssen. Es gibt vielleicht ein Jobzentrum für Studenten, das Ihnen hilft, in der Nähe der Universität einen Nebenjob während des Semesters zu finden. Es gibt eine Zimmervermittlung, die für Studenten Kontakt zu Vermietern herstellt, wenn sie nicht in einem Studentenheim wohnen wollen. Vielleicht gibt es eine Einrichtung, wo Sie Hilfe bei Computerproblemen erhalten, und wahrscheinlich auch einen medizinischen Notfalldienst. Eventuell gibt es auch eine Stelle, zum Beispiel beim AStA (allgemeiner Studentenausschuss), wo Sie praktische Ratschläge einholen können, wenn Sie Probleme mit Ihrem Vermieter, der Wasserversorgung oder was auch immer haben. Schließlich wird es auch in Ihrer Fakultät eine Fakultätsverwaltung geben, wo Sie sich für Kursarbeiten oder Ähnliches anmelden.

Es gibt auch eine Stelle, wo Sie Unterstützung finden, wenn Sie körperbehindert oder sonst hilfsbedürftig sind. Wenn Sie Legastheniker sind oder eine Behinderung in Ihrer Bewegungsfähigkeit oder Ihrer Sinneswahrnehmung haben, sollten Sie möglichst früh, noch bevor Sie an die Universität kommen, Kontakt aufnehmen. Dort wird Ihnen jede Unterstützung geboten, die Sie benötigen, um effektiv zu studieren. Falls Sie vermuten, dass eine dieser Einschränkungen auf Sie zutreffen könnte, aber noch keine Diagnose vorliegt, wird man Ihnen dort auch helfen, die relevanten Tests durchführen zu lassen. Wenn Sie sich in einer derartigen Situation befinden, habe ich auch als Dozent eine Bitte an Sie. Derartige Servicestellen behandeln die Bedürfnisse eines Studenten vertraulich, und das bedeutet, dass ich es nicht erfahre, wenn jemand in meiner Vorlesung sitzt, der irgendetwas benötigt. Manchmal erscheint zum Beispiel jemand zum Mitschreiben für einen Studenten, der Legastheniker ist oder der sehr schlecht sieht, aber ich habe keine Ahnung, wer dieser Student ist. Gelegentlich kann ich etwas ganz Einfaches tun, um ihm zu helfen – etwa in einer bestimmten Farbe schreiben oder die Schrift im Skript größer formatieren. Doch diese Information erreicht mich nicht sehr schnell. Wenn Sie also in einer solchen Situation sind und es etwas Einfaches gibt, was Ihr Dozent für Sie tun kann, bitten Sie ihn darum. Wenn es praktisch umsetzbar ist (und den anderen im Kurs gegenüber fair), wird er wahrscheinlich sofort zustimmen, und Sie werden feststellen, dass Sie so schneller zu dem kommen, was Sie brauchen, als wenn Sie durch alle offiziellen Instanzen gehen.

Ich hoffe, diese praktischen Dienstleistungen umfassen alles, was Sie während Ihrer Studienzeit benötigen. Doch es gibt auch Hilfe, wenn Sie seelische oder psychische Probleme haben. Manche benötigen diese aufgrund ernsthafter Gründe, etwa der Erfahrung einer schweren Krankheit, eines Todesfalls in der Familie, einer ungeplanten Schwangerschaft, eines Abhängigkeitsproblems, eines Missbrauchsfalls, einer Depression oder irgendeiner anderen psychischen Störung. So etwas ist zum Glück selten, doch es kommt von Zeit zu Zeit vor. Manchmal müssen Menschen diese Hilfseinrichtungen auch aus Gründen zu Rate ziehen, die weniger offensichtlich sind, aber ihre Fähigkeit zu studieren doch stark beeinträchtigen. Vielleicht ist eine langjährige Beziehung zerbrochen, sie erkennen, dass sie homosexuell veranlagt sind, oder ihre Eltern wollen sich scheiden lassen. Vielleicht sind sie auch in eine Gesellschaft geraten, in der zu viel getrunken wird, oder sie haben grundsätzlich Angst, ihr Studium nicht zu schaffen. Es kann auch sein, dass sie mehr Heimweh haben als erwartet. In jedem dieser Fälle kann es wirklich sinnvoll sein, sich Expertenrat einzuholen.

Der Zugang zu allen Hilfseinrichtungen sollte unproblematisch möglich sein. Falls Sie einen akademischen Betreuer haben, können Sie mit ihm reden, wenn Sie sich wegen irgendetwas Sorgen machen. Falls Sie in einem Studentenwohnheim am Campus wohnen, haben Sie vielleicht einen Heimleiter. Doch wo auch immer Sie leben, die Beratungsstellen der Universität oder auch die von anderen Studenten stehen Ihnen auf jeden Fall offen. Informationen über diese Hilfseinrichtungen finden Sie wahrscheinlich in der virtuellen Lernumgebung oder der Homepage Ihrer Universität. Also schauen Sie dort als Erstes nach.

Ich rate Ihnen, wann immer Sie eines der geschilderten Probleme haben, zu einer dieser Hilfseinrichtungen zu gehen und um Hilfe zu bitten. Ich finde es gut, wenn Leute versuchen, ihre Probleme selbst zu lösen, doch sie müssen sich nicht schämen oder selbst quälen. An Universitäten ist man es gewohnt, sich mit derlei Dingen zu beschäftigen, und niemand wird überrascht über das sein, was Sie sagen. Dies gilt auch, wenn Sie mit jemandem befreundet sind, der Probleme hat. Man kann leicht das Gefühl haben, dass man nicht das Recht dazu hat, sich einzumischen, wenn es ein Freund ist, der die Probleme hat, aber natürlich möchten Sie ihm helfen und manchmal ist es dazu notwendig, sich selbst ein wenig Rat zu holen.

Das alles klingt ein wenig deprimierend, deshalb möchte ich betonen, dass die meisten Studenten eine großartige Zeit an der Universität erleben und nie solche Probleme haben oder auch nur jemanden treffen, auf den dies zutrifft. Sie lernen viele neue Freunde kennen und genießen ein gutes Verhältnis zu Ihren Dozenten und Betreuern. Also machen Sie sich nicht im Voraus Sorgen. Denken Sie nur daran, dass es Hilfe gibt, falls Sie irgendwann Probleme bekommen sollten.

Fazit

- Sie treffen Dozenten und Betreuer in Vorlesungen, Tutorien, Übungsgruppen und anderen mathematischen Betreuungsangeboten wie Lernwerkstätten. Man erwartet von Studenten, dass sie selbst um Hilfe bitten.
- Wenn Sie Fragen stellen möchten, ist es hilfreich, alle notwendigen Unterlagen bei sich zu haben und genau zu wissen, welche Fragen Sie stellen möchten. Nehmen Sie gegebenenfalls eine Liste mit und ordnen Sie Ihre Unterlagen vorher.
- Denken Sie darüber nach, welches der beste Zeitpunkt ist, um eine Antwort auf Ihre Fragen zu erhalten, und wenn Sie eine E-Mail schicken, seien Sie höflich und schreiben Sie ordentlich.
- Finden Sie heraus, welche Möglichkeiten an Ihrer Universität für größere Projekte und Praktika bestehen. Diese helfen Ihnen, Selbstvertrauen zu gewinnen, neue Fähigkeiten zu erlangen, die von Arbeitgebern geschätzt werden, und eine individuellere Beziehung zu Ihren Dozenten aufzubauen.
- Überlegen Sie sich eine Strategie, wie Sie es bezüglich der Zusammenarbeit mit anderen Studenten halten möchten. Das Lernen mit anderen kann mehr Spaß machen und Ihre Fähigkeiten, über Mathematik zu sprechen, verbessern, aber Sie sollten sich nicht nur ablenken lassen.
- Universitäten bieten viele Hilfsangebote. Jeder sollte möglichst früh zu einer Berufsberatung gehen. Hoffentlich benötigen Sie die anderen Einrichtungen nicht zu oft, doch wahrscheinlich ist es sinnvoll, sich mit ihnen vertraut zu machen, wenn Sie neu an die Universität kommen.

Weiterführende Literatur

Mehr darüber, wie man mit anderen umgeht, und über die praktischen Aspekte des Lebens an der Universität finden Sie in:

- Moore, S. & Murphy, S.: *How to be a Student: 100 Great Ideas and Practical Habits for Students Everywhere*. Open University Press, Maidenhead (2005)

Berufliche Möglichkeiten für Mathematikstudenten sind gelistet auf (in Englisch):

- http://www.mathscareers.org.uk/
- http://www.prospects.ac.uk/optionsmathematicsyourskills.htm

Um Ihr Deutsch zu verbessern, hilft:

- Schneider W.: *Deutsch für Profis: Wege zu gutem Stil*. Goldmann, München (2001)

Ihr schriftliches Englisch können Sie verbessern mit:

- Seely, J.: *Oxford A–Z of Grammar & Punctuation*. Oxford University Press, Oxford (2004)
- Trask, R. L.: *The Penguin Guide to Punctuation*. Penguin, London (1997)
- Trask, R. L.: *Mind the Gaffe: The Penguin Guide to Common Errors in English*. Penguin Books, London (2002)

Wenn Sie an einem schriftlichen Projekt arbeiten und mehr über professionelles mathematisches Formulieren erfahren wollen, lesen Sie:

- Higham, N. J.: *Handbook of Writing for the Mathematical Sciences*. Society for Industrial and Applied Mathematics, Philadelphia (1998)
- Kümmerer, B.: *Wie man mathematisch schreibt*. Springer, Heidelberg (2016)

11

Zeitmanagement

Zusammenfassung

In diesem Kapitel geht es darum, wie Sie die Zeit für Ihr Studium organisieren, sodass Sie bei der Mathematik auf dem Laufenden bleiben und Stress durch Zurückfallen vermeiden. Es liefert praktische Vorschläge, wie man realistische Zeitpläne erstellt, an die Sie sich wirklich halten können, und wie man auch soziale Aktivitäten einplant, sodass Sie diese genießen können ohne das Gefühl, eigentlich lernen zu müssen.

11.1 Warum sollte ein guter Student dieses Kapitel lesen?

Wenn Sie bereits ein guter Student sind, zweifeln Sie vielleicht daran, dass Ihnen irgendjemand noch etwas zum Thema Zeitmanagement beibringen kann. Dann ist für Sie vielleicht Folgendes interessant: Zum neuen Studienjahr frage ich regelmäßig nach den Ferien meine früheren Erstsemester, ob sie im zweiten Studienjahr nun irgendetwas anders machen wollen. Und die Antwort lautete dann einstimmig: „Ja, ich werde mich mehr darum bemühen, mit der Arbeit dranzubleiben." Das ist lobenswert, doch kaum jemand kann mir dann sagen, welche praktischen Veränderungen er konkret vornehmen möchte. Normalerweise können Studenten nur im Nachhinein beschreiben, was sie positiv verändert haben, und selbst das nur vage. Sie äußern dann Dinge wie: „Ich habe damit begonnen, jedem Montagnachmittag zusammen mit Hannah in der Bibliothek zu arbeiten. Das scheint geholfen zu haben." Reflektierter zu sein, wäre besser, und in diesem Kapitel werde ich Ihnen viele Vorschläge machen, wie Sie Ihre Zeit besser unter Kontrolle bekommen, ob Sie nun das ganze Semester oder nur eine einzelne Woche planen. Alle Vorschläge können vom ersten Tag an angewendet werden oder wann auch immer Sie realisieren, dass es Ihnen nicht besonders gut gelingt, mit der neuen Freiheit und dem Mehr an Arbeit zurechtzukommen. (Wenn Sie Wiederholungen planen, könnten Sie auch Kap. 7 lesen. Und wenn Sie schon in Panik sind, weil Sie mit dem Lehrstoff weit zurückliegen, beginnen Sie mit Kap. 12 und kommen dann zu diesem hier zurück.)

© Springer-Verlag Berlin Heidelberg 2017
L. Alcock, *Wie man erfolgreich Mathematik studiert*, DOI 10.1007/978-3-662-50385-0_11

Sie sollten aber nicht vergessen, dass Sie ein menschliches Wesen sind, und als solches werden Sie es naturgemäß nicht schaffen, alle Ratschläge zu beherzigen. Andere Dinge werden Sie ablenken oder Sie könnten über das Ziel hinausschießen und sich überlasten. Vielleicht finden Sie das alles auch ein wenig einschüchternd. Aber es ist nützlich, Ziele zu haben, und wenn Sie auch nur einige praktische Tipps aufgreifen, wird es Ihnen bessergehen. Es ist bestimmt leichter, dabeizubleiben oder wieder auf Kurs zu kommen, wenn Sie wissen, wie Ihr Kurs verläuft bzw. das Ziel aussieht. Bevor ich aber mit meinen Ratschlägen beginne, will ich einen kurzen Abschnitt mit Warnhinweisen dazu einfügen, was Sie anstreben sollen und was besser nicht.

11.2   Ziele und Dinge, die Sie vermeiden sollten

Zuerst einmal ist es wichtig, ein Gefühl dafür zu entwickeln, was es in der Hochschulmathematik bedeutet, ein bestimmtes Wissensniveau erreicht zu haben. Um grundsätzlich herauszufinden, was an Ihrer Universität verlangt wird, sollten Sie unbedingt die zu Ihrem Studienfach gehörende Prüfungsordnung lesen. Dort ist festgehalten, welche Prüfungen Sie ablegen müssen, wie oft Sie wiederholen dürfen und in welchen Fristen. Es ist erstaunlich, wie viele Studenten gar nicht bemerken, dass sie durch eine Prüfung gefallen sind, weil sie eine Frist nicht eingehalten haben. Auch die erforderlichen Notenschnitte finden Sie hier. Als Anhaltspunkte für Noten in Mathematik an der Universität gelten ungefähr: Ab 50 % der Gesamtpunktzahl erhalten Sie ausreichend und haben bestanden, ab 60 % befriedigend, ab 70 bis 75 % gut und ab 80 bis 90 % sehr gut. 80 % scheint für die Bestnote ziemlich wenig zu sein, doch damit können Dozenten Studenten belohnen, die zuverlässig viele Standarddinge beherrschen, haben dabei aber trotzdem noch genug Spielraum, um auch diejenigen sehr gut zu bewerten, die den Stoff gut genug verstehen, um ihr Wissen kreativ auf neue Prüfungsfragen anzuwenden (manche erzielen 100 % der Punkte).

Zweitens ist es wichtig zu verstehen, wie Wiederholungsprüfungen an der Universität funktionieren. Wenn Sie die Prüfung für eine Vorlesung bestanden haben, werden Sie keine Wiederholungsprüfung machen dürfen. Wenn Sie 52 % erreichen, dann bleibt es auch dabei. Wenn Sie aber durch die Prüfung fallen, werden Sie diese wiederholen müssen. Das kann unangenehme Folgen haben, denn Sie werden dazu vermutlich in den Semesterferien an der Uni lernen müssen, statt Geld zu verdienen, einen Urlaub auf Kreta zu machen oder in einem amerikanischen Sommercamp zu jobben. An manchen Universitäten ist es sogar so, dass Ihre Gesamtnote in einem Modul oder einem Kurs nicht besser als ausreichend sein darf, wenn Sie in eine Wiederholungsprüfung müssen. Über den Sinn einer solchen Regelung lässt sich sicherlich streiten, doch wenn Ihre Universität dies so vorschreibt, müssen Sie damit leben. Wenn Sie schließlich die Prüfungen für mehrere Vorlesungen nicht schaffen, werden Sie das ganze Jahr wiederholen müssen, egal ob das eine Vorschrift ist oder nur deshalb, damit Sie den Stoff wirklich lernen. Dies führt natürlich auch zu höheren Kosten für das längere Studium. Langer Rede kurzer Sinn: Wiederholungsprüfungen sind nicht erstrebenswert und es wäre besser, alles schon beim ersten Mal zu schaffen.

Ein weiterer Grund, warum es vorteilhaft ist, in Mathematik von Anfang an gut mitzukommen und stofflich auf der Höhe zu bleiben, besteht darin, dass das Fach sehr hierarchisch aufgebaut ist: Vorlesungen, die Sie im zweiten Jahr hören, werden auf dem Wissen des ersten Jahres aufbauen und Vorlesungen im dritten auf dem Wissen des zweiten. Wenn Sie also im ersten Jahr nicht fleißig lernen und nur die Hälfte der mathematischen Inhalte kennen, haben Sie Ihre Chancen, im zweiten Jahr erfolgreich zu studieren, substanziell untergraben. Sie müssen nicht perfekt sein, doch Sie sollten wenigstens über solide Grundkenntnisse der wichtigsten Konzepte verfügen.

Der Grund, warum ich das sage, liegt darin, dass an vielen Universitäten die Noten im ersten Jahr nicht direkt zur Abschlussnote gezählt werden.[1] Vielleicht errechnet sich die Gesamtnote zu 30 % aus den Noten des zweiten und zu 70 % aus den Noten des dritten Studienjahres oder so ähnlich. Wenn das an Ihrer Universität so gehandhabt wird, garantiere ich Ihnen, dass im Laufe Ihres ersten Jahres irgendein Idiot zu Ihnen kommen und sagen wird: „Ach komm schon, das erste Jahr zählt doch gar nicht – du musst noch gar nicht so viel arbeiten!" Diese Person hat das Grundprinzip nicht begriffen, dass Taten Auswirkungen haben. Sie müssen ihr nicht sagen, dass das idiotisch ist, aber Sie sollten sich nicht von ihr beeinflussen lassen.

11.3 Ein Semester planen

Mit all dem im Hinterkopf und der Annahme, dass Sie ein guter Student sein wollen, ohne sich wie verrückt anzustrengen, können Sie sich selbst einen großen Gefallen tun, indem Sie sich einen angemessenen Plan für das ganze Semester machen. Wir betrachten zuerst die Grobplanung und arbeiten uns dann hinunter bis in die Details.

Wenn Sie ein Semester an der Universität planen, ist zu beachten, dass Sie eine Reihe von Prüfungen und Arbeitsblättern zu bearbeiten haben werden, die zu unterschiedlichen Zeiten angesetzt sind oder abgegeben werden müs-

---

[1] Anm. d. Übers.: Im deutschen Bachelorsystem zählen in der Regel alle Noten.

sen. Vielleicht ist das eine neue Erfahrung für Sie, weil es bislang immer eine saubere Trennung zwischen Zeiten, in denen Sie neuen Stoff in Mathematik lernten, Zeiten, in denen Sie diesen Stoff wiederholen, und Zeiten, in denen er abgeprüft wurde, gab.[2] Sie werden auch feststellen, dass Sie nicht oft daran erinnert werden, wann Sie welche Arbeiten erledigen sollen. Ihre Dozenten erwarten von Ihnen, dass Sie die Informationen auswerten, die Ihnen über Prüfungen und Studienarbeiten gegeben wurden, und selbst herausfinden, wie diese in Ihre Planungen einzubauen sind. Vielleicht ist das für Sie kein Problem, vielleicht aber stellen Sie auch fest, dass Ihre Lehrer und Eltern Sie bei Ihrer Terminplanung mehr unterstützt haben, als Sie dachten. Wie dem auch sei: Das Erste, was Sie tun müssen, ist zu klären, was wann passiert, sodass Sie vernünftige Entscheidungen darüber treffen können, wann Sie woran zu arbeiten haben. Auch das ist nicht schwierig und Sie werden am meisten davon profitieren, wenn Sie das gleich zu Anfang des Semesters erledigen. Ich würde folgendermaßen vorgehen:

Sie sollten sich zuerst einen Wandkalender für Ihre Planungen kaufen. Das dürfte kein Problem sein, denn solche werden oft von Universitäten oder Studentenverbindungen verteilt. Für Ihre Zwecke sind solche aus der üblichen Massenproduktion jedoch nicht ideal, denn sie enthalten Informationen über ein ganzes Jahr und zudem am Rand viele farbenprächtige und daher ablenkende Informationen über Veranstaltungen und besondere Angebote. Für meine eigenen Planungen erstelle ich mir lieber einen eigenen Wandkalender in einem einfachen Format selbst.

Als Nächstes sollten Sie an alle Informationen über Ihre Prüfungstermine und darüber, wann Sie benotete Arbeitsblätter abgeben müssen, gelangen. Auch das kann leicht sein, wenn Ihre Fakultät Ihnen diese entweder als ausgedruckte Liste oder auf der virtuellen Lernumgebung zur Verfügung stellt. Es könnte aber auch schwieriger sein, wenn die Informationen in mehreren Dokumenten zu jedem einzelnen Modul versteckt sind.

Wenn Sie all diese Informationen gesammelt haben, werden Sie feststellen, dass einige Prüfungen für bestimmte Zeiten und Tage festgesetzt sind. Dies lässt sich leicht in den Terminplaner eintragen, doch andere Dinge sind vielleicht weniger genau festgelegt. Eventuell müssen Sie einen Online-Test machen, und können sich dafür zum Beispiel innerhalb einer Woche jederzeit einloggen und diesen absolvieren. Hier gibt es verschiedene Ansätze. Einer wäre: Sie tragen ihn am ersten möglichen Tag in Ihren Terminplaner ein. Das hat den Vorteil, dass Sie sich möglichst früh darauf konzentrieren und ihn hinter sich bringen. Sie werden sich gut fühlen, wenn sich andere noch mehrere Tage

---

[2] Anm. d. Übers.: Diese Anmerkungen beziehen sich auf das britische Schulsystem. In Deutschland sind Sie die Vermischung aus Lernen und Prüfungen gewohnt.

lang Gedanken darüber machen. Sie können den Termin auch am vorletzten Tag eintragen. Das gibt Ihnen mehr Zeit für die Vorbereitung und könnte auch sinnvoll sein, wenn die früheren Termine zum Beispiel mit einer anderen Prüfung kollidieren. Was Sie keinesfalls tun dürfen, ist ihn am allerletzten Tag einzutragen. Nun gibt es Online-Prüfungssysteme schon eine ganze Zeit und sie sind ziemlich zuverlässig, doch es kann immer mal etwas schiefgehen (manchmal bricht sogar das gesamte Netzwerk der Universität zusammen). Wenn Sie es bis zur letzten Minute aufschieben, riskieren Sie, dass Sie sich selbst alle möglichen Arten von Stress verursachen. Wenn etwas Ungünstiges passiert, selbst wenn es nicht Ihre Schuld ist, werden Sie herumrennen und versuchen müssen, Ihren Dozenten dazu zu bringen, nachsichtig mit Ihnen zu sein.

Auch die Eintragung anderer schriftlicher Arbeiten sollte gut überlegt sein. Für alles gibt es eine Frist, und ich rate Ihnen so zu tun, als laufe sie schon am vorletzten Tag ab. Mindestens einmal im Jahr kommt jemand sehr spät in einen meiner Kurse gestürmt und erzählt mir eine lange und ausführliche Geschichte, wie erst der Drucker nicht funktionierte, er dann kein Geld mehr hatte, dann an das andere Ende des Campus gehen musste und wieder zurück, die Frist aber um 16 Uhr ablief und dann das Büro geschlossen war ... Sie haben verstanden. Diese Person hatte einen schrecklichen Tag und darüber hinaus hat sie Vorlesungen verpasst, ist also nun auch mit allem anderen zurück. Wenn Sie sich einen Tag Puffer genehmigen, kann Ihnen zwar niemand garantieren, dass es keine Probleme geben wird, doch Sie können diese noch in relativer Ruhe lösen.

In manchen Fällen kann es sogar am vernünftigsten sein, dies ins Extrem zu treiben. Als ich Studentin war, musste ich einmal einen langen mathematischen Aufsatz schreiben, für den ich vier Monate Zeit eingeräumt bekam und der kurz nach den Osterferien abzugeben war. Ich erkannte, dass, wenn ich mir bis Ostern damit Zeit ließ, vermutlich die ganzen Ferien damit verbringen würde, und hätte damit zu wenig Zeit für die Wiederholungen auf die Prüfungen im Sommer gehabt. Deshalb arbeitete ich regelmäßig daran und gab ihn schon vor Ostern ab. Das war bestimmt die beste Zeitmanagement-Entscheidung, die ich je getroffen habe.

Hausaufgaben sind wirklich unberechenbare Biester und es lohnt sich, über die einfachen Fristen hinauszudenken. Wenn ein Arbeitsblatt kurz ist und erst eine Woche vor dem Abgabetermin herausgegeben wird, haben Sie nicht viel Spielraum. Wenn es sich aber um etwas Größeres handelt, das in der dritten Semesterwoche verteilt wird und kurz vor Semesterende abgegeben werden soll, müssen Sie einige Entscheidungen fällen. Die meisten Dozenten verteilen keine Arbeitsblätter, bevor die Studenten nicht wenigstens einen Teil des dazu notwendigen Stoffes gesehen haben, deshalb sollten Sie nach Erhalt sofort anfangen können. Vielleicht schauen Sie sich die Anleitung zum Arbeitsblatt an, versuchen zu verstehen, wonach gefragt wird, und setzen sich einige vernünftige Zwischenziele (zum Beispiel einen Termin, bis zu dem Sie gewisse Daten auf eine bestimmte Art analysiert haben müssen). Wenn Sie für dieses Arbeitsblatt in Gruppen arbeiten müssen, gilt es sogar weitere Dinge zu bedenken. Das Problem mit anderen Leuten ist, dass sie zwar vielleicht außerordentlich gescheit und nett sein mögen, aber vielleicht auch ein wenig inkompetent und unzuverlässig. Auf jeden Fall sollte man dann zumindest einige frühe Treffen vereinbaren, um festzulegen, was jeder machen soll und wann man alles zusammenfügen will. Am Ende werden Sie es wertschätzen, eine festgesetzte Frist (oder zwei) für Dinge zu haben, die Sie nicht kontrollieren können. Schreiben Sie diese immer in Ihren Terminplaner.

Als Beispiel nehmen wir an, dass Sie bisher noch nichts derart Kompliziertes wie eine Gruppenarbeit abliefern müssen (größere Projekte wird es vermutlich erst in den höheren Semestern geben), dann könnte Ihr Terminplan wie in Tab. 11.1 aussehen.

Sofort sehen wir die Probleme: Die Woche 7 sieht ziemlich stressig aus, wenn Sie diese nicht sehr gut planen – doch darauf kommen wir später noch einmal zurück. Das Nächste, was Sie tun sollten, ist, alle Termine einzutragen, an denen Sie abwesend sind oder aus irgendeinem Grund nicht lernen können. Wenn Sie zum Beispiel viel Sport machen oder in irgendeiner Art von Verein engagiert sind, gibt es vielleicht Trainings- oder Reisetage, die zu blockieren sind. Wenn Sie 14 h am Samstag jobben, fallen auch alle Samstage weg (vielleicht haben Sie sich ja auch einfach entschlossen, am Sonntag[3] grundsätzlich nicht zu arbeiten). Wahrscheinlich planen Sie auch Dinge, wie am Wochenende nach Hause zu fahren oder sich mit Freunden zu treffen. Ihr Planer hilft Ihnen, an derartige Dinge zu denken. Vielleicht liegen solche Termine auch außerhalb Ihrer Kontrolle: Wenn Ihre Großmutter 80. Geburtstag feiert oder Ihre Cousine in einem Musical mitspielt und die ganze Familie zur Premiere geht, dann tragen Sie das alles ein. Wenn Sie allerdings Einfluss auf Termine haben und es sich zum Beispiel zeigt, dass das Wochenende, an dem Sie eigentlich wegfahren wollten, unmittelbar vor dem Abgabetermin eines größeren Arbeitsblattes liegt, könnten Sie vielleicht umplanen. Es sind natürlich viele Dinge zu bedenken: Wie gut können Sie zu Hause arbeiten, im Vergleich zur Universität oder Ihrem Studentenzimmer? Wie oft brauchen Sie eine Pause von Ihrem nervenden Mitbewohner? Wie lange ertragen Sie es, von Ihrem Freund/Ihrer Freundin getrennt zu sein? Und so weiter. Ich möchte hier lediglich dafür plädieren, dass Sie sich hierbei mit Bedacht entscheiden und nicht beliebig, sodass Sie es letztlich bereuen.

---

[3] oder Samstag oder Freitagabend, je nach Ihrer religiösen Einstellung.

Tab. 11.1 Terminplan für 10 Wochen

	Montag	Dienstag	Mittwoch	Donnerstag	Freitag	Samstag	Sonntag
1							
2							
3							
4	Numerik: Arbeitsblatt			Differential- u. Integral-Rechnung: Online-Test			
5							
6					Zahlentheorie: Klausur		
7	Numerik: Arbeitsblatt			Differential- u. Integral-Rechnung: Klausur	Lineare Algebra: Klausur		
8							
9		Logik: Klausur					
10	Statistik: Arbeitsblatt			Differential- u. Integral-Rechnung: Online-Test			

Wenn Sie ein Fan von farbiger Darstellung sind, können Sie jetzt einen Farbcode für Ihren Planer festlegen. Ich persönlich bin zu bequem, um den Gang hinunter zum Farbdrucker zurückzulegen, deshalb verwende ich lieber verschiedene Grautöne. Wie auch immer werden Sie letztlich einen Plan wie in Tab. 11.2 erhalten.

Jetzt haben Sie einen Überblick über all Ihre wichtigen Vorhaben des anstehenden Semesters, und das ist ein guter Anfang.

Vielleicht erwarten Sie, dass ich als Nächstes vorschlagen werde, nun einen Lernplan für das ganze Semester zu entwerfen. Ganz und gar nicht! Tatsächlich glaube ich, das wäre eine dumme Idee. Zu diesem Zeitpunkt wissen Sie noch nicht, wie schwierig die verschiedenen Vorlesungen sein werden. Sie wissen noch nicht, ob ein Freund Ihnen vorschlagen wird, auf Wohnungssuche zu gehen, und Sie haben auch noch keine von den angebotenen sozialen Akti-

Tab. 11.2 Terminplan für 10 Wochen mit privaten Terminen

	Montag	Dienstag	Mittwoch	Donnerstag	Freitag	Samstag	Sonntag
1						jobben	
2						jobben	
3						zu Hause	zu Hause
4	Numerik: Arbeitsblatt			Differential- u. Integral-Rechnung: Online-Test		jobben	
5						jobben	
6					Zahlentheorie: Klausur	jobben	
7	Numerik: Arbeitsblatt			Differential- u. Integral-Rechnung: Klausur	Lineare Algebra: Klausur	Elisabeth	Elisabeth
8						jobben	
9		Logik: Klausur				Papas Geburtstag	
10	Statistik: Arbeitsblatt			Differential- u. Integral-Rechnung: Online-Test		jobben	

vitäten ausprobiert. Wenn Sie das ganze Semester im Voraus planen würden, hätten Sie kaum die Chance, sich auch daran zu halten, das würde sich sehr schnell als sinnlos erweisen. Stattdessen rate ich Ihnen, eine typische Woche zu planen.

11.4   Eine typische Woche planen

Sie werden alle möglichen Aussagen über die Stundenzahl, die Sie jede Woche lernen müssen, hören. Manche werden behaupten, dass Sie für jede Stunde Vorlesung zwei bis drei Stunden selbstständige Nachbearbeitung benötigen. Dies ist meiner Ansicht nach unrealistisch. Wenn Sie eine typische Woche mit

18 Zeitstunden Vorlesung haben, kämen Sie demnach auf eine Arbeitswoche mit bis zu 72 h. Vielleicht gibt es Menschen, die das schaffen, aber ich gehöre nicht dazu. Eigentlich würde ich das auch gar wollen – bei einem Beruf, der so viel meiner Zeit und Energie erfordert, würde ich ernsthaft in Erwägung ziehen, etwas anderes zu tun. Andere (in besonderem Maße Ihre faulen Kommilitonen) werden vielleicht behaupten, dass Sie gar nichts tun brauchen, bis dann für die Klausuren zu lernen ist. Diese Leute lügen entweder, machen sich selbst etwas vor oder haben Angst zu versagen und sind entschlossen, andere mit sich hinunterzuziehen. Lassen Sie sich davon nicht anstecken.

Meiner Ansicht nach sollte man vernünftigerweise eine Standard-Arbeitswoche von etwa 40 h anpeilen. Wenn Sie bereits 18 davon in Vorlesungen sitzen, bleibt Ihnen noch mehr als die gleiche Zahl an Stunden für selbstständiges Lernen, größere Hausarbeiten, die Vorbereitung auf Prüfungen, das Ordnen Ihrer Mitschriften, das Nachholen von allem, was Sie verpasst haben, usw. Das sollte es Ihnen möglich machen, fachlich dranzubleiben und trotzdem noch genug Zeit zu haben, um das Beste aus Ihrem Studentenleben zu machen. Natürlich könnten die Zahlen bei Ihnen ganz anders aussehen. Wenn Ihnen Mathematik so viel Spaß macht, dass Sie länger arbeiten wollen, nur zu. Wenn Sie ein ernsthafter Sportler sind oder lange in einem Job nebenher arbeiten müssen oder wenn Sie nur wissen, dass es Ihr Hauptziel ist, an der Universität eine tolle Zeit mit Freunden zu haben, dann könnten Sie sich auch dafür entscheiden, dem Studium weniger Stunden zu widmen. Wie dem auch sei: Erst wenn Sie wissen, wie viele Stunden Ihnen zur Verfügung stehen, können Sie ein realistisches Gefühl dafür entwickeln, was in dieser Zeit erreicht werden kann.

Um das zu tun, müssen Sie grob bestimmen, wie Ihre Stunden in einer typischen Woche verteilt sein werden. Ich bin oft überrascht, wie wenig Studenten darauf achten, und deswegen möchte ich dafür plädieren, dass Sie einige wenige Dinge berücksichtigen. Dazu benötigen Sie einen Wochenstundenplan. Vielleicht wurde Ihnen von der Fakultät bereits ein solcher zur Verfügung gestellt. Doch seien Sie vorsichtig – manchmal enthalten derartige Stundenpläne alles, was jeder in Ihrem Studienjahr vielleicht belegen könnte, inklusive aller optionalen Fächer, zusätzlicher Tutorien usw. Wahrscheinlich müssen Sie also als Erstes Ihren ganz persönlichen Stundenplan erstellen. Nehmen wir an, Sie hätten das getan, dann erhalten Sie etwas wie in Tab. 11.3.

Schon hier erkennen wir einige wichtige Dinge. Der Dienstag wirkt auf den ersten Blick ein bisschen albtraumhaft. Um auch nur ansatzweise die Hoffnung zu haben, auch noch in der Vorlesung von 17 bis 18 Uhr aufpassen zu können, müssen Sie sich gut überlegen, was Sie in den freien Zeiten tun wollen. Wenn Sie sich ordentlich beteiligen, sind Vorlesungen etwas sehr Anstrengendes – der neue Stoff kommt komprimiert und schnell und es ist schwierig,

Tab. 11.3 Ein typischer Wochenstundenplan

	8–9	9–10	10–11	11–12	12–13	13–14	14–15	15–16	16–17
Montag		Lineare Algebra	Differential- u. Integral-Rechnung			Statistik		Logik	
Dienstag	Numerik	Numerik	Lineare Algebra	Zahlentheorie		Tutorium		Statistik	Logik
Mittwoch	Lineare Algebra		Differential- u. Integral-Rechnung						
Donnerstag		Zahlentheorie	Differential- u. Integral-Rechnung	Logik			Statistik		
Freitag		Zahlentheorie							

sich darauf zu konzentrieren. Deshalb würde ich zu den freien Zeiten überhaupt nicht arbeiten und stattdessen in der einen Stunde mit Freunden zum Essen gehen und in der anderen eine wenig Sport oder Ähnliches betreiben. Freitag sieht aus dem entgegengesetzten Grund problematisch aus: Sie werden bis dahin von der bisherigen Woche müde sein, und wenn Sie sich nicht selbst disziplinieren, werden Sie dann aufgrund der nur wenigen Unterrichtsstunden vielleicht gar nichts mehr tun wollen. Wenn Sie an einem solchen Tag lernen möchten, müssen Sie sich überlegen, wie Sie ihn realistisch planen.

Bevor wir aber dazu kommen, gibt es noch einige Dinge, die vielleicht Ihr Lernmuster beeinflussen. Um diese ebenfalls zu berücksichtigen, sollten Sie vielleicht einen zusätzlichen ausführlicheren Stundenplan erstellen. Darin könnten auch die Abendstunden und Wochenenden stehen, denn das verschafft Ihnen ein grundlegendes Verständnis dafür, wie Sie Ihre Zeit insgesamt verbringen – einschließlich der Dinge, die Sie gerne tun, und neuer Aktivitäten, an denen Sie teilnehmen möchten.

Das Erste, was Sie ergänzen müssen, sind regelmäßige Aktivitäten. Vielleicht jobben Sie zwei Abende in der Woche in einer Bar oder spielen Fußball und haben regelmäßig am frühen Morgen Training. Oder Ihre Theatergruppe trifft sich Montagabend und am Donnerstag gehen Sie immer zum Filmeabend. Oder der AStA veranstaltet jeden Mittwoch eine tolle Clubnacht. Vielleicht gehen Sie auch in die Kirche, sodass jeder Sonntagmorgen verplant ist. Sie müssen auf all diese Dinge nicht verzichten und sollten sich auch nicht schlecht dabei fühlen, sollten sie aber einplanen. Was auch immer Sie tun wollen, tragen Sie die Zeit dafür in Ihrem Stundenplan ein.

Darüber hinaus sind Dinge zu berücksichtigen, die einen großen Einfluss auf Ihre Aufmerksamkeit und Leistungsfähigkeit haben. Vielleicht verspüren Sie nach dem Morgentraining einen Bärenhunger, der erst nach einem gewaltigen Frühstück verschwindet. Vielleicht trinken Sie während besagter Clubnächte immer zu viel, sodass Sie am nächsten Tag nicht vor Mittag aus dem Bett kommen. Vielleicht sind Sie nach den vielen Unterrichtsstunden vom Dienstag immer so erledigt, dass keine Hoffnung besteht, an diesem Abend noch mehr zu tun als fernzusehen. Vielleicht sind Sie und Ihre Mitbewohner auch von bestimmten Fernsehshows begeistert, und obwohl Sie sich immer ganz fest vornehmen, nur die erste Stunde zuzuschauen und dann zum Lernen in Ihr Zimmer zu gehen, bleiben Sie dann doch den ganzen Abend auf dem Sofa hängen. Auf viele dieser Dinge werden Sie vielleicht nicht besonders stolz sein, sollten sich das aber ruhig eingestehen. Wenn Sie es nicht tun, machen Sie sich ständig nur selbst fertig, weil Sie wieder nicht gelernt haben, obwohl es doch eigentlich nie realistisch war. Wenn es sein muss, ergänzen Sie so etwas zu Ihrem Terminplan, ohne konkrete Hinterlegung oder mit anderer Schrift oder Ähnlichem, aber ergänzen Sie es auf jeden Fall. Wenn Sie das getan haben, wird Ihr ganzer Wochenstundenplan vermutlich aussehen wie in Tab. 11.4.

Jetzt entsteht langsam ein realistischeres Bild davon, wie viele Stunden wir tatsächlich für das selbstständige Lernen zur Verfügung haben, und nun lässt sich ein grober Plan erstellen, welche Stunden wir in einer typischen Woche nutzen wollen. Sie müssen jedoch noch etwas berücksichtigen, bevor Sie eine solche Festlegung vornehmen möchten: Zu welcher Tageszeit können Sie am besten lernen? Meiner Erfahrung nach haben sich diese Frage bisher nur wenige Studienanfänger gestellt, vielleicht weil sie vorher noch nie selbst entscheiden konnten, wie sie ihre Zeit aufteilen. Nun gibt es bei den Meisten von uns bestimmte Tageszeiten, an denen sie besonders gut denken können, und andere, zu denen der Versuch ziemlich nutzlos erscheint. Ich zum Beispiel arbeite am besten am Morgen. Normalerweise erlahme ich vor dem Mittagessen und bin auch einige Stunden danach nicht besonders gut, zwischen 15 und 19 Uhr dann aber wieder aufnahmefähiger. Wahrscheinlich wird mir jeder anständige Ernährungswissenschaftler sagen können, wie ich mein Energieniveau ausgleichen kann, aber ich habe keinen solchen, und Sie vermutlich auch nicht, deshalb werden auch Sie gute und schlechte Zeiten kennen. Wenn Sie über Ihren Stundenplan nachdenken, sollten Sie das berücksichtigen. Wenn Sie vor 10 Uhr morgens nicht zu gebrauchen sind, macht es auch keinen Sinn, vorher etwas Kompliziertes lernen zu wollen (aber vielleicht könnten Sie Routineübungen machen oder grundlegenden Stoff wiederholen). Wenn Sie abends am besten lernen können, sollten Sie diese Zeiten auch dafür einplanen. Um ein Beispiel zu geben, gehen wir davon aus, dass Sie am Morgen

Tab. 11.4 Der komplette Wochenstundenplan

	8–9	9–10	10–11	11–12	12–13	13–14	14–15	15–16	16–17	17–18	18–20	20–22
Montag		Lineare Algebra	Differential- u. Integral-Rechnung			Statistik		Logik				FILM	
Dienstag	Numerik	Numerik	Lineare Algebra	Zahlen-theorie		Tutorium		Statistik	Logik	FERNSEHEN	FERNSEHEN		
Mittwoch	Lineare Algebra		Differential- u. Integral-Rechnung							JOBBEN	JOBBEN		
Donnerstag		Zahlen-theorie	Differential- u. Integral-Rechnung	Logik			Statistik					AStA	
Freitag		Zahlen-theorie											
Samstag		ARBEIT											
Sonntag													

Tab. 11.5 Der Wochenstundenplan mit Zeiten zum selbstständigen Lernen

	8–9	9–10	10–11	11–12	12–13	13–14	14–15	15–16	16–17	17–18	18–20	20–22
Montag		Lineare Algebra	Differential- u. Integral-Rechnung	Lernen		Statistik		Logik	Lernen		FILM	
Dienstag	Numerik	Numerik	Lineare Algebra	Zahlen-theorie		Tutorium	Sport	Statistik	Logik	FERNSEHEN		
Mittwoch	Lineare Algebra	Lernen	Differential- u. Integral-Rechnung			Lernen				JOBBEN		
Donnerstag		Zahlen-theorie	Differential- u. Integral-Rechnung	Logik		Lernen	Statistik	Sport	Lernen			
Freitag		Zahlen-theorie	Lernen			Lernen					AStA	
Samstag		ARBEIT										
Sonntag				Lernen			Lernen					

nicht so fit sind, sondern eher am späten Nachmittag und dem frühen Abend, außerdem ist der gesamte Samstag für einen Job reserviert. Nehmen wir weiterhin an, Sie wollten etwa 20 h lang selbstständig lernen. Dann könnte Ihr Stundenplan so aussehen wie in Tab. 11.5.

Nun können Sie sich jeden Tag die Zeit für Mittag- und Abendessen nehmen und einige Abende, an denen Sie ausgehen können, ohne sich schlecht zu fühlen, und dazu noch einen faulen Sonntagmorgen. Sie müssen sich an diese Aufteilung nicht sklavisch halten, doch sie kann als nützlicher Rahmen dienen.

11.5 Planen, wann Sie was lernen

Wenn Sie über die Planung Ihres Studiums vorher nie viel nachgedacht haben, sind die Ratschläge oben vielleicht ausreichend und Sie können den folgenden Abschnitt überspringen. Wenn Sie aber bereit sind, könnten Sie auch noch einen Schritt weiter gehen und darüber nachdenken, ob es gut wäre, an bestimmten Vorlesungen zu festgesetzten Zeiten zu arbeiten. Nehmen wir zum Beispiel an, dass Ihre Numerik-Vorlesung im Rechenzentrum gehalten wird und Sie alles, was Sie dabei zu tun haben, normalerweise in dieser Zeit schaffen. Dann wollen Sie diesem Thema vielleicht nur eine Stunde selbstständiges Lernen widmen, um Zusammenfassungen für die wichtigsten Techniken zu verfassen und ein paar Übungsaufgaben zu bearbeiten. Dies würde bedeuten, dass Sie für die Nacharbeit Ihrer restlichen Vorlesungen jeweils vier Stunden zur Verfügung haben. Wie sollten Sie diese Zeit verteilen? Vielleicht möchten Sie eineinhalb Stunden damit verbringen, die Vorlesungsmitschrift durchzulesen (vgl. Kap. 7), und die restlichen zweieinhalb an Übungsblättern arbeiten. Ich glaube, das könnte vernünftig sein, doch wird jede Vorlesung unterschiedliche Anforderungen an Sie stellen. Wann ist es wohl sinnvoll, diese Arbeiten zu erledigen? Es gibt darauf keine feste Antwort, doch sollte man einige Dinge beachten. Vielleicht ist es zum Beispiel vorteilhaft, die Vorlesung möglichst bald danach zu rekapitulieren, sodass sie noch frisch in Erinnerung ist. Andererseits könnte es auch vorteilhaft sein, die letzte Vorlesung unmittelbar vor der nächsten zu wiederholen, sodass Sie gut vorbereitet sind. Ich kann Ihnen nicht sagen, was das Beste ist (ich weiß es nicht und bezweifle sogar, dass es darauf eine allgemeingültige Antwort gibt). Und Sie sind natürlich auch durch Ihren Terminplan eingeengt. Trotzdem glaube ich, dass Sie sich Gedanken darüber machen und Vor- wie Nachteile abwägen sollten.

In unserem Beispiel sind alle Vorlesungen über lineare Algebra nach dem Mittwochmorgen vorbei. Also könnten Sie den Mittwochnachmittag nutzen, um den Stoff der ganzen Woche zu lernen. Das wäre großartig, denn Sie könnten sich eine ganze Zeit lang auf ein einziges Fach konzentrieren. Wenn das andererseits nicht gut funktioniert, wäre es ein Desaster – Sie vertun vielleicht drei oder vier Stunden, weil Sie Ihre Aufzeichnungen nicht verstehen und die Übungsaufgaben nicht lösen können und werden dadurch ganz frustriert. Sie könnten dieses Problem vermeiden, indem Sie sich mit einem Freund in der Bibliothek treffen und dort zunächst eine Stunde getrennt Ihre Mitschrift durchlesen, bevor Sie dann eine halbe Stunde darüber sprechen, um dann wieder eineinhalb Stunden getrennt an den Übungsaufgaben zu arbeiten und anschließend eine Stunde lang alles zu besprechen. Doch selbst wenn Sie das so praktizieren und es gut funktioniert, haben Sie ein weiteres potenzielles Problem: Sie werden erst in fünf Tagen zur nächsten Lineare-Algebra-Vorlesung gehen, und bis dahin könnten Sie vieles wieder vergessen haben. Vielleicht beginnt Ihr Dozent mit einer Wiederholung des Stoffs von letzter Woche, vielleicht aber auch nicht. Deshalb wäre es gut, wenn Sie eine halbe Stunde Ihrer Lernzeit in die Lücke vor der ersten Vorlesung am Montag verschieben. Sie verstehen, was ich meine?

Im anderen Extrem wollen Sie vielleicht das Lernen aller Fächer lieber über die ganze Woche verteilen. Dies hat den Nachteil, dass Sie sich nicht über längere Zeit auf eines konzentrieren können, aber den Vorteil, dass man ein zunächst nicht verstandenes Problem später nach einer Pause mit frischem Blick doch noch lösen kann. Die Zeit auf verschiedene Lerneinheiten aufzuteilen, kann auch eine gute Strategie sein, wenn Sie eine Vorlesung überhaupt nicht mögen. In diesem Fall ist es viel leichter, sich eine Stunde lang zum Arbeiten zu motivieren als ganze vier Stunden. Sie können etwas, das Sie gar nicht mögen, sogar in noch kleinere Zeitabschnitte aufteilen: sagen wir 20 min, um eine Vorlesung zu wiederholen, 20 min, um eine Rechenaufgabe zu lösen, und 20 min, um sich die Lösungen eines früheren Übungsblatts noch einmal anzusehen. Auf alle Fälle könnten Sie die Arbeit an speziellen Themen in Ihren typischen Wochenplan eintragen. Sie sollten dabei aber nicht vergessen, dass Dinge von Woche zu Woche unterschiedlich laufen können, vor allem wenn Prüfungen vor der Tür stehen.

11.6 Eine echte Woche planen

Erinnern Sie sich, dass ich gesagt habe, es wäre verrückt, im Voraus einen detaillierten Lernplan für einen längeren Zeitraum zu erstellen? Stattdessen schlage ich vor, Sie sollten einmal in der Woche einen groben Plan machen. Ich würde dafür folgendermaßen vorgehen:

Am Anfang der Woche (oder noch besser am Ende der vorhergehenden) nehmen Sie sich Ihren Stunden- und Ihren Semesterplan. Schreiben Sie eine

Liste mit den Namen all Ihrer Vorlesungen, dann schauen Sie in Ihren Semesterplan und notieren sich zu jeder alle speziellen Aufgaben, die Sie im Laufe dieser Woche erledigen müssen (Kursarbeiten, Vorbereitungen auf Prüfungen usw.). Achten Sie darauf, weit genug nach vorne zu blättern, denn vielleicht möchten Sie früh mit den Vorbereitungen auf eine größere Prüfung anfangen oder mit einem Arbeitsblatt beginnen, das Sie erst in drei Wochen abgeben müssen.

Wenn Sie diese spezifischen Aufgaben aufgelistet haben, dann ergänzen Sie „Vorlesungsmitschrift" und „Übungsblatt" zu jeder Veranstaltung. Wenn Sie zu einer Vorlesung schon eine ganze Liste an Fragen gesammelt haben, könnten Sie auch noch „Hilfe suchen" dazuschreiben. Wenn Sie bei einer Vorlesung mehr oder weniger auf dem Laufenden sind, könnten Sie „Übungsblatt" auch weglassen und stattdessen vielleicht „vorauslesen" eintragen. Ihre Liste könnte also folgendermaßen aussehen:

Beispiel

Lineare Algebra: Vorlesungsmitschrift, Übungsblatt

Differential- und Integralrechnung: Vorbereitung auf Online-Test, Vorlesungsmitschrift, Übungsblatt

Statistik: Vorlesungsmitschrift, Übungsblatt, Hilfe suchen

Logik: Vorlesungsmitschrift, Übungsblatt

Zahlentheorie: Vorlesungsmitschrift, Übungsblatt (vorauslesen, wenn fertig)

Numerik: Arbeitsblatt beginnen

Hier muss man einen besonderen Fall betrachten, nämlich die erste Woche in einem Semester. Sie werden hier wahrscheinlich noch keine Arbeitsblätter oder Prüfungen haben und vielleicht auch noch keine Übungsblätter. In dieser Situation kann man leicht auf den Gedanken kommen, dass Sie nichts zu tun haben; das höre ich jedenfalls gelegentlich von den Studenten in meinen Tutorien. Am Anfang des Semesters frage ich immer, wie es geht, und sie antworten: „Ja, großartig, wir haben noch keine Übungsblätter und deshalb haben wir nichts zu tun." Diese Antwort ist in mehrerer Hinsicht verrückt. Denken Sie zuerst daran, dass Ihre Aufgabe an der Universität nicht darin liegt, auf Übungsblätter zu warten – Sie benötigen auch Zeit, um Ihre Vorlesungsmitschriften zu verstehen. Und selbst wenn die Mitschrift zu dieser Zeit noch leicht zu verstehen ist, gibt es eine Menge Dinge, die Sie sinnvollerweise tun können. Wenn Sie ein Studienanfänger sind, werden Sie nach den

Sommerferien etwas eingerostet sein und sollten sich Ihre Oberstufenbücher durchlesen und sicherstellen, dass Sie die bereits gelernten Methoden sehr gut beherrschen. Wenn nötig, müssen Sie die Lücken füllen. Wenn Sie ein höheres Semester sind, können Sie die notwendigen Dinge aus dem letzten Semester wiederholen. Manchmal erleichtern die Namen der Vorlesungen dies bereits – wenn Sie etwas wie „Differentialgleichungen 2" belegt haben, ist es naheliegenderweise eine gute Idee, die wichtigsten Ideen aus „Differentialgleichungen 1" zu wiederholen. Falls der Name der Vorlesung das nicht so suggeriert, dann schauen Sie nach, was als Vorwissen für die neue Vorlesung gefordert ist, und haben so die gleichen Informationen erhalten. Jeder Student, ob neu oder nicht, kann außerdem leicht herausfinden, ob Skripten im Voraus zur Verfügung gestellt wurden, und schon einmal vorauslesen, um ein Gefühl dafür zu bekommen, was auf ihn zukommt. Sie brauchen niemanden, der vor Ihnen steht und Sie auffordert, etwas zu lernen. In der ersten Woche sollten also alle Vorlesungen in Ihrem Plan mit dem Eintrag „themenbezogenen Stoff wiederholen" versehen werden und wenigstens einige davon mit „vorauslesen".

Wenn Sie das gemacht haben, verfügen Sie über eine Liste von Aufgaben, die Sie während Ihrer wöchentlichen Lernzeit erledigen können. Für „normale" Wochen lässt sich das alles schön in einen typischen Wochenplan fassen: Dann können Sie einfach auf den Plan schauen, um festzustellen, mit welchem Fach Sie sich beschäftigen sollen, anschließend Ihre Liste heranziehen, um herauszufinden, was Sie in diesem Fach zu tun haben, und loslegen. Das ist einfach und es spricht viel dafür, einer derartigen Routine zu folgen. Später im Semester aber, wenn mehr Arbeitsblätter und mehr Prüfungen auf dem Programm stehen, auf die Sie sich vorbereiten müssen, könnte die Liste etwas beängstigend aussehen. Vielleicht stehen dann um die 20 Punkte darauf, und Sie haben nur 20 h, um sich damit zu beschäftigen. Ganz offensichtlich müssen Sie dann Prioritäten setzen. Lassen Sie uns darüber nachdenken, wie.

Schauen Sie zuerst noch einmal auf Ihren Semesterplan und vor allem auf Woche 6. Es mag verlockend sein, diese Woche komplett für die Vorbereitung der Zahlentheorie-Klausur zu verwenden. Aber wäre das wohl eine gute Idee? Sie wären dann zwar gut auf diese Prüfung vorbereitet, würden aber mit allem anderen zurückfallen. Insbesondere hätten Sie eine Woche lang keinen Gedanken an Differential- und Integralrechnung sowie lineare Algebra verschwendet, und für beide stehen weniger als eine Woche später ebenfalls Tests an, von den Arbeitsblättern in Numerik ganz zu schweigen. Ich habe festgestellt, dass Studenten in Situationen wie dieser sehr kurzsichtig sein können. Es ist so, als trügen sie eine Brille, mit der sie nur wenige Tage in die Zukunft blicken könnten, und als Ergebnis erzeugen Sie ziemlich viel Stress für sich selbst. In einer derartigen Situation wird es also *tatsächlich* manche geben, die die ganze sechste Woche mit Lernen für die Zahlentheorie-Klausur verbringen, um anschließend festzustellen, dass sie noch nichts für die Lösung der Numerik-Arbeitsblätter getan haben. Sie werden voller Panik das ganze Wochenende daran arbeiten, aber nicht ganz fertig bekommen, denn sie haben vergessen, etwas Notwendiges herunterzuladen oder verstehen eine der Fragen nicht, wobei der Dozent gerade nicht greifbar ist und auch die Kommilitonen nichts zu wissen scheinen. Sobald sie dann also die unvollständige Lösung abgegeben haben, geraten sie in helle Aufregung, weil sie mit dem Lernen für lineare Algebra sowie für Differential- und Integralrechnung eine Woche zurückliegen und überhaupt nicht auf die Klausur vorbereitet sind. Wenn sie dann diese Prüfungen (nicht besonders gut) hinter sich gebracht haben, stellen sie fest, dass sie nun mit allem zurückliegen, außer in linearer Algebra bzw. Differential- und Integralrechnung, und sie verstehen während der Vorlesungen überhaupt nichts mehr. Sie haben die Kontrolle völlig verloren. Wenn Sie Student sind, *können* Sie natürlich so vorgehen, aber sonderlich erfreulich ist das nicht.

Mein Vorschlag lautet nun nicht, dass Sie in Woche 6 Ihre Zeit wie immer aufteilen sollen. Natürlich ist es richtig, der Vorbereitung auf die Zahlentheorie-Klausur etwas mehr Zeit zu widmen. Aber es lohnt sich wahrscheinlich nicht, alles andere stehen und liegen zu lassen. Sie sollten die übrigen Fächer wenigstens auf Sparflamme betreiben. Eine Möglichkeit dazu ist, den Großteil Ihrer Lernzeit mit dem Lernen in Zahlentheorie zu verbringen, aber bevor Sie beginnen, eine Stunde zunächst etwas anderes zu tun; das heißt, Sie beschäftigen sich mit allem anderen ein wenig, dann ist das schon einmal aus dem Weg, und Sie haben das gute Gefühl, jetzt genügend Zeit für die Klausurvorbereitung investieren zu können. Vielleicht arbeiten Sie in einer Woche wie dieser auch noch einige Stunden mehr, etwa indem Sie sich keinen Film anschauen oder Ihre Schicht beim Job verschieben. Und wenn Sie eine derart untypische Woche erwartet, könnten Sie eine angepasste Version Ihres Terminplans erstellen, um etwas zu haben, an dem Sie sich festhalten können und das das Gefühl vermittelt, die Kontrolle zu behalten.

Vielleicht finden Sie die Vorstellung etwas beunruhigend, all diese Entscheidungen treffen zu müssen, was Sie nicht tun sollten oder was Sie eine Woche lange zurückstellen könnten. Ich verstehe das. Doch Tatsache ist: Wenn Sie diese Entscheidungen nicht bewusst fällen, dann treffen Sie sie trotzdem unbewusst. Wenn Sie vermeiden, an Ihr Zeitpotenzial zu denken, bringt Ihnen das nicht mehr Stunden pro Woche, es verlängert nur ein bisschen die Illusion, dass Sie es gut nutzen würden.

11.7 Wo wollen Sie arbeiten?

Sobald Sie Ihre Pläne für eine typische oder eine tatsächliche Woche erstellt haben, sollten Sie darüber nachdenken, wo Sie arbeiten wollen. Diese Frage könnte sich Ihnen bisher noch nie gestellt haben. Vor der Universität haben Sie vermutlich in der Bibliothek oder einem anderen Lernraum in der Schule gearbeitet oder in Ihrem Zimmer, wenn Sie zu Hause waren. An der Universität werden Sie viel mehr Möglichkeiten haben. An meiner Universität haben wir eine mehrstöckige Bibliothek, zwei Lernwerkstätten, wo Sie Hilfe erhalten können, allgemeine Lernräume mit und ohne Computer, verschiedene Cafés und vermutlich noch einige andere Orte, von denen ich nicht einmal weiß. Diese Plätze sind auch sehr unterschiedlich. Manche sind groß, andere klein, manche haben große Tische, an denen mehrere sitzen, andere Tische eignen sich nur für einen Studenten und weisen eine Abschirmung auf. An manchen Orten gibt es viele Arbeitsmaterialien wie Bücher, Unterlagen und vielleicht Menschen, die helfen, andere sind ganz leer. Manche werden von Studenten genutzt, die ruhig und allein arbeiten, andere von kleinen Gruppen, die leise zusammenarbeiten, und wieder andere von größeren Gruppen, die eher laut sind und von vielen Menschen frequentiert werden. Ich persönlich verstehe nicht, wie jemand an solch betriebsamen Orten überhaupt arbeiten kann, doch sie sind sicher hervorragend geeignet, wenn jemand sein neu erworbenes Outfit der breiteren Studenten-Öffentlichkeit präsentieren möchte.

Aber natürlich kann sich meine Präferenz bezüglich des idealen Lernortes komplett von der Ihren unterscheiden. Vielleicht arbeiten Sie gerne in Ihrem eigenen Zimmer, wo Sie all Ihre Unterlagen um sich haben, Sie können Musik laufen lassen und die Tür schließen, wenn Sie nicht gestört werden möchten. Vielleicht lenkt Sie das alles aber auch nur ab, genau wie die Nähe der Küche und die Ihrer Mitbewohner. Deshalb schaffen Sie vielleicht mehr an einem stillen Ort wie der Bibliothek. Eventuell entwickeln Sie eine Vorliebe für eine bestimmte Ebene in der Bibliothek, doch dann, eines Tages, erweist sich dieser Ort plötzlich nicht mehr als günstig, weil die Meisten Ihrer Vorlesungen nun am anderen Ende des Universitätsgeländes stattfinden. Sie verstehen sicher, was ich meine. Meine Empfehlung: Denken Sie über Ihren künftigen Arbeits- bzw. Lernplatz bewusst nach und probieren vielleicht schon einige Stellen aus, die zu Ihnen passen könnten, sobald Sie an die Universität kommen.

11.8   Ihre Unterlagen organisieren

Immer wenn Sie arbeiten wollen, müssen Sie die notwendigen Unterlagen bei sich haben. Das ist keine Geheimwissenschaft, doch man muss durchaus ein wenig darüber nachdenken, denn als Student werden Sie Eigentümer von einer Menge Papier sein und ein System benötigen, wie Sie damit umgehen. Wenn Sie alles an einer Stelle haben möchten, werden Sie am Ende einen überquellenden Ordner mit sich herumschleppen ... womöglich inklusive einer oder zweier schmerzender Schultern. Vielleicht stört Sie das nicht, wenn Sie Wert darauf legen, immer alles zur Hand zu haben. Was ich selbst letztlich tat? Ich legte ein doppeltes Ordnersystem an. Für jede Vorlesung besaß ich einen eigenen Ringordner, und die lagerte ich in meinem Zimmer. Dann hatte ich jeweils einen zusätzlichen Schnellhefter, in dem ich, geteilt durch Trennblätter, nur die letzten Seiten der Mitschrift jeder Vorlesung aufbewahrte. Auch die neuesten Übungsblätter heftete ich dort ab.

Bitte heften Sie Ihre Notizen mithilfe von verschiedenen Ordnern und Trennblättern sorgfältig ab. Wenn Sie so selbstorganisiert sind, dass Sie dieses Buch lesen, machen Sie das vermutlich ohnehin. Aber ich treffe auf viele Studenten, die alles vollkommen ungeordnet in einem einzigen fadenscheinigen Sammelordner aus Pappe aufbewahren. Es tut weh, diesen Leuten zuzuschauen, wie sie zu lernen versuchen. Sie brauchen ewig, bis sie etwas gefunden haben, alles hat Eselsohren und manchmal verlieren sie Unterlagen vollständig. Zugegeben, das Abheften nimmt etwas Zeit in Anspruch. Es gehört aber einfach zur Arbeit dazu und ist weit weniger zeitaufwendig, wenn Sie es sofort tun, als später erst alles suchen und sortieren zu müssen.

11.9   Dinge nicht fertig machen

Studenten glauben oft, dass sie an einmal Begonnenem so lange arbeiten müssen, bis es ganz fertig ist. Ihre Erfahrungen aus der Schule haben sie gelehrt, dass es moralisch falsch ist, irgendwann „aufzugeben", und sei es nur zeitweise. Wenn Sie dieser Ansicht sind, haben Sie bei meinem Rat, relativ kurze Zeiträume zu verplanen, vielleicht auch gedacht: „Aber da werde ich ja mit nichts fertig!" Sie haben natürlich Recht. Meistens werden Sie nicht fertig werden oder zumindest nicht an den Punkt kommen, an dem Sie von Ihren Ergebnissen begeistert sind. Es wird immer ein Übungsblatt geben, das Sie nicht ganz fertig bearbeitet haben, oder einen Teil Ihrer Vorlesungsmitschrift, den Sie nicht verstanden haben, oder eine Frage auf einem Arbeitsblatt, von der Sie wissen, dass Ihre Antwort nicht perfekt ist. Aber seien wir ehrlich: *Das wäre auch dann der Fall, wenn Sie versuchen würden, an allem zu arbeiten, bis es fertig ist.* Wenn

Menschen versuchen, Dinge fertig zu machen, dies aber nicht schaffen, dann meist deshalb, weil sie es nicht können. Sie haben nicht den notwendigen Geistesblitz, der nötig wäre, oder sie werden unterbrochen oder sind müde. Oder sie vertun so viel Zeit damit, das eine fertig zu machen, dass sie gezwungen sind, andere Dinge in letzter Minute möglichst schnell zu erledigen.

Wichtiger ist vielleicht noch, dass Menschen, die so arbeiten, viel Zeit damit vertrödeln, überhaupt nichts zu tun. Vielleicht vermeiden sie, etwas anzufangen, weil nicht genug Zeit ist, es fertig zu machen, obwohl es eigentlich gut wäre, einfach damit zu beginnen, weil sie dann über die einfacheren Ideen nachgrübeln könnten, bevor sie später auf die schwierigeren Probleme stoßen. Oder sie beginnen vielleicht in der Absicht, etwas fertig zu machen, doch werden immer frustrierter und abgelenkter und vertun dann ihre Zeit damit, aus dem Fenster zu schauen, ihren Freunden SMS zu schreiben oder in einen Tagtraum über den Jungen oder das Mädchen von gegenüber zu verfallen. Wenn Letzteres der Fall ist, sogar wenn es gut mit der Arbeit läuft, gilt das Gesetz der sinkenden Erträge: Sie könnten durchaus noch zwei weitere Stunden damit verbringen, ein Übungsblatt fertig zu machen oder noch zehn weitere Punkte auf ein Arbeitsblatt zu bekommen, aber würden Sie Ihre Zeit damit wirklich sinnvoll nutzen? Würden Sie viel daraus lernen? Könnten Sie genau jetzt nicht woanders größere Fortschritte machen und später darauf zurückkommen? Und das gilt nur, wenn Sie gerade gut arbeiten. Wenn nicht – Sie also in Wirklichkeit nur dasitzen, ohne etwas zu erreichen –, gibt es wirklich keinen Zweifel: Lassen Sie es bleiben, zumindest im Augenblick. Wenn Sie sich damit immer noch nicht gut fühlen, dann lesen Sie auch Kap. 13.

Es könnte auch sein, dass die Ratschläge in diesem Kapitel für Sie im Moment zwar gut klingen, aber auch erdrückend; dass Sie sich einfach nicht vorstellen, alles so systematisch zu erledigen. Das ist in Ordnung. Sie können immer noch versuchen, nur einen Teil davon zu übernehmen, etwa einen Plan für das Semester oder sich Gedanken über eine typische Woche machen. Wenn Sie dann im Laufe Ihres Studiums Fortschritte erzielen, können Sie immer noch weitere Strategien ergänzen.

Das Letzte, woran man beim Zeitmanagement denken sollte, ist, dass jeder ständig daran scheitert. Selbst wenn Sie einen großartigen Start hinlegen, werden Sie an irgendeinem Punkt entgleisen. Arbeitsblätter stellen sich als schwieriger heraus, als Sie erwartet hatten, es bieten sich Gelegenheiten, zusätzliche Schichten in Ihrem Nebenjob zu übernehmen, Leute laden sich gegenseitig zu Überraschungspartys ein, und manchmal haben Sie einfach nur schlechter Laune und keine Lust zu lernen. All das ist ganz normal, und alles kann Sie aus der Spur bringen. Wichtig ist dann ein ziemlich gutes System für Ihre Zeitplanung zu haben, um darüber schnell wieder auf Kurs zu kommen. Das ist Ihr Ziel.

Fazit

- Die Meisten könnten ihr Zeitmanagement verbessern. Wenn ein Student das beherzigt, kann er bei seinem Studium leichter auf dem Laufenden bleiben, die Kontrolle behalten und so das Leben an der Universität genießen.
- Wiederholungsprüfungen an der Universität sind mit erheblichen Nachteilen verbunden. Wenn Sie mit einer schlechten Note bestehen, werden Sie die Prüfung nicht wiederholen dürfen; und wenn Sie wiederholen müssen, kann es sein, dass Sie nicht mehr als ein Ausreichend erreichen können.
- Mathematische Inhalte bauen aufeinander auf, deshalb sollten Sie schon im ersten Studienjahr möglichst gut mitkommen, sodass Sie den folgenden Stoff gut verstehen.
- Wenn Sie einen Zeitplan für das ganze Semester machen, behalten Sie den Überblick, was wann passieren wird, was Sie an Wochenenden vorhaben, und können Arbeitsblätter und die Vorbereitung auf Prüfungen einplanen.
- Wenn Sie eine typische Woche planen, lässt sich realistisch einschätzen, wann Sie lernen können. Die Eintragung von sozialen Aktivitäten hilft Ihnen, diese zu genießen, ohne Schuldgefühle zu haben.
- Wenn Sie eine Liste für alles machen, was Sie im Studium aktuell zu tun haben, können Sie leichter die richtigen Prioritäten setzen und entscheiden, wie Sie in einer bestimmten Woche Ihre Zeit verteilen.
- Sie sollten sich bewusst überlegen, wann und wo Sie am besten lernen und wie Sie Ihre Materialien organisieren, sodass Sie alles zur Hand haben, wenn Sie es brauchen.
- Studenten glauben manchmal, sie müssten an etwas so lange arbeiten, bis sie es beendet haben. In Wirklichkeit ist das wahrscheinlich nicht effizient. Ich rate vielmehr, sich kleinere Zeiteinheiten für das Lernen vorzunehmen.
- Die Meisten scheitern ab und zu in ihrem Zeitmanagement. Doch wenn Sie Ihre Ziele kennen, sollten Sie in der Lage sein, schnell wieder auf Kurs zu kommen.

Weiterführende Literatur

Tipps über Zeitmanagement für Studenten finden Sie in:

- Moore, S. & Murphy, S.: *How to be a Student: 100 Great Ideas and Practical Habits for Students Everywhere*. Open University Press, Maidenhead (2005)

Praktische Leitfäden über realistisches Zeitmanagement auch für die Zeit Ihres Berufslebens nach dem Studium sind:

- O'Connell, F.: *Work Less, Achieve More: Great Ideas to Get Your Life Back*. Headline Publishing Group, London (2009)
- Seiwert L.: *Das 1 × 1 des Zeitmanagement*: Zeiteinteilung, Selbstbestimmung, Lebensbalance. Gräfe und Unzer, München (2014)

12
Panik

Zusammenfassung

Dieses Kapitel erklärt, warum manche mit dem Lernen zurückbleiben und wie man wieder auf Kurs kommen kann, auch wenn man so weit zurückliegt, dass man langsam in Panik gerät.

12.1 Den Anschluss verpassen

Die Meisten verpassen im Laufe ihres Studiums irgendwann einmal den Anschluss. Mache geraten dabei so weit in Rückstand, dass sie in Panik verfallen und sich nicht mehr auf eine bestimmte Arbeit konzentrieren können, weil sie sich Sorgen über alles andere machen, das sie noch tun müssen. Wenn Sie dieses Kapitel lesen, weil Sie sich gerade in einer solchen Situation befinden, dann lesen Sie gleich den Abschnitt „Was tun?" und folgen den dortigen Anweisungen. Wenn nicht, dann lesen Sie einfach weiter.

Es gibt mehrere Gründe, warum Menschen in Panik geraten. Manche (verdienterweise), weil sie nachlässig oder vielleicht sogar absichtlich faul sind. Vielleicht haben sie aber auch Freunde, die gerne nichts tun und dazu verleiten, alles Mögliche zu unternehmen ... außer zu lernen. Vielleicht sind sie aber auch nur ganz normale fehlbare menschliche Wesen, die die Dinge etwas haben schleifen lassen, für die es anschließend schwierig war, wieder zur ernsthaften Beschäftigung mit der Mathematik zurückzufinden, und dann alles noch ein wenig mehr haben schleifen lassen usw. Man gelangt so ganz leicht auf einen schlechten Weg, und je länger man dem folgt, desto problematischer wird es. Seien Sie also wachsam, vor allem wenn Sie bemerken, dass Sie sich vor dem Lernen drücken, indem Sie unnötige andere Dinge tun – weitere Schichten in Ihrem Nebenjob übernehmen, obwohl das nicht nötig wäre, eine zusätzliche Aufgabe in einem Verein übernehmen, wie besessen aufräumen oder Ähnliches. Sie sollten vor allem aufpassen, wenn Sie sich selbst sagen hören: „Na ja, es ist ja schon Semesterende. Ich werde alles nachholen, wenn ich nach Hause komme." Denn dann stellt man oft fest, dass es viel schwieriger als erwartet ist, etwas fernab der Universität nachzuholen, etwa weil eine Mitschrift unvollständig ist und dann niemand da ist, der helfen könnte.

© Springer-Verlag Berlin Heidelberg 2017
L. Alcock, *Wie man erfolgreich Mathematik studiert*, DOI 10.1007/978-3-662-50385-0_12

Natürlich kann man auch ohne eigenes Zutun in eine schwierige Situation geraten. Vielleicht sind Sie einige Wochen lang krank gewesen (ich meine wirklich krank, nicht nur verschnupft). Vielleicht gibt es Probleme mit Ihrer Unterbringung oder es ist in der Familie etwas Schlimmes passiert. Jeder, dem so etwas widerfährt, hat jedes Recht darauf, sich von der Welt ungerecht behandelt zu fühlen und sich nur schwer konzentrieren zu können. Sie sollten sich über derartige Dinge nicht schon im Voraus Sorgen machen – die Allermeisten kommen durch ihr Studium, ohne dass sie etwas Schlimmeres als eine Erkältung erleiden. Wenn Ihnen aber etwas Traumatisches zustößt, sollten Sie nicht vergessen, zunächst an sich selbst zu denken und daran, dass Universitäten viele Einrichtungen haben, die Ihnen möglicherweise helfen können (vgl. den letzten Abschnitt in Kap. 10). Die Ratschläge in diesem Kapitel sollen dazu dienen, Ihr Studium in der Zwischenzeit am Laufen zu halten.

Zwischen den Faulen und jenen Menschen, die in einer echten Krise stecken, gibt es noch die Gruppe derer, die nicht wirklich etwas falsch gemacht haben, aber auch nichts so richtig gut. Manchmal kann es zum Beispiel vorkommen, dass viele Arbeitsblätter gleichzeitig abgegeben werden müssen. Da passiert es dann leicht, dass Sie in einer Woche voller Abgabetermine vor mehr Arbeit stehen, als tatsächlich zu bewältigen ist. Manche lassen sich sehr leicht und schnell begeistern und übernehmen viele Aufgaben in Vereinen oder Wohltätigkeitsorganisationen und merken erst später, dass sie nicht gleichzeitig all diesen Verpflichtungen und ihrem Studium gerecht werden können. Auch Menschen in solchen Situationen werden in diesem Kapitel Hilfe finden, doch sie sollten auch Kap. 11 lesen.

12.2   Was tun?

Wenn Sie Panik überfällt, sollte die erste Maßnahme lauten: Machen Sie sich klar, dass dies eigentlich eine ganz natürliche Erfahrung ist. Etwa einmal im Jahr kommt jemand in diesem Zustand in mein Büro, und das ja nur aus dem Kreis der Studenten, die ich gut kenne – vermutlich gibt es viele andere, die mit ihren Freunden darüber sprechen oder selbst damit klarkommen wollen. Diejenigen, die mich aufsuchen, sind meist erleichtert, wenn ich ihnen klarmache, was sie gerade erleben. Ich sage etwa: „Sie haben nun das Gefühl, als hinge eine riesige Kugel aus Arbeit, die zu erledigen ist, über Ihrem Kopf, und Sie gehen herum und sehen ganz normal aus, doch die Kugel folgt Ihnen überall hin. Jedes Mal, wenn Sie versuchen, etwas aus Ihrer Tasche zu ziehen, um daran zu arbeiten, stellen Sie fest, dass Sie sich nicht konzentrieren können, weil Sie sich immer noch Sorgen über die vielen anderen Dinge machen, deshalb kommen Sie überhaupt nicht weiter. Jetzt sind Sie an einem Punkt angelangt, wo Sie entweder nicht mehr dagegen angehen können oder merken, dass Sie alles nur noch mit leerem Blick anstarren. Die Folge ist, dass Sie seit Tagen oder Wochen nicht mehr effektiv gelernt und auch keine Ahnung haben, wie Sie je wieder aus dieser Lage herauskommen sollen. Sie haben alle Zuversicht verloren."

Die gute Nachricht ist, dass ich ein System kenne, wie Sie das Blatt wenden können. Diejenigen, die es verwendet haben, kamen – fast ohne Ausnahme – am nächsten Tag zurück und sagen mir, dass es ihnen jetzt gut gehe. Ich muss zugeben, das klingt unglaublich, doch es ist wirklich wahr. Sie müssen Folgendes tun (Wenn Sie das in einem normalen Gemütszustand lesen, wird es übertrieben rigoros klingen, aber wenn jemand in Panik ist, benötigt er offensichtlich eine genaue Anleitung):

1. Machen Sie eine Liste aller Vorlesungen, die Sie im Augenblick hören. Schreiben Sie diese auf ein DIN-A4-Blatt und lassen Sie knapp 5 cm Platz zwischen jedem Eintrag.

2. Schreiben Sie zu jeder Vorlesung das auf, was Sie am dringendsten erledigen müssen, und legen Sie eine Frist fest. Das kann ein Teil eines Arbeitsblattes sein, eine Vorbereitung auf eine Prüfung usw. Schauen Sie nötigenfalls die Termine nach. Wenn es zwei dringende Punkte gibt, dann schreiben Sie beide auf. Wenn es nichts Dringendes gibt, halten Sie nur „Mitschrift und Übungsblätter" fest.

3. Holen Sie sich ein weiteres Blatt und schreiben Sie oben „heute" hin (es sei denn, es ist das Letzte, was Sie an diesem Tag machen, in diesem Fall schreiben Sie „morgen"). Jetzt nehmen Sie sich die vier Dinge, die insgesamt am dringendsten sind. Halten Sie diese auf dem „Heute-Zettel" fest. Gibt es mehr als vier, dann nehmen Sie die, bei denen die Fristen als Erstes ablaufen werden. Gibt es weniger als vier Dinge, dann füllen Sie bei den Vorlesungen, über die Sie sich am meisten Sorgen machen, die Zwischenräume mit „Mitschrift und Übungsblätter" auf. Schreiben Sie neben jeden Punkt „30 min" in Klammern.

4. Betrachten Sie jetzt den ersten Punkt auf der Liste. Planen Sie, auf welche Weise Sie 30 min lang an ihm arbeiten werden. Das klingt zwar nach einem sehr kurzen Zeitraum, doch in der Verfassung, in der Sie sich im Augenblick befinden, können Sie sich ohnehin nicht länger konzentrieren – aber 30 min werden möglich sein. Was können Sie tun, um bei diesem Punkt Fortschritte zu machen? Scheiben Sie es auf und vergessen Sie nicht, dass nur 30 min zur Verfügung stehen, es also wenig sein muss. Hier einige Vorschläge:

   a. Wenn Sie ein Arbeitsblatt zu lösen haben, könnten Sie vielleicht 30 min dazu verwenden, um die Aufgabenstellung sorgfältig zu lesen und herauszufinden, welche Teile der Vorlesungsmitschrift Sie lernen müssen. Vielleicht haben Sie damit schon begonnen und müssen etwas nachschlagen, dann versuchen Sie Frage 2. Vielleicht können Sie auch noch gar nichts tun, weil Sie vorher das entsprechende Skript herunterladen müssen, also machen Sie das als Erstes.

b. Wenn es sich um eine Prüfung oder eine Vorbereitung dazu handelt und Sie noch nichts dafür getan haben, könnten Sie vielleicht eine Zusammenfassung der wichtigsten Teile der Vorlesungsmitschrift verfassen. Wenn Sie schon eine derartige Zusammenfassung haben, können Sie auch versuchen, eine Frage aus einem Praxistest zu lösen, oder Sie frischen Ihr Wissen über ein wichtiges Rechenverfahren auf, indem Sie ein Beispiel sehr sorgfältig lesen.

c. Wenn dort „Mitschrift und Übungsblätter" steht, könnten Sie wieder eine Zusammenfassung einiger Abschnitte des Kurses erstellen. Und wenn diese schon vorliegen, könnten Sie sich einen wichtigen Satz oder eine wichtige Definition vornehmen (solche, die oft verwendet werden) und zu verstehen versuchen, was diese aussagt und wie sie verwendet wird. Vielleicht könnten Sie auch darangehen, die ersten zwei Fragen auf einem Übungsblatt zu lösen. Mehr werden Sie in 30 min vermutlich nicht schaffen.

5. Sie werden jetzt eine Liste haben, die ungefähr so aussieht:

HEUTE

Lineare Algebra: Kapitel 3 zusammenfassen (30 min)

Online-Test Differential- und Integralrechnung: die einfachsten Fragen der Übungsversion versuchen (30 min)

Statistik-Arbeitsblatt: Datendatei herunterladen und Aufgaben zum Beschreibungsmodell lösen (30 min)

Zahlentheorie: Mitschrift herunterladen und Definitionsliste aktualisieren (30 min)

Jetzt werden Sie vielleicht denken: „Aber das sind ja nur zwei Stunden Arbeit – das reicht doch niemals!" Natürlich reicht das nicht, aber Sie müssen irgendwie anfangen. Das ist alles, was wir tun, wir fangen an – wir werden uns um den Rest kümmern, wenn wir einmal angefangen haben. Wenn Sie also ein wenig aufgeregt sind, atmen Sie ein paar Mal tief durch, lassen die verkrampften Schultern locker nach unten sinken und beruhigen sich.

6. Legen Sie fest, wann Sie diese Arbeiten erledigen wollen. Vielleicht ja sofort in einem Block von zwei Stunden und zehn Minuten (letztere für eine Pause in der Mitte), vielleicht auch in Schritten von je einer Stunde zwischen zwei Vorlesungen. (Aber nehmen Sie sich auf jeden Fall genug Zeit dafür. Wenn Sie in dieser Stunde ein Stück gehen müssen, können Sie nicht gleichzeitig eine ganze Stunde arbeiten). Bestimmen Sie, wann

Sie welche Arbeit erledigen werden und welche Materialien Sie dazu benötigen. Suchen Sie alles zusammen.

7. Heften Sie die Liste irgendwo hin, wo Sie sie sehen können. Oder noch besser finden Sie eine vertrauenswürdige Person, der Sie Ihre Liste zeigen und sagen: „Ich werde diese Dinge zu diesen Zeiten erledigen." Und dann vereinbaren Sie mit ihr, dies später nachzuprüfen.

8. Wenn Sie bereit sind, stellen Sie sicher, dass Sie eine Uhr im Blick haben, notieren Sie sich die Zeit und beginnen Sie mit Ihrem ersten Punkt. Wenn Sie schon angefangen haben und bemerken, dass Sie etwas benötigen, womit Sie nicht gerechnet haben, holen Sie es erst – Sie benötigen es, deshalb ist es eine legitime Verwendung Ihrer Zeit. Wenn Sie merken, Sie können eine Frage nicht beantworten, bevor Sie nicht etwas aus Ihrer Vorlesungsmitschrift gelernt haben, dann lernen Sie es erst – wieder wird das für die Frage benötigt, also ist es eine legitime Nutzung Ihrer Zeit.

9. Sobald Sie 30 min gearbeitet haben, *hören Sie mit dem auf, was Sie gerade tun, und machen mit Punkt 2 weiter.* Sie müssen das unbedingt tun, auch wenn Sie sich dabei selbst unterbrechen. Gehen Sie nicht so vor, werden Sie sich wieder Sorgen um den Rest Ihrer Liste machen und schon bald an dem Punkt angelangt sein, wo Sie standen, bevor Sie diese Anweisungen gelesen haben. Doch bevor Sie mit Punkt 2 anfangen, haken Sie Punkt 1 auf Ihrer Liste ab und schreiben darunter, was Sie als Nächstes für diese Vorlesung tun müssen (selbst wenn es einfach mehr von derselben Aktivität ist).

10. Machen Sie genauso mit den Punkten 2, 3 und 4 weiter. Wenn Sie alles in einem Durchlauf bearbeiten, dann legen Sie in der Mitte eine kurze Pause ein, um eine Banane zu essen oder eine Tasse Tee oder Ähnliches zu kochen, damit Sie sich nicht überlasten. (Bitte essen Sie nicht Berge von Schokolade oder trinken einen diese koffeinüberladenen Energy-Drinks – Sie wollen doch ruhig bleiben und nicht high werden von einem Aufputschmittel).

11. Wenn Sie allen vier Punkten 30 min gewidmet haben, lehnen Sie sich einen Augenblick zurück und lassen Revue passieren, was Sie geschafft haben. Es ist wahrscheinlich eine Menge. Wenn es Ihnen so wie den Meisten geht, werden Sie überrascht sein, wie viele Fortschritte Sie erzielt haben.

12. Nun schauen Sie sich Ihre Vorlesungsliste und Ihre Liste für heute wieder an und erstellen eine neue für die nächsten zwei Arbeitsstunden.

13. Hören Sie auf zu lernen, wenn Sie sich danach fühlen (es sei denn, Sie haben weitere Vorlesungen oder Ähnliches – da sollten Sie natürlich hingehen). Ich meine das wirklich so. Zwei Stunden Arbeiten scheinen nicht viel zu sein, doch wenn Sie sich in einem Zustand der Panik befinden,

ist es vermutlich mehr, als Sie in den letzten Tagen geschafft haben, und damit sollten Sie zufrieden sein.

14. Wenn Sie Ihre Liste jemandem gezeigt haben, dann überprüfen Sie diese gemeinsam. Sagen Sie ihm, was Sie getan haben, fassen Sie zusammen, was Sie gelernt haben, und teilen Sie mit, was Sie als Nächstes tun wollen. Das hilft meist, weil es Ihnen eine Anerkennung von außen dafür liefert, dass Sie geschafft haben, was Sie sich vorgenommen haben. Wenn Sie glauben, das hilft, dann verabreden Sie einen Zeitpunkt mit der Person, zu dem Sie auch die nächsten Arbeitsschritte gemeinsam überprüfen.

In den meisten Fällen werden Sie feststellen, dass Sie von Ihrer Panik geheilt sind, wenn Sie diese Schritte befolgt haben. Es wird sich bei Ihnen das Gefühl einstellen, die Kontrolle zurückerlangt zu haben, und Sie vertrauen darauf, dass es nur ein vorübergehender Ausrutscher und kein langfristiges Versagen war. Vermutlich haben Sie immer noch viel zu tun, aber wissen jetzt, wie Sie Fortschritte machen können (und Fortschritte sind das, was Ihr Ziel sein sollte – vgl. Kap. 13 über realistische Studienerwartungen und das Am-Ball-Bleiben). Wenn Sie wegen eines ernsten Problems, das weiterbesteht, immer noch Angst haben, überlegen Sie, ob Sie eines der Hilfsangebote der Universität annehmen sollten (vgl. Abschn. 10.9). Sonst, wenn Sie weiterhin schwanken, gehen Sie nochmal die oben genannten Schritte durch.

Fazit

- Menschen verpassen im Studium den Anschluss, weil sie nachlässig waren oder krank oder etwas Schlimmes erlebt haben und dadurch Dinge schleifen ließen.
- Wenn Sie in Panik sind, sollten Sie wieder auf Kurs kommen und Ihre Zuversicht wiederherstellen können, indem Sie aufschreiben, was Sie tun müssen, und sich innerhalb kurzer Zeitintervalle systematisch durch die wichtigsten Punkte arbeiten.

Weiterführende Literatur

Vgl. den Abschnitt zu weiterführenden Literatur in Kap. 11 darüber, wie man seine Zeit plant und Angst vermeiden kann.

13

(Nicht) Der Beste sein

Zusammenfassung
In diesem Kapitel geht es darum, wie Erfolg im Mathematik-Grundstudium aussehen und sich anfühlen sollte. Ziel ist es, einige verbreitete Missverständnisse zu beseitigen und sie durch realistische Vorstellungen darüber, was es heißt, gut zu sein, zu ersetzen.

13.1 Erfolgreich sein in der Schule und an der Universität

Wenn Schüler an die Universität wechseln, ist ihnen normalerweise klar, welche praktischen Veränderungen das mit sich bringt. Manche davon machen Spaß und sind aufregend: neue Freunde, viel mehr Freiheit. Manche sind banal: die Wäsche selber waschen und von einem knappen Budget leben. Doch nur wenige Studenten scheinen wirklich bereit für das neue Lebensgefühl in einer akademischen Umgebung zu sein. Wenn Sie bald zu studieren beginnen, dann lohnt es sich wahrscheinlich, sich dessen im Voraus bewusst zu werden. Wenn Sie bereits studieren, wird Sie dieses Kapitel vielleicht beruhigen, weil es zeigt, dass Ihre Erfahrungen normal sind.

Eine Veränderung, die ganz offensichtlich ist, viele aber nicht erwarten, ist, dass sie wahrscheinlich nicht mehr die Besten in Ihrem Kurs sein werden. Das ist vor allem für diejenigen schwierig, die immer die Stars ihrer Klasse waren. In Deutschland gibt es zwar nur wenige Universitäten mit einer Zulassungsbeschränkung im Fach Mathematik, doch meist beginnen nur diejenigen mit diesem Studium, die sich schon immer für das Fach begeistert haben. Die Folge: Viele werden bemerken, dass sich ihr intellektueller Status verändert, wenn sie an die Universität wechseln.

Studenten, die schon als Schüler nicht zu den Besten gehört haben, werden damit in der Regel problemlos fertig. Doch auch sie machen sich natürlich Sorgen – vielleicht denken sie, die Hochschulmathematik sei nur für die Besten der Besten, und befürchten, diese Erwartungen nicht erfüllen zu können. Aber normalerweise haben sie die Fähigkeit entwickelt, mit solchen Befürchtungen umzugehen, und sind daher im Allgemeinen auch nicht so leicht durch

Schwierigkeiten aus der Ruhe zu bringen; sie neigen nicht dazu, diese als Hinweise auf ein längerfristiges Versagen zu deuten.

Diejenigen aber, die in der Schule immer die Besten waren, machen oft eine Krise ihres Selbstvertrauens durch, weil ihnen bislang nicht klar war, wie stark ihre Selbstwahrnehmung mit ihrem mathematischen Können verknüpft war. In unserer Kultur denken viele, dass mathematisches Können ein besonderes Zeichen für Intelligenz ist, und die Grundlage dafür sei eher angeborenes Talent als harte Arbeit. Diese Sichtweise ist fraglich, aber dennoch weit verbreitet. Eine Auswirkung davon ist, dass diejenigen, die immer gut in Mathematik waren, als etwas Besonderes gelten, und deshalb nehmen sie sich auch selbst als wertvolle Menschen wahr. Wenn sie dann plötzlich nicht mehr in dieser Position sind, kann ihr Gefühl für ihren Platz in der Welt ins Wanken geraten.

Ich bin der Meinung, dass der Begriff „der Beste" an der Universität keine Bedeutung hat. Es wird keine einzelne Person geben, die in einem Studienjahr als „der Beste" gelten kann. Die Hochschulmathematik ist vielfältiger, als Sie vielleicht denken. Verschiedene Leute mögen unterschiedliche Sachen und sind auch in unterschiedlichen Dingen gut. Jemand, der organisiert studiert, wird vielleicht bessere Leistungen erbringen als jemand, der in irgendeiner Hinsicht „gescheiter" ist, sich aber gehen lässt. Es ist durchaus kein Automatismus, dass diejenigen, die in der Schule herausragend waren, dies auch an der Universität sein werden, und auch nicht jeder, der im Studium sehr erfolgreich war, wird mit Auszeichnung promovieren können oder eine mathematische Karriere machen. Diese Dinge hängen zwar in Teilen miteinander zusammen, doch es sind jeweils auch etwas unterschiedliche Fähigkeiten dafür notwendig. Ein jeder sollte das ermutigend finden – vielleicht finden Sie heraus, dass Sie ein Gespür für etwas besitzen, das Sie vorher nie in Betracht gezogen haben.

Was ich damit sagen will: Die Erfahrung, dass man in der Schule gut in Mathematik war, ruft scheinbar Erwartungen hervor, die problematisch sind, wenn sie direkt auf das Studium an der Universität übertragen werden. Deshalb folgen hier einige Informationen über verbreitete Erwartungen und darüber, was realistisch ist.

13.2   Was ist eigentlich Verständnis?

Immer wieder treffe ich Studenten, die sich Sorgen machen, weil sie immer dachten, gut in Mathematik zu sein, doch jetzt daran zweifeln. Wenn ich genauer nachfrage, zeigt sich meist, dass sie nicht so genau wissen, was es bedeutet und wie es sich anfühlt, gut in Mathematik zu sein. Vor allem haben sie unrealistische Erwartungen, wie sich ihre Kenntnisse der Hochschulmathematik entwickeln sollten.

Meist zeigt es sich, dass sie gewohnt waren, alles zu verstehen, was ihnen ihr Mathematiklehrer in der Schule sagte, aber nun weit davon entfernt sind, alles zu verstehen, was ihr Dozent erklärt. Sie schließen daraus, dass sie die Hochschulmathematik nicht verstehen. Doch diesen Überlegungen liegt ein fundamentaler Denkfehler zugrunde: Denn sie setzen im Wesentlichen „ich verstehe Mathematik" mit „ich verstehe Mathematik sofort" gleich, wobei die erste Aussage weit umfassender ist als die zweite. Ich habe Mitleid mit jemandem, der die unangenehme Erfahrung gemacht hat, dass sich die Art, wie er sich im Verhältnis zu seinem Studium selbst wahrnimmt, stark verändert. Wenn Sie das Meiste, was gesagt wird, verstehen, fühlen Sie sich gut und müssen vermutlich nicht viel Aufwand betreiben, um zu dem Punkt zu gelangen, an dem Sie alles verstehen. Wenn Sie dann plötzlich nicht mehr sehr viel verstehen, werden Sie sich schlecht fühlen und viel arbeiten müssen, um alles zu verstehen. Das ist offensichtlich entmutigend.

Wenn Sie sich in einer solchen Situation befinden, sollten Sie als Erstes erkennen, dass dies ganz normal ist. Die Tatsache, dass Sie in Vorlesungen nicht alles verstehen, bedeutet nicht, dass Sie nicht mehr gut in Mathematik sind, sondern nur, dass die Mathematik nun schwieriger und die Geschwindigkeit höher ist. Um mitzuhalten, müssen Sie mehr (oder besser) arbeiten. Aber das gilt für alle anderen auch. Und so soll es auch sein. (Wenn ein Abschluss in Mathematik einfach wäre, hätte jeder einen.) Wenn Sie das erst einmal eingesehen haben, müssen Sie nur noch damit aufhören, Ihre Energie darauf zu verschwenden, sich Sorgen zu machen, und beginnen, sich in die Arbeit festzubeißen. Oft wird das gar nicht so schwierig sein, wie Sie denken, vor allem wenn Sie die Aufgabe mit guten Strategien angehen (vgl. Kap. 7 und 11) und mit einer realistischen Einschätzung darüber, was Sie zu erreichen versuchen sollten (vgl. unten).

13.3 Mithalten

Manche werden schon am Anfang einer Vorlesung abgehängt, weil sie irgendetwas nicht verstehen. Sie denken: „Wenn ich nicht einmal den Anfang verstehe, wie soll es dann erst mit dem Rest werden?" Das kann dazu führen, dass sie viel Zeit damit verschwenden, sich Sorgen zu machen, während der Stoff der Vorlesung weitergeht und sie zurücklässt. Aber auch diese Überlegungen enthalten einen wichtigen Denkfehler. Es könnte sein, dass dieser Punkt am Anfang (nennen wir ihn Punkt A) sehr wichtig für den Rest der Vorlesung ist, diese also eine Struktur wie in Abb. 13.1 hat.

Doch vielleicht wird Punkt A auch nur für eine Methode benötigt oder ist interessant für eine theoretische Nebenbemerkung, für den Rest der Vor-

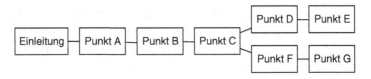

Abb. 13.1   Der erste Punkt dieser Vorlesung ist wichtig für den Rest

lesung aber nicht wichtig. Die Struktur dieser Vorlesung sieht dann mehr wie in Abb. 13.2 aus.

Bevor Sie also allzu viel Energie in das Sorgenmachen über Punkt A investieren, sollten Sie besser herauszufinden versuchen, wie wichtig dieser ist. Wenn Sie schon im Voraus eine Vorlesungsmitschrift erhalten haben und der Begriff ständig wieder auftaucht, lohnt es sich vermutlich, ihn zu klären. Wenn nicht, können Sie ihn auch erst einmal beiseitelassen und später wieder darauf zurückkommen. Wahrscheinlich ist es besser, wenn Sie Ihre Kraft auf etwas verwenden, das für die ganze Vorlesung wichtig ist, oder auf etwas, das zumindest in den nächsten Wochen oft benutzt wird.

Vor ganz ähnlichen Problemen stehen Studenten, die in einer Vorlesung den Anschluss verpasst haben. In diesem Fall haben sie dann die Wahl: Sie können versuchen aufzuholen, indem sie zu dem Punkt zurückkehren, den sie als Letztes verstanden haben, und sich von dort aus hocharbeiten. Oder sie versuchen den neuen Stoff zu verstehen, wenn er behandelt wird, und blättern nur dann zurück und füllen die Lücken, wenn es wirklich notwendig ist. Ich würde aus folgenden Gründen Letzteres bevorzugen.

Erstens ist die Methode, sich von vorne bis hinten durchzuarbeiten, emotional unbefriedigend, denn wahrscheinlich werden Sie immer zurückliegen. Auch praktisch ist es eine Verschwendung, denn es bedeutet, dass Sie viel Zeit damit vertun werden, in einer Vorlesung zu sitzen, der Sie nicht folgen können. Zweitens passt die Variante, in der Sie dort beginnen, wo sich die Vorlesung befindet, und gegebenenfalls zurückspringen, besser zu den Lernstrategien, die wir in Kap. 7 besprochen haben. Damit das funktioniert, muss man aber ein wenig nachdenken und ich schlage Folgendes vor: Wenn Sie das Skript für die Vorlesung im Voraus bekommen haben, schauen Sie nach, was

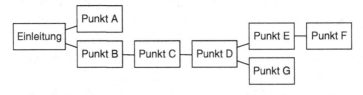

Abb. 13.2   Der erste Punkt dieser Vorlesung ist nicht wichtig für den Rest

nächste Woche in der Vorlesung behandelt wird. Wenn nicht, schauen Sie sich Ihre Mitschrift der letzten Vorlesungsstunden an. In beiden Fällen sollten Sie herausfinden, welches die wichtigsten Begriffe und Sätze waren, die verwendet wurden, und diese lernen. Schlagen Sie also die entsprechenden Definitionen, Beispiele und Beweise nach, lernen Sie diese mithilfe der Strategien aus Teil 1 und versuchen Sie verwandte Probleme zu lösen. Auf diese Weise füllen Sie die Lücken und sind besser vorbereitet, um der Vorlesung folgen zu können. Wenn Sie das ein paar Mal praktizieren, werden Sie wahrscheinlich feststellen, dass sich das Gefühl einstellt, aufgeholt zu haben, selbst wenn Sie noch Lücken aufweisen. Sie sollten jetzt ein ziemlich gutes Gespür für den Aufbau der Vorlesung bekommen haben, weil Sie sich auf Verbindungen zwischen früherem und späterem Stoff konzentriert haben. Diesen Punkt hätten Sie vermutlich nicht erreicht, wenn Sie nur in der Vorlesung gesessen und alles abgeschrieben hätten. Das dient auch als sehr gutes Beispiel dafür, wie entscheidend es ist, dass Sie sich selbst um Ihr Lernen kümmern.

13.4 Verständnis und Geschwindigkeit

Viele denken, gut in Mathematik zu sein sei gleichbedeutend damit, schnell darin zu sein. Diese Ansicht scheint mit gleich mehreren Denkfehlern in Verbindung zu stehen, deshalb wollen wir diese Logik einmal auseinandernehmen und herausfinden, wie beides zusammenpasst.

Zweifellos ist es besser ist, wenn man bestimmte mathematische Gedankengänge schneller versteht, als wenn man lange dazu braucht, sofern alles andere vergleichbar ist. Wenn Sie eine schnelle Auffassungsgabe besitzen, haben Sie auch mehr Zeit zum Üben oder dafür, etwas anderes zu lernen oder in die Kneipe zu gehen. Es stimmt auch, dass Menschen, die auf einem mathematischen Gebiet gut sind – also ein tiefes Verständnis dafür entwickelt haben –, auch oft damit zusammenhängende Probleme schnell lösen können, seien es nun Routinerechnungen oder schwierige Beweise. Doch die Tatsache, dass diejenigen, die gut sind, auch meist schnell sind, sagt uns nichts darüber, wie sie schnell geworden sind. Vielleicht waren sie schon vom ersten Tag an schnell. Oder sie haben viel Zeit damit verbracht, alle Details gründlich zu lernen, und sind erst schnell geworden, als das geschafft war. Der Versuch, sie nachzuahmen, indem man von Anfang an schnell ist, dürfte daher nicht unbedingt die beste Strategie sein, um am Ende wirklich schnell zu werden.

Das Problem des Schnellseins um seiner selbst willen liegt darin, dass es nicht besonders gut zur Entwicklung eines tiefen und gründlichen Verständnisses passt, das für eine dauerhafte mathematische Entwicklung unverzichtbar ist. Menschen, die schnell zu sein versuchen, verpassen oft die Gelegenheiten, ihr Verständnis zu vertiefen, denn wenn sie zum nächsten Problem eilen, sobald sie eines gelöst haben, bedeutet das meist auch, dass sie nicht darüber nachdenken, was sie gerade gelernt haben, und auch nicht darüber, wie es zu anderen Dingen passt, die sie bereits wissen. Außerdem kann sich das Wissen nicht setzen, sodass sie später nicht wieder darauf zurückgreifen können, um es in neuen Situationen anzuwenden. Noch einmal darüber nachzudenken, dauert vielleicht nur eine Minute, doch es könnte ihr Verständnis darüber, was sie gerade getan haben, dramatisch verbessern (Abschn. 1.2 schlägt einige Fragen zum Überdenken vor).

Außerdem machen Menschen, die schnell zu sein versuchen, oft vermeidbare Fehler. Manchmal geschieht das, um andere zu beeindrucken – etwa um Kommilitonen und Dozenten zu zeigen, dass man schnell und reflektierend denken kann. Ich hatte zum Beispiel neulich einen Studenten, der immer als Erster antwortete, wenn ich eine Frage stellte. Seine erste Antwort war oft falsch. Später gab er dann eine zweite Antwort, die richtig war und zeigte, dass er es verstanden hatte. Es war nicht so, dass er nicht nachdenken konnte, doch er gab sich dafür nicht genug Zeit. Ich wäre mehr beeindruckt gewesen, wenn er sich eine Minute gegönnt hätte, um sorgfältig nachzudenken, und dann die bessere Antwort im ersten Versuch gegeben hätte.

Im schlimmsten Fall führt der Versuch, schnell zu sein, dazu, dass sich Leute Verfahren einprägen, ohne zu verstehen, was sie da eigentlich machen. Wie in Kap. 1 besprochen, kann das gelegentlich angemessen sein, um weiterzukommen, doch es lohnt sich darüber nachzudenken, ob es wirklich für das hilfreich ist, was Sie auf lange Sicht erreichen möchten.

13.5   Versuchen Sie nicht alles zu verstehen

Um zum Thema der realistischen Einschätzung zurückzukommen: Bitte machen Sie sich bewusst, dass Sie vermutlich in einer bestimmten Vorlesung nicht alles verstehen werden, selbst dann nicht, wenn Sie eine Prüfung darin ablegen müssen. Vielleicht klingt das erschreckend, vor allem wenn Sie ein fleißiger Student sind. Doch das ist eine natürliche Konsequenz aus der Veränderung in Ihrer mathematischen Umgebung. Die Hochschulmathematik soll selbst die klügsten und fleißigsten Studenten herausfordern. Und wenn der Kurs voller derartiger Studenten ist, muss sie wirklich schwierig sein.

Das ist nicht so schlimm, wie es klingt. Vor allem wenn Sie sich daran erinnern, dass Ihre Prüfungen in der Regel bereits ab 70 % richtiger Antworten mit gut bewertet werden (vgl. Abschn. 11.2). Daraus folgt, dass Sie aufhören können, sich über bestimmte Dinge Sorgen zu machen. Zum Zeitpunkt der Prüfung wird es Methoden geben, die Sie nicht zuverlässig anwenden können, und Beweise, die Sie einfach nicht in Ihren Kopf bekommen. Doch das ist in Ordnung. Tatsächlich sollten Sie eine solche Situation sogar anstreben. Auch das mag irritierend klingen, deshalb will ich es erklären. Es gibt dafür zwei wichtige Gründe: Erstens ist es in vielen Vorlesungen besser, wenn Sie einen Großteil des Stoffes gut verstanden haben als den gesamten Stoff nur schlecht. Stellen Sie sich vor, dass ein Student versucht, 100 % des Stoffs zu schaffen, kann ihn aber nicht sehr gut, sodass er bei jeder Frage in einer Prüfung nicht mehr als 50 % erzielen kann. Das ergibt ein Gesamtergebnis von 50 %. Und dann stellen Sie sich jemanden vor, der 70 % gelernt hat, aber mit großer Zuversicht erwarten darf, dass er bei jeder sich darauf beziehenden Frage 90 % der Gesamtpunkt bekommen kann. 90 % von 70 % sind 63 %. Das ist viel besser. Meiner Erfahrung nach halten sich viele Studenten ganz selbstverständlich an diese Sichtweise, doch andere können sie gar nicht so richtig akzeptieren. Sie haben das Gefühl, das System zu betrügen, wenn sie nicht absolut alles lernen. Ich weiß nicht genau, was ich dazu sagen soll, außer dass es auf ein Missverständnis darüber hindeutet, was das System erreichen möchte. Mathematiker wollen nicht, dass Studenten am Ende ein enzyklopädisches Wissen, aber ein zweifelhaftes zugrundeliegendes Verständnis aufweisen. Sie sind von einem tiefen Verständnis weit stärker beeindruckt und in der Regel prüfen sie das, indem sie mindestens einige der Fragen in ihren Prüfungen so stellen, dass eigenständiges Denken oder eine neue Anwendung der mathematischen Ideen notwendig ist. Wenn Sie solche Fragen gut beantworten möchten, benötigen Sie die Fähigkeit, Probleme zu lösen, und ein belastbares Verständnis der Begriffe und Methoden aus der Vorlesung sowie der Beziehungen zwischen ihnen. Darauf können Sie sich nicht vorbereiten, indem Sie immer mehr Stoff lernen.

Der zweite Grund, warum Sie in Betracht ziehen sollten, Teile des Stoffes nicht zu lernen, ist, dass es wahrscheinlich nicht sehr effektiv ist, wenn Sie die gleiche Energie in alle Teile der Vorlesung stecken. In allen Vorlesungen wird es Dinge geben, die Sie sehr gut verstehen, andere, die Sie so ungefähr begriffen haben, bei denen Sie sich aber nicht ganz sicher sind, und wieder andere, die ganz und gar geheimnisvoll für Sie bleiben. (Wenn Sie Kap. 7 gelesen haben, werden Sie diese Argumentation aus Abschn. 7.5 über Zusammenfassungen für die Wiederholung kennen.) Wenn Sie in alles die gleiche Arbeit stecken, werden Sie Zeit damit verschwenden, Stoff zu lernen, den Sie gar nicht mehr zu lernen brauchen, und bei den für Sie unverständlichen Dingen noch mehr Zeit beim Versuch, mit Ihrem Kopf voraus durch eine Wand zu rennen. Ich glaube, Sie sind besser beraten, vor allem an den Gebieten zu arbeiten, bei denen Sie sich nicht ganz sicher sind. Hier werden Sie vermutlich die größten Fortschritte machen. Das wird sich gut anfühlen. Während Sie hier weiterkommen, werden Sie vermutlich auch die leichteren Sachen wiederholen, weil Sie diese auf eine neue Art und Weise verwenden müssen. Dabei werden Sie auch neue Verbindungen zwischen diesen leichteren Dingen herstellen, was wohl besser ist, als sie immer nur zu wiederholen. Letztlich werden die Fortschritte dazu führen, dass die vorher geheimnisvollen Stellen für Sie zugänglicher werden. Sie werden vielleicht nicht alle offenen Fragen beantworten können, aber das ist, wie gesagt, in Ordnung.

Ohne Frage ist es ein schönes Ziel, alles verstehen zu wollen, und natürlich sollten Sie jede Vorlesung mit dem Vorsatz beginnen, alle wichtigen Konzepte und Prinzipien zu verstehen. Doch das werden Sie nicht immer schaffen, und das ist in Ordnung. Sie sollten das keinesfalls als Hinweis darauf interpretieren, dass Sie nicht mehr gut sind, oder gar darauf, dass Sie aufgeben sollen. Nehmen Sie es stattdessen als Gelegenheit, an der Herausforderung zu wachsen.

13.6 Das Märchen vom Genie

An diesem Punkt sollte man vermutlich etwas über das geheimnisvolle Genie sprechen, das überhaupt nichts tun muss, aber immer alles sofort versteht und in jeder Prüfung die besten Noten schreibt. Zweifellos werden Sie Geschichten über solche Studenten hören – Menschen lieben die romantische Idee eines Genies, das alles ohne Anstrengung schafft. Ich will nicht infrage stellen, dass es solche Studenten gibt, doch ich glaube, sie sind viel seltener und näher am Mittelmaß, als viele glauben. Wenn Sie von einem hören, dürfen Sie ihn gern voll Inbrunst bewundern, aber nicht bevor Sie sich zwei Fragen gestellt haben.

Erstens stellt sich die Frage, ob diese Person wirklich so gut ist, wie jeder zu glauben scheint. Ich sage das, weil mir einmal einige Studenten erzählt haben, einer ihrer Freunde gehöre zu dieser Spezies – dass er alles einfach ohne Anstrengung richtig versteht. Es klingt zwar unglaublich, doch ich fand später nicht nur heraus, dass er gar nicht so gut war (seine Noten lagen eher im Bereich gut), sondern dass er tatsächlich das *letzte Jahr nicht geschafft* hat und es wiederholen musste. Sie müssen diesen Studenten bewundern – er hat es ganz großartig geschafft, seine Freunde hinters Licht zu führen. Wenn man es wohlwollender sieht, hat er einfach nicht den Mut gehabt, seinen Freunden die Wahrheit zu sagen, als Sie sich bewundernd über ihn geäußert haben. Auf jeden Fall spiegeln Geschichten, die Sie über andere hören, nicht unbedingt deren tatsächliche Fähigkeiten wider. Seien Sie sich dessen bewusst, bevor Sie zu blauäugig agieren.

Die zweite Frage, die Sie sich stellen sollten, lautet: Lernt die Person wirklich überhaupt nicht? Oder könnte es sein, dass sie eigentlich viel am Stoff arbeitet, dies aber eher im Stillen? Manche sind ziemlich schüchtern und erledigen ihre Arbeit, ohne großen Wirbel darum zu machen. Andere kultivieren gerne ihr sorgloses Image, sind aber bereit, im Hintergrund hart zu arbeiten, um sicher zu sein, dass sie über den Dingen stehen. Wie dem auch sei, nur weil diese Person nicht oft dabei *beobachtet* wird, dass sie lernt, heißt das nicht, dass sie es nicht tut. Eigentlich halte ich es sogar für unglaubwürdig, dass jemand, der talentiert ist, nicht arbeitet. Wenn Menschen gut auf einem Gebiet sind, dann beschäftigen sie sich auch gerne damit. Es kann vielleicht sein, dass sie nicht viel Zeit darin investieren, für ihre Vorlesung zu lernen, weil sie ein interessantes Buch über ein weiterführendes Thema gefunden haben und sich lieber damit befassen, aber selbst dann üben sie die Art nachzudenken, die für das Grundstudium notwendig ist.

Sicher werden Sie während Ihres Studiums durchaus sehr begabte Personen kennenlernen. Zumindest werden Sie sich wahrscheinlich mit jemandem anfreunden, der in irgendeinem Fach deutlich besser ist als Sie. Vielleicht werden Sie ein wenig Ehrfurcht vor dieser Person verspüren. Vielleicht genießen Sie diese Erfahrung sogar, denn jemanden zu bewundern hebt Ihre Stimmung – es ist ein wenig so, als wären Sie Fan einer großartigen Band, eines Fußballspielers oder Schriftstellers, kennen aber diesen Menschen tatsächlich und können damit vor Ihren anderen Freuden prahlen. Doch wenn Sie in dieser Situation sind, sollten Sie sich meiner Meinung nach eine weitere Frage stellen, die wirklich wichtig ist:

„Was kann ich von diesem Menschen lernen?"

Denn ganz egal, wie viel Talent diese Person hat, die Mathematik springt nicht unaufgefordert in ihr Gehirn. Ihr Talent muss sich in echten Gedanken und Handlungen zeigen, und wenn Sie herausfinden, wie diese aussehen, können Sie in diesem Fach vielleicht selbst besser werden. Wenn Sie Glück haben, kann Ihnen Ihr Freund sogar unmittelbar sagen, was er macht, um so schnell solch ein gutes Verständnis zu erwerben. Vielleicht stellt er sich einen Begriff immer so vor, dass er an ein bestimmtes Bild denkt, wodurch er sich besser daran erinnern oder Beziehungen besser vorstellen kann. Vielleicht beginnt er sein Lernen immer damit, vorauszulesen, um herauszufinden, welches die wichtigsten Sätze in einer Vorlesung sind, um dann beim Durcharbeiten den Stoff damit in Verbindung bringen zu können. Es gibt vieles, was Sie tun könnten und worauf Sie nicht gekommen wären, aber vielleicht genauso gut funktionieren wird wie bei Ihrem Freund, wenn Sie es erst einmal praktiziert haben. Oder Sie haben weniger Glück und Ihr Freund wird Ihnen nicht sagen können, was er tut, weil ihm alles so selbstverständlich vorkommt, dass er sich nie Gedanken darüber gemacht hat. Doch auch dann können Sie sich vielleicht einige nützliche Arten des Denkens abschauen, wenn Sie ihn in Gespräche über verschiedenartige Probleme verwickeln.

Natürlich sollten Sie wie immer, wenn Sie mit anderen zusammenarbeiten, umsichtig vorgehen. Das Verhalten einer Person nachzuahmen, ersetzt nicht das eigene Nachdenken – Sie müssen mehr tun, als nur gedankenlos zu kopieren. Aber wie in Kap. 10 schon beschrieben, existieren Menschen nicht in Isolation, und vieles von dem, was Sie im Leben lernen, werden Sie von anderen Menschen lernen. Wenn Sie bereit sind, Ihr Wissen und Ihr Verständnis zu teilen, und das auf eine freundliche und angemessene Art, die jeden teilhaben lässt, werden Sie feststellen, dass andere Ihnen das dankbar zurückgeben.

Fazit

- Viele stellen fest, dass sich ihr intellektueller Status ändert, wenn sie an die Universität kommen. Manche durchleben deswegen eine Krise in ihrem Selbstvertrauen.
- Die Mathematik im Studium ist schwieriger als die in der Schule und wird schneller vermittelt. Dies ist für jeden eine Herausforderung und bedeutet nicht, dass Sie nicht mehr gut genug sind.
- Vielleicht können Sie leichter mithalten, wenn Sie Ihre Aufmerksamkeit auf die wichtigsten Ideen einer Vorlesung konzentrieren oder auf diejenigen, die in späteren Vorlesungen wahrscheinlich wieder vorkommen werden.
- Gut in Mathematik zu sein, ist nicht unbedingt das Gleiche, wie schnell darin zu sein. Es ist empfehlenswert, sich Zeit zu nehmen, um alles sorgfältig zu verstehen.
- Es ist normal, wenn man vor einer Prüfung nicht alles vollständig verstanden hat. Daher sollten Sie darüber nachdenken, wie Sie Ihre Anstrengungen verteilen, um gut abzuschneiden.
- Sie werden wahrscheinlich Geschichten von genialen Studenten hören. Und Sie werden sicherlich feststellen, dass andere den Stoff manchmal besser verstehen als Sie. Wenn Sie bereit sind, Ihr Wissen zu teilen, werden Ihnen andere das zurückgeben.

Weiterführende Literatur

Mehr über realistische Erwartungen und die Anpassung an das Leben an der Universität findet man in:

- Moore, S. & Murphy, S.: *How to be a Student: 100 Great Ideas and Practical Habits for Students Everywhere*. Open University Press, Maidenhead (2005)

Mehr darüber, wie Sie über Ihr Wissen nachdenken, und Anleitungen, um effektiver beim Lösen mathematischer Probleme zu werden, finden Sie in:

- Mason, J., Burton, L. & Stacey, K: *Mathematisch denken. Mathematik ist keine Hexerei*. Oldenbourg, München (2012)
- Pólya, G.: *Vom Lösen mathematischer Aufgaben: Einsicht und Entdeckung, Lernen und Lehre*. Birkhäuser, Basel (2013)

14

Was Mathematikdozenten tun

Zusammenfassung

Dieses Kapitel beschreibt, was Mathematiker tun, wenn sie keine Vorlesungen halten. Es soll Ihnen ein Gefühl dafür vermitteln, wie es ist, ein Dozent zu sein, und wie die Ausbildung von Studenten zu den vielen anderen Tätigkeiten passt, die sie an einer Universität übernehmen müssen.

14.1 Wenn Dozenten nicht lehren

Oft haben Studenten keine klare Vorstellung davon, was zum Beruf eines Dozenten gehört. Sie kommen natürlich auch ohne dieses Wissen durch das Studium, doch für mich persönlich ist es immer interessant, mehr darüber zu erfahren, was Menschen tun, mit denen ich jeden Tag in Kontakt bin. Außerdem wissen Sie ja nie, ob Sie nicht auch einmal ein Mathematiker an der Universität werden möchten.

Nach ihren Erfahrungen an der Schule ist es wenig überraschend, dass Studenten nicht wissen, welche Aufgaben Dozenten haben. Wenn ein Lehrer an der Schule gerade nicht Sie unterrichtet, dann in irgendeiner anderen Klasse, oder er bereitet sich darauf vor, korrigiert Arbeiten oder nimmt an einer Fortbildungsmaßnahme teil. Ältere Lehrer übernehmen oft auch Aufgaben in der Verwaltung der Schule: Sie entscheiden, wie die Finanzmittel verwendet werden, arbeiten mit der Schulleitung zusammen, nehmen an Treffen der Kultusbehörden teil usw.

Die berufliche Tätigkeit von Dozenten an der Universität sieht ganz anders aus. Sie verwenden über das Jahr gemittelt etwa 40 % ihrer Zeit für die Lehre und verwandte Aufgaben, verbringen etwa 10 % mit Verwaltungstätigkeit und die restlichen 50 % widmen sie der Forschung.[1]

---

[1] Anm. d. Übers.: Dies gilt ungefähr für einen Hochschulprofessor auch in Deutschland. Bei anderen Dozenten wie Juniorprofessoren, Akademischen Räten oder Lehrkräften mit besonderen Aufgaben können die Zahlen stark abweichen.

© Springer-Verlag Berlin Heidelberg 2017
L. Alcock, *Wie man erfolgreich Mathematik studiert*, DOI 10.1007/978-3-662-50385-0_14

14.2   Lehre

Ein Teil der Lehre, den Dozenten übernehmen, ist für jedermann sichtbar. Ich halte zum Beispiel (ganz offensichtlich) Vorlesungen, leite Übungsgruppen und eine Stunde pro Woche Tutorien für Studienanfänger. Ich verbringe außerdem zwei Stunden pro Woche in unserer Lernwerkstatt. Daneben verfasse ich die Vorlesungsskripten, Übungsblätter und Lösungen, stelle diese auf die virtuelle Lernumgebung, korrigiere die Arbeitsblätter der Studenten in meinem Tutorium, spreche mit den Übungsgruppenleitern und antworte auf studentische E-Mails. Ich erstelle Klausuren und Wiederholungsklausuren und passe diese entsprechend der Rückmeldung eines internen Moderators (eines anderen Dozenten meiner Fakultät) an. Schließlich korrigiere ich auch alle Klausuren zu meinen Vorlesungen. Das dauert ewig und ist immer sehr langweilig – wenn Sie kurz nach der Klausurenzeit einen Dozenten mit vor Langeweile glasigen Augen sehen, wissen Sie jetzt warum.

Andere Aspekte der Lehre sind jedoch weniger sichtbar und betreffen einen kleineren Kreis. Ich habe meist mehrere Studenten, die Bachelor- oder Masterarbeiten schreiben, mit denen ich mich regelmäßig treffe, um ihre Fragen zu beantworten und ihre Entwürfe zu prüfen (vgl. Kap. 10). Ich habe einen Werkstudenten (vgl. wieder Kap. 10) und besuche ihn zweimal im Jahr in seinem Unternehmen, um zwei Berichte zu benoten, die er über seine Arbeit schreibt. Ich halte auch Kontakt zu den Studenten, die ich in ihrem ersten Studienjahr als Tutor betreut habe, und treffe sie auch später noch zwei- oder dreimal jährlich. Ich liebe diesen Aspekt meines Berufs – es ist schön zu beobachten, wie sie erfahrener werden und Entscheidungen darüber zu treffen beginnen, was sie mit ihrem Leben anfangen wollen.

14.3   Verwaltung

„Verwaltung" bezieht sich auf Angelegenheiten, die mit den problemlosen Abläufen in der Fakultät und der Universität zu tun haben. Manches davon wird von hauptberuflichen Verwaltungsangestellten erledigt, die Aufzeichnungen über die Studenten führen, Arbeitsblätter einsammeln und ausgeben, die Noten für Arbeitsblätter und Klausuren festhalten, Tage der offenen Tür veranstalten usw. Manches davon wird aber auch von den Hochschullehrern übernommen. Zum Beispiel beantworten Dozenten Anträge von potenziellen Studenten und entscheiden, wer zum Studium zugelassen wird; sie halten Vorträge am Tag der offenen Tür, verteilen Lehraufträge, wirken als Mentoren für neue Dozenten, laden auswärtige Forscher zu Fakultätskolloquien ein, bringen Informationen über die verschiedenen Möglichkeiten, einen Abschluss zu machen, auf den neuesten Stand, betreiben die Internetseiten der Fakultät, führen Promotionsprüfungen durch und nehmen an Sitzungen der Fakultät oder der Universität teil, bei denen es um Finanzverwaltung oder Strategien zur Weiterentwicklung geht.

Fast alle Dozenten sind irgendwie an derartigen Aktivitäten beteiligt. Die jüngeren haben eine eher kleinere Rolle, die nicht so viel von ihrer Zeit beansprucht. Ältere spielen eine größere Rolle und tragen oft viel Verantwortung. Einer von ihnen wird zum Dekan ernannt – eine wichtige Funktion, zu der die Leitung der Fakultät und ihre Vertretung in höheren Gremien gehören. Manche, die eine derartig wichtige Aufgabe haben, müssen keinerlei Lehre mehr übernehmen. Seien Sie also nicht überrascht, wenn Ihr Dekan keine Vorlesungen hält.

14.4 Forschung

Viele Dozenten widmen einen großen Teil ihrer Zeit der Forschung, was im Falle von Mathematikern heißt, neue Mathematik zu entwickeln. Das finden Studienanfänger oft überraschend, denn wenn sie überhaupt darüber nachgedacht haben, neigen sie eher dazu, die Mathematik als etwas „Fertiges" anzusehen. Aber wie ich schon im Kap. 4 dargestellt habe: Die quadratische Formel ist erst 400 Jahre alt; vieles, was Sie als Student lernen, wurde vor 200 Jahren entwickelt, und abhängig von den Mitarbeitern Ihrer Fakultät werden Sie vermutlich in Fortgeschrittenen-Vorlesungen Mathematik lernen, die erst etwa 20 Jahre alt ist. Tausende von in der Forschung aktiven Mathematikern entwickeln ständig neue Mathematik.

Das Ziel mathematischer Forschung hängt vom Spezialgebiet und dem Forschungsinteressen des Einzelnen ab. Reine Mathematiker arbeiten mit abstrakten Strukturen und beweisen allgemeine Ergebnisse über Beziehungen zwischen diesen Strukturen. Sie können vielleicht ein Gefühl dafür bekommen, was das heißt, wenn Sie sich die Diskussion in Kap. 2 in Erinnerung rufen, bei der es darum ging, über abstrakte Objekte und ihre Eigenschaften nachzudenken. Reine Mathematiker arbeiten an diesen Strukturen normalerweise um ihrer selbst willen, doch die Ergebnisse sind dann trotzdem oft in Anwendungen der realen Welt nützlich. Angewandte Mathematiker beschäftigen sich dagegen mit Mathematik, zu der es offensichtliche Anwendungen gibt. Sie entwickeln und überprüfen etwa immer bessere Modelle für echte Phänomene wie die Gehirnaktivität oder die Verbreitung von Krankheiten in der Bevölkerung. Es gibt aber auch Mittelwege, und die Zusammenarbeit mit anderen Forschern aus verschiedenen Spezialgebieten oder Disziplinen ist weit verbreitet.

An sich umfasst mathematische Forschung ganz verschiedene Arten von Aktivitäten. Manche Mathematiker arbeiten mit Stift und Papier und füllen Seite um Seite mit handgeschriebenen Berechnungen oder Beweisansätzen. Andere nutzen die hohen Kapazitäten der Rechenleistung von Computern, um schwierige Berechnungen durchzuführen oder Simulationen[2] laufen zu lassen. Alle verbringen viel Zeit mit Lesen, um bei den Veröffentlichungen über Fortschritte, die andere auf ihrem Feld erzielt haben, auf dem Laufenden zu bleiben. Vielleicht hat ja jemand einen nützlichen neuen Satz bewiesen oder einen neuen, eleganteren Beweis für einen bekannten Satz gefunden oder gezeigt, dass ein Satz auf eine interessante Weise verallgemeinert werden kann. Tatsächlich kann es aber auch sein, dass manche Mathematiker weniger am Satz selbst interessiert sind, sondern an dessen Beweis; vielleicht lesen sie ihn, um die Ideen für ihre eigenen laufenden Forschungsarbeiten zu übernehmen. Außerdem versuchen Mathematiker natürlich auch, ihre eigene Arbeit in derartigen Forschungsjournalen zu veröffentlichen. Dazu müssen sie ein sogenanntes Paper über die Arbeit einreichen, das dann zur Prüfung an einige andere Mathematiker geschickt wird. Diese können eine Überarbeitung anregen, wenn sie der Ansicht sind, es gebe Fehler oder unpassende Erklärungen. Der oder die Autoren werden dann nach Möglichkeit das Paper verbessern, bevor der Herausgeber der Zeitschrift beschließt, dass es interessant genug für eine Veröffentlichung ist (oder im anderen Fall ablehnt). Mathematiker sind also auch in diesen Prüfungsprozess für Veröffentlichungen eingebunden, und manche geben selbst eine Zeitschrift heraus.

Mathematiker beteiligen sich auch oft an mündlichen Diskussionen. Viele arbeiten mit Doktoranden zusammen, geben ihnen Probleme, an denen sie arbeiten können, weisen darauf hin, was sie lesen sollen, und unterstützen sie auf ihrem Weg vom Studenten zum unabhängigen Forscher. Mathematiker reden auch über ihre Arbeiten miteinander, manchmal formlos – ein Mathematiker könnte zum Beispiel bemerken, dass er ein bestimmtes Konzept für seine eigene Arbeit benötigt, und beschließt deshalb, mit einem Kollegen darüber zu sprechen, der mehr darüber weiß – und manchmal eher formal, indem sie an lokalen, nationalen oder internationalen Seminaren, Workshops und Konferenzen teilnehmen. Diese unterscheiden sich (wie weiter unten erklärt wird) etwas in ihrem Charakter, aber meist halten Wissenschaftler dort Vorträge, während andere zuhören. Das ist ein wenig so wie in einer normalen Klasse, außer dass alle mehr Lehrer als Schüler sind. Die Zuhörer stellen schwierige Fragen, verlangen Erklärungen, wenn sie bei einem bestimmten Beweis nicht sicher sind, diskutieren über die kleineren Details einer Theorie und verfeinern

---

[2] Beachten Sie, dass es in diesem zweiten Fall nicht der Computer ist, der die geistige Arbeit übernimmt – der Mathematiker entscheidet, was sich zu berechnen lohnt, indem er den Computer programmiert, dies zu tun, der die Ergebnisse dann interpretiert und aufzeichnet.

und vertiefen dabei ihr eigenes Verständnis, indem sie herauszufinden versuchen, wie es zu den Behauptungen des Vortragenden und dem der anderen im Saal passt.

Seminare sind meist sehr klein und in der Regel gibt es nur einen Vortragenden. Vermutlich hat auch Ihre Fakultät einen Dozenten, der alle Seminare organisiert und Mathematiker von anderen Universitäten einlädt, damit sie über Themen sprechen, die bestimmte Forschergruppen interessieren. Wenn Sie Ihre Augen offen halten, werden Sie bestimmt eine Liste mit geplanten Seminaren auf dem schwarzen Brett finden. Workshops sind meist etwas größere Veranstaltungen. Manche finden regelmäßig statt und werden von einer bestehenden Forschergruppe durchgeführt, andere nur einmal, wobei sich eine größere Gruppe von Mathematikern mit ähnlichen Interessen trifft, die sich gegenseitig ihre Ergebnisse vorstellen und über deren Wert und Auswirkungen sprechen. Konferenzen fallen am größten aus; an internationalen Konferenzen nehmen oft mehrere tausend Mathematiker teil. Diese haben nicht alle die gleichen Interessen, deshalb finden sich in großen Konferenzen normalerweise Teilveranstaltungen unterschiedlicher Größe. Es kann programmatische Vorträge geben, die von international bekannten Mathematikern gehalten und von hunderten Besuchern gehört werden, und 20 oder mehr kleinere Sitzungen über Spezialthemen, die gleichzeitig stattfinden, sodass man sich entscheiden muss, was man hören möchte. Manche Konferenzen sind eintägige Events, andere dauern mehrere Tage ... und fast alle trinken viel Kaffee im Laufe des Tages und – je nach Neigung – kaum weniger Alkohol am Abend. Wie in allen akademischen Fächern ist der soziale Aspekt derartiger Veranstaltungen sehr wichtig – oft geschieht es gerade bei den formlosen Gesprächen, dass Forscher Ideen ihrer Kollegen aufschnappen und sich eine Zusammenarbeit entwickelt. Wegen dieser Art von Treffen entwickeln die Meisten, die eine Zeit lang auf einem akademischen Gebiet forschen, enge Freundschaften und arbeiten mit Menschen aus dem gesamten Land oder der ganzen Welt zusammen. Manchmal erfordert diese Zusammenarbeit weitere Reisen; es ist nicht ungewöhnlich, dass ein Mathematiker ein Freisemester nimmt und einige Monate lang mit Kollegen an einem anderen Institut zusammenarbeitet.

Sie sehen: An der Universität passiert viel und der Beruf des Dozenten ist interessant und vielfältig. Es ist keine Karriere, die für jeden geeignet wäre. Doch ich kann sie wärmstens empfehlen, wenn Sie sich selbst gut motivieren können und Interesse daran haben, Wissen um seiner selbst willen zu entwickeln. Das Gehalt ist nicht schlecht und die Freiheit, weitgehend arbeiten zu können, wann, wo und auf welchem Gebiet Sie wollen, ist außergewöhnlich.

14.5 Mathematiker werden

Ich sagte zu Anfang dieses Buches, dass ich hoffe, sein Inhalt werde nützlich für jeden sein, der Mathematik studieren möchte oder bereits damit begonnen hat. Ich hoffe, das war der Fall, und hat Ihnen einige Einsichten geliefert, die helfen, sich auf die richtigen Dinge zu konzentrieren und Ihr Studium zu genießen. Schön wäre, wenn es Ihnen auch in Zukunft helfen wird, während Sie im Laufe Ihres Studiums Fortschritte machen. Wenn Sie es immer mal wieder zur Hand nehmen, werden Sie wahrscheinlich feststellen, dass Sie eine differenziertere Sichtweise der Ideen entwickeln, die dieses Buch behandelt.

Ich hoffe, Sie haben Erfolg im Studium und beenden es mit dem Gefühl, die Leistungsfähigkeit und Schönheit der Mathematik nun noch besser würdigen zu können. Insgeheim hoffe ich sogar, dass Ihnen die Denkweise, die Sie entwickelt haben, auf Ihrem gesamten Lebensweg hilfreich sein wird, ob Sie nun die Mathematik im Laufe Ihrer Karriere nutzen werden oder nicht. Manche Leser dieses Buches werden zum Beispiel in allgemeine Berufe für Akademiker gehen, wie Vertriebsbeauftragte, Personalverantwortliche, Unternehmensberater oder internationale Verkaufsleiter. Sie werden vermutlich nie mehr eine Funktion ableiten müssen, jedoch regelmäßig die Fähigkeiten nutzen, die sie entwickelt haben, um logische und vernünftige Argumente zu formulieren, um Argumente anderer infrage zu stellen und ihre Schlüsse sowohl schriftlich als auch mündlich klar darzustellen. Manche werden Berufe anstreben, die offensichtlich mehr mit Mathematik zu tun haben, etwa Buchhalter, Versicherungsmathematiker, Statistiker, Finanzberater oder Lehrer. Dort werden sie wahrscheinlich nicht die gesamte Mathematik verwenden, die sie im Laufe ihres Studiums gelernt haben, aber feststellen, dass manches davon auch in neuen Anwendungen funktioniert und dass ihre Fähigkeit, mathematische Probleme zu lösen, jeden Tag aufs Neue nützlich sein wird.

Aber natürlich hoffe ich durchaus auch, dass einige Leser nun auch Mathematiker werden möchten. Dass ihnen eine bestimmte Vorlesung besonders gefällt und sie sich auf diesem Gebiet spezialisieren, eine Abschlussarbeit schreiben, um die Erfahrung des unabhängigen und originellen Arbeitens zu machen, anschließend bei einem begeisternden Doktorvater zu promovieren und dann weiter erfolgreich mathematische Forschung zu betreiben. Über diesen nächsten Schritt können andere mehr sagen als ich, deshalb ist im Abschnitt über weiterführende Literatur einiges aufgelistet, was für Sie interessant sein könnte.

Wie auch immer sich Ihre individuelle Situation gerade darstellt: Ich freue mich, dass Sie Mathematik studieren wollen, denn es ist ein großartiges Fach und ich wünsche Ihnen alles Gute dabei.

Fazit

• Mathematikdozenten beschäftigen sich in der Regel mit Lehre, Verwaltung und Forschung. Manches davon wird ein Student bemerken, anderes läuft mehr im Hintergrund ab.
• Mathematiker, die aktiv forschen, arbeiten normalerweise mit Doktoranden zusammen, veröffentlichen in Forschungsjournalen und nehmen an lokalen, nationalen und internationalen Seminaren, Workshops und Konferenzen teil.

Weiterführende Literatur

Eine Liste mathematischer Zeitschriften finden Sie unter folgendem Link (bei manchen können Sie, je nach Zugangsberechtigung Ihrer Universität, auch die Inhalte erforschen):

• http://www.jstor.org/

Weitere Informationen über Berufsmöglichkeiten für Mathematikstudenten finden Sie (in Englisch) unter:

• http://www.mathscareers.org.uk/
• http://www.prospects.ac.uk/optionsmathematicsyourskills.htm

Mehr Informationen darüber, wie man ein Mathematiker wird, sind nachzulesen in:

• Stewart, I.: *Warum (gerade) Mathematik? Eine Antwort in Briefen.* Springer Spektrum, Heidelberg (2008)
• Webseite von Terence Tao: http://terrytao.wordpress.com/career-advice/

Literatur

Aberdein, A. (2005). The uses of argument in mathematics. *Argumentation, 19,* 287–301.

Ainsworth, S. (2008).The educational value of multiple-representations when learning complex scientific concepts. In J. K. Gilbert, M. Reiner, & M. Nakhleh (Eds.), *Visualization:Theory and Practice in Science Education,* 191–208. New York: Springer.

Alcock, L. (2010).Mathematicians' perspectives on the teaching and learning of proof. In F. Hitt, D. Holton, & P. W. Thompson (Eds.), *Research in Collegiate Mathematics Education VII,* 63–92. Washington DC: MAA.

Alcock, L. & Inglis, M. (2008).Doctoral students' use of examples in evaluating and proving conjectures. *Educational Studies in Mathematics, 69,* 111–129.

Alcock, L. & Inglis, M. (2010). Representation systems and undergraduate proof production: A comment on Weber. *Journal of Mathematical Behavior, 28,* 209–211.

Alcock, L. & Simpson, A. (2001).The Warwick analysis project: Practice and theory. In D. Holton (Ed.), *The Teaching and Learning of Mathematics at the Undergraduate Level,* 99–112. Dordrecht: Kluwer.

Alcock, L. & Simpson, A. (2002). Definitions: dealing with categories mathematically. *For the Learning of Mathematics, 22*(2), 28–34.

Alcock, L. & Simpson, A. (2004). Convergence of sequences and series: Interactions between visual reasoning and the learner's beliefs about their own role. *Educational Studies in Mathematics, 57,* 1–32.

Alcock, L. & Simpson, A. (2005). Convergence of sequences and series 2: Interactions between nonvisual reasoning and the learner's beliefs about their own role. *Educational Studies in Mathematics, 58,* 77–100.

Alcock, L. & Simpson, A. (2009). The role of definitions in example classification. In M. Tzekaki, M. Kaldrimidou, & H. Sakonidis (Eds.), *Proceedings of the 33rd International Conference on the Psychology of Mathematics Education,* Vol. 2, 33–40. Thessaloniki, Greece: IGPME.

Alcock, L. & Simpson, A. (2011). Classification and concept consistency. *Canadian Journal of Science, Mathematics and Technology Education, 11,* 91–106.

Alcock, L. & Weber, K. (2010). Referential and syntactic approaches to proving: Case studies froma transition-to-proof course. In F. Hitt, D. Holton, & P. W. Thompson

© Springer-Verlag Berlin Heidelberg 2017
L. Alcock, *Wie man erfolgreich Mathematik studiert,* DOI 10.1007/978-3-662-50385-0

(Eds.), *Research in Collegiate Mathematics Education VII*, 93–114. Washington, DC: MAA.

Alibert, D. & Thomas, M. (1991). Research on mathematical proof. In D. O. Tall (Ed.), *Advanced Mathematical Thinking*, 215–230. Dordrecht: Kluwer.

Allenby, R. B. J. T. (1997). *Numbers & Proofs*. Oxford: Butterworth Heinemann.

Almeida, D. (1995). Mathematics undergraduates' perceptions of proof. *Teaching Mathematics and its Applications, 14*, 171–177.

Antonini, S. (2011). Generating examples: Focus on processes. *ZDM: The International Journal on Mathematics Education, 43*, 205–217.

Arcavi, A. (2003). The role of visual representations in the learning of mathematics. *Educational Studies in Mathematics, 52*, 215–241.

Asiala, M., Brown, A., DeVries, D., Dubinsky, E., Matthews, D., & Thomas, K. (1996). A framework for research and curriculum development in undergraduate mathematics education. In *Research in Collegiate Mathematics Education II*, 1–32. Washington, DC: American Mathematical Society.

Asiala, M., Dubinsky, E., Matthews, D. W., Morics, S., & Oktac, A. (1997). Development of students' understanding of cosets, normality, and quotient groups. *Journal of Mathematical Behavior, 16*, 241–309.

Bardelle, C. & Ferrari, P. L. (2011). Definitions and examples in elementary calculus: the case of monotonicity of functions. *ZDM: The International Journal on Mathematics Education, 43*, 233–246.

Bell, A. W. (1976). A study of pupils' proof conceptions in mathematical situations. *Educational Studies in Mathematics, 7*, 23–40.

Bergqvist, E. (2007). Types of reasoning required in university exams in mathematics. *Journal of Mathematical Behavior, 26*, 348–370.

Biggs, J. & Tang, C. (2007). *Teaching for Quality Learning at University*. Maidenhead: Open University Press.

Biza, I. & Zachariades, T. (2010). First year mathematics undergraduates' settled images of tangent line. *Journal of Mathematical Behavior, 29*, 218–229.

Brown, J. R. (1999). *Philosophy of Mathematics: An Introduction to the World of Proofs and Pictures*. New York: Routledge.

Buchbinder, O. & Zaslavsky, O. (2011). Is this a coincidence? The role of examples in fostering a need for proof. *ZDM: The International Journal on Mathematics Education, 43*, 269–281.

Burn, R. P. (1992). *Numbers and Functions: Steps into Analysis*. Cambridge: Cambridge University Press.

Burn, R. P. & Wood, N. G. (1995). Teaching and learning mathematics in higher education. *Teaching Mathematics and its Applications, 14*, 28–33.

Burton, L. (2004). *Mathematicians as Enquirers: Learning about Learning Mathematics*. Dordrecht: Kluwer.

Chater, N., Heit, E., & Oaksford, M. (2005). Reasoning. In K. Lamberts & R. Goldstone (Eds.), *Handbook of Cognition*, 297–320. London: Sage.

Chi, M. T. H., Bassok, M., Lewis, M. W., Reimann, P., & Glaser, R. (1989). Self-explanations: How students study and use examples in learning to solve problems. *Cognitive Science*, *13*, 145–182.

Chi, M. T. H., Leeuw, N. D., Chiu, M.-H., & LaVancher, C. (1994). Eliciting self-explanations improves understanding. *Cognitive Science*, *18*, 439–477.

Coe, R. & Ruthven, K. (1994). Proof practices and constructs of advanced mathematical students. *British Educational Research Journal*, *20*, 41–53.

Conradie, J. & Frith, J. (2000). Comprehension tests in mathematics. *Educational Studies in Mathematics*, *42*, 225–235.

Copes, L. (1982). The Perry development scheme: A metaphor for learning and teaching mathematics. *For the Learning of Mathematics*, *3*(1), 38–44.

Cornu, B. (1991). Limits. In D. O. Tall (Ed.), *Advanced Mathematical Thinking*, 153–166. Dordrecht: Kluwer.

Crawford, K., Gordon, S., Nicholas, J., & Prosser, M. (1994). Conceptions of mathematics and how it is learned: The perspectives of students entering university. *Learning and Instruction*, *4*, 331–345.

Crawford, K., Gordon, S., Nicholas, J., & Prosser, M. (1998a). Qualitatively different experiences of learning mathematics at university. *Learning and Instruction*, *8*, 455–468.

Crawford, K., Gordon, S., Nicholas, J., & Prosser, M. (1998b). University mathematics students' conceptions of mathematics. *Studies in Higher Education*, *23*, 87–94.

Credé, M., Roch, S. G., & Kieszczynka, U. M. (2010). Class attendance in college: A meta-analytic review of the relationship of class attendance with grades and student characteristics. *Review of Educational Research*, *80*, 272–295.

Dahlberg, R. P. & Housman, D. L. (1997). Facilitating learning events through example generation. *Educational Studies in Mathematics*, *33*, 283–299.

Davis, P. & Hersh, R. (1983). *The Mathematical Experience*. Harmondsworth: Penguin.

de Jong, T. (2010). Cognitive load theory, educational research, and instructional design: Some food for thought. *Instructional Science*, *38*, 105–134.

de Villiers, M. (1990). The role and function of proof in mathematics. *Pythagoras*, *24*, 17–24.

Deloustal-Jorrand, V. (2002). Implication and mathematical reasoning. In A. D. Cockburn & E. Nardi (Eds.), *Proceedings of the 26th International Conference on the Psychology of Mathematics Education*, Vol. 2, 281–288. Norwich, UK: IGPME.

Dreyfus, T. (1994). Imagery and reasoning in mathematics and mathematics education. In D. F. Robitalle, D. H. Wheeler, & C. Kieran (Eds.), *Selected Lectures from the*

7th International Congress on Mathematical Education, 107–122. Quebec, Canada: Les Presses de l'Université Laval.

Dubinsky, E., Dautermann, J., Leron, U., & Zazkis, R. (1994). On learning fundamental concepts of group theory. *Educational Studies in Mathematics, 27*, 267–305.

Dubinsky, E., Elterman, F., & Gong, C. (1988). The student's construction of quantification. *For the Learning of Mathematics, 8*(2), 44–51.

Dubinsky, E. & Yiparaki, O. (2001). On student understanding of AE and EA quantification. In E. Dubinsky, A. Schoenfeld, & J. Kaput (Eds.), *Research in Collegiate Mathematics Education IV*. Providence, RI: American Mathematical Society.

Edwards, A. & Alcock, L. (2010). How do undergraduate students navigate their example spaces? In *Proceedings of the 32nd Conference on Research in Undergraduate Mathematics Education*. Raleigh, NC, USA.

Epp, S. (2003). The role of logic in teaching proof. *American Mathematical Monthly, 110*, 886–899.

Epp, S. S. (2004). *Discrete Mathematics with Applications*. Belmont, CA: Thompson-Brooks/Cole.

Even, R. (1993). Subject-matter knowledge and pedagogical content knowledge: Prospective secondary teachers and the function concept. *Journal for Research in Mathematics Education, 24*, 94–116.

Fischbein, E. (1982). Intuition and proof. *For the Learning of Mathematics, 3*(2), 9–18.

Giaquinto, M. (2007). *Visual Thinking in Mathematics*. Oxford: Oxford University Press.

Gowers, T. (2002). *Mathematics: A Very Short Introduction*. Oxford: Oxford University Press.

Gray, E. & Tall, D. (1994). Duality, ambiguity and flexibility: A proceptual view of simple arithmetic. *Journal for Research in Maths Education, 25*, 115–141.

Gueudet, G. (2008). Investigating the secondary–tertiary transition. *Educational Studies in Mathematics, 67*, 237–254.

Hadamard, J. (1945). *The Psychology of Invention in the Mathematical Field* (1954 edition). New York: Dover Publications.

Hanna, G. (1991). Mathematical proof. In D. O. Tall (Ed.), *Advanced Mathematical Thinking*, 54–61. Dordrecht: Kluwer.

Harel, G. & Sowder, L. (1998). Students' proof schemes: Results from exploratory studies. In A. H. Schoenfeld, J. Kaput, & E. Dubinsky (Eds.), *Research in Collegiate Mathematics III*, 234–282. Providence, RI: American Mathematical Society.

Hazzan, O. & Leron, U. (1996). Students' use and misuse of mathematical theorems: The case of Lagrange's theorem. *For the Learning of Mathematics, 16*(1), 23–26.

Healy, L. & Hoyles, C. (2000). A study of proof conceptions in algebra. *Journal for Research in Mathematics Education, 31*(4), 396–428.

Hegarty, M.&Kozhevnikov, M. (1999). Types of visual-spatial representations and mathematical problem solving. *Journal of Educational Psychology, 91*, 684–689.

Heinze, A. (2010).Mathematicians' individual criteria for accepting theorems and proofs: An empirical approach. In G. Hanna, H. N. Jahnke, & H. Pulte (Eds.), *Explanation and Proof in Mathematics*, 101–111. New York: Springer.

Hemmi, K. (2010). Three styles characterising mathematicians' pedagogical perspectives on proof. *Educational Studies in Mathematics, 75*, 271–291.

Hernandez-Martinez, P., Black, L., Williams, J., Davis, P., Pampaka, M., & Wake, G. (2008). Mathematics students' aspirations for higher education: Class, ethnicity, gender and interpretative repertoire styles. *Research Papers in Education, 23*, 153–165.

Hersh, R. (1993). Proving is convincing and explaining. *Educational Studies in Mathematics, 24*(4), 389–399.

Higham, N. J. (1998). *Handbook of Writing for the Mathematical Sciences*. Philadelphia, PA: Society for Industrial and Applied Mathematics.

Hoch, M. & Dreyfus, T. (2006). Structure sense versusmanipulation skills: An unexpected result. In J. Novotná, H. Moraová, M. Krátká, & N. Stehlíková (Eds.), *Proceedings of the 30th Conference of the International Group for the Psychology of Mathematics Education*, Vol. 3, 305–312. Prague, Czech Republic: PME.

Housman, D. & Porter, M. (2003). Proof schemes and learning strategies of above-average mathematics students. *Educational Studies in Mathematics, 53*, 139–158.

Houston, K. (2009). *How to Think Like a Mathematician*. Cambridge: Cambridge University Press.

Hoyles, C. & Küchemann, D. (2002). Students' understanding of logical implication. *Educational Studies in Mathematics, 51*, 193–223.

Iannone, P., Inglis, M., Mejía-Ramos, J., Simpson, A., & Weber, K. (2011). Does generating examples aid proof production? *Educational Studies in Mathematics, 77*, 1–14.

Inglis, M. (2003). *Mathematicians and the Selection Task*. Unpublished master's thesis, University of Warwick, Warwick, UK.

Inglis, M. & Alcock, L. (2012). Expert and novice approaches to reading mathematical proofs. *Journal for Research in Mathematics Education, 43*, 358–390.

Inglis, M. & Mejia-Ramos, J. P. (2008). How persuaded are you? A typology of responses. *Research in Mathematics Education, 10*, 119–133.

Inglis, M. & Mejia-Ramos, J. P. (2009a). The effect of authority on the persuasiveness of mathematical arguments. *Cognition and Instruction, 27*, 25–50.

Inglis, M. & Mejia-Ramos, J. P. (2009b). On the persuasiveness of visual arguments in mathematics. *Foundations of Science, 14*, 97–110.

Inglis, M., Mejia-Ramos, J. P., & Simpson, A. (2007). Modelling mathematical argumentation: The importance of qualification. *Educational Studies in Mathematics*, *66*, 3–21.

Inglis, M., Palipana, A., Trenholm, S., & Ward, J. (2011). Individual differences in students' use of optional learning resources. *Journal of Computer Assisted Learning*, *27*, 490–502.

Inglis, M. & Simpson, A. (2008). Conditional inference and advanced mathematical study. *Educational Studies in Mathematics*, *67*, 187–204.

Inglis, M. & Simpson, A. (2009). Conditional inference and advanced mathematical study: Further evidence. *Educational Studies in Mathematics*, *72*, 185–198.

Jaworski, B. (2002). Sensitivity and challenge in university mathematics tutorial teaching. *Educational Studies in Mathematics*, *51*, 71–94.

Johnson-Laird, P. N. & Byrne, R. M. J. (1991). *Deduction*. Hove, UK: Erlbaum.

Kahn, P. E. & Hoyles, C. (1997). The changing undergraduate experience: A case study of single honours mathematics in England and Wales. *Studies in Higher Education*, *22*, 349–362.

Kalyuga, S., Ayres, P., Chandler, P., & Sweller, J. (2003). The expertise reversal effect. *Educational Psychologist*, *38*, 23–31.

Kember, D. (2004). Interpreting student workload and the factors which shape students' perceptions of their workload. *Studies in Higher Education*, *29*, 165–184.

Kember, D. & Kwan, K.-P. (2000). Lecturers' approaches to teaching and their relationship to conceptions of good teaching. *Instructional Science*, *28*, 469–490.

Kember, D. & Leung, D. Y. P. (2006). Characterising a teaching and learning environment conducive to making demands on students while not making their workload excessive. *Studies in Higher Education*, *29*, 165–184.

Kirshner, D. & Awtry, T. (2004). Visual salience of algebraic transformations. *Journal for Research in Mathematics Education*, *35*, 224–257.

Knuth, E. (2002). Secondary school mathematics teachers' conceptions of proof. *Journal for Research in Mathematics Education*, *33*, 379–405.

Ko, Y.-Y. & Knuth, E. (2009). Undergraduate mathematics majors' writing performance producing proofs and counterexamples about continuous functions. *Journal of Mathematical Behavior*, *28*, 68–77.

Kruschke, J. K. (2005). Category learning. In K. Lamberts & R. Goldstone (Eds.), *The Handbook of Cognition*, 183–210. London: Sage.

Krutetskii, V. A. (1976). *The Psychology of Mathematical Abilities in Schoolchildren*. Chicago: University of Chicago Press.

Kümmerer, B. (2016). *Wie man mathematisch schreibt*. Heidelberg: Springer.

Lakatos, I. (1976). *Proofs and Refutations*. Cambridge: Cambridge University Press.

Lampert, M. (1990). When the problem is not the question and the solution is not the answer: Mathematical knowing and teaching. *American Educational Research Journal, 27*, 29–63.

Larsen, S. (2009). Reinventing the concepts of group and isomorphism: The case of Jessica and Sandra. *Journal ofMathematical Behavior, 28*, 119–137.

Larsen, S. & Zandieh, M. (2008). Proofs and refutations in the undergraduate mathematics classroom. *Educational Studies in Mathematics, 67*, 205–216.

Laurillard, D. (2009). The pedagogical challenges to collaborative technologies. *Computer-Supported Collaborative Learning, 4*, 5–20.

Lawless, C. (2000). Using learning activities in mathematics: Workload and study time. *Studies in Higher Education, 25*, 97–111.

Leikin, R. & Wicki-Landman, G. (2000). On equivalent and non-equivalent definitions: Part 2. *For the Learning of Mathematics, 20*(2), 24–29.

Leinhardt, G., Zaslavsky, O., & Stein, M. K. (1990). Functions, graphs, and graphing: Task, learning, and teaching. *Review of Educational Research, 60*, 1–64.

Leron, U. (1985). A direct approach to indirect proofs. *Educational Studies in Mathematics, 16*, 321–325.

Leron, U., Hazzan, O., & Zazkis, R. (1995). Learning group isomorphism: A crossroads of many concepts. *Educational Studies in Mathematics, 29*, 153–174.

Liebeck, M. (2011). *A Concise Introduction to Pure Mathematics (3rd Edition)*. Boca Raton, FL: CRC Press.

Lin, F.-L. & Yang, K.-L. (2007). The reading comprehension of geometric proofs: The contribution of knowledge and reasoning. *International Journal of Science and Mathematics Education, 5*, 729–754.

Lindlbom-Ylänne, S., Trigwell, K., Nevgi, A., & Ashwin, P. (2006). How approaches to teaching are affected by discipline and teaching context. *Studies in Higher Education, 31*, 285–298.

Lithner, J. (2008). A research framework for creative and imitative reasoning. *Educational Studies in Mathematics, 67*, 255–276.

Lizzio, A.,Wilson, K., & Simons, R. (2002). University students' perceptions of the learning environment and academic outcomes: Implications for theory and practice. *Studies in Higher Education, 27*, 27–52.

London Mathematical Society (1995). *Tackling the Mathematics Problem*. London: LMS.

Mann, S. & Robinson, A. (2009). Boredom in the lecture theatre: an investigation into the contributors, moderators and outcomes of boredom among university students. *British Educational Research Journal, 35*, 243–258.

Mariotti, M. A. (2006). Proof and proving in mathematics education. In A. Gutiérrez & P. Boero (Eds.), *Handbook of Research on the Psychology of Mathematics Education: Past, Present and Future*, 173–204. Rotterdam: Sense.

Marton, F. & Säljö, R. (1976). On qualitative differences in learning 1. *British Journal of Educational Psychology, 46*, 4–11.

Mason, J. (2002). *Mathematics Teaching Practice: A Guide for University and College Lecturers*. Chichester: Horwood Publishing.

Mason, J., Burton, L., & Stacey, K. (2010). *Thinking Mathematically (2nd Edition)*. Harlow: Pearson Education.

Mason, J. & Pimm, D. (1984). Generic examples: Seeing the general in the particular. *Educational Studies in Mathematics, 15*, 277–289.

McNamara, D. S., Kintsch, E., Songer, N. B., & Kintsch, W. (1996). Are good texts always better? Interactions of text coherence, background knowledge, and levels of understanding in learning from text. *Cognition and Instruction, 14*, 1–43.

Michener, E. R. (1978).Understanding understanding mathematics. *Cognitive Science, 2*, 361–383.

Monaghan, J. (1991). Problems with the language of limits. *For the Learning of Mathematics, 11*, 20–24.

Moore, R. (1994). Making the transition to formal proof. *Educational Studies in Mathematics, 27*, 249–266.

Moore, S. & Murphy, S. (2005). *How to be a Student: 100 Great Ideas and Practical Habits for Students Everywhere*. Maidenhead: Open University Press.

Movshovitz-Hadar, N. & Hazzan, O. (2004).How to present it? On the rhetoric of an outstanding lecturer. *International Journal of Mathematical Education in Science and Technology, 35*, 813–827.

Muis, K. R. (2004). Personal epistemology and mathematics: A critical review and synthesis of research. *Review of Educational Research, 74*, 317–377.

Nardi, E. (2008). *Amongst Mathematicians: Teaching and Learning Mathematics at University Level*. NewYork: Springer.

Nelsen, R. B. (1993). *Proofs Without Words: Exercises in Visual Thinking*. Washington, DC: Mathematical Association of America.

Oaksford, M. & Chater, N. (1996). Rational explanation of the selection task. *Psychological Review, 103*, 381–391.

O'Connell, F. (2009). *Work Less, Achieve More: Great Ideas to Get Your Life Back*. London: Headline Publishing Group.

Österholm, M. (2005). Characterizing reading comprehension of mathematical texts. *Educational Studies in Mathematics, 63*, 325–346.

Peled, I. & Zaslavsky, O. (1997). Counter-examples that (only) prove and counter-examples that (also) explain. *Focus on Learning Problems in Mathematics, 19*, 49–61.

Perry, W. G. (1970). *Forms of Intellectual and Ethical Development in the College Years: A Scheme*. New York: Holt, Rinehart andWinston.

Perry, W. G. (1988). Different worlds in the same classroom. In P. Ramsden (Ed.), *Improving Learning: New Perspectives*, 145–161. London: Kogan Page.

Pinto, M. & Tall, D.O. (2002). Building formal mathematics on visual imagery: A case study and a theory. *For the Learning of Mathematics, 22*, 2–10.

Poincaré, H. (1905). *Science and Hypothesis*. London: Walter Scott Publishing.

Pólya, G. (1957). *How to Solve It: A New Aspect of Mathematical Method (2nd Edition)*. Princeton, NJ: Princeton University Press.

Presmeg, N. (2006). Research on visualization in learning and teaching mathematics. In A. Gutiérrez & P. Boero (Eds.), *Handbook of Research on the Psychology of Mathematics Education: Past, Present and Future*, 205–235. Rotterdam: Sense.

Raman, M. (2003). Key ideas: What are they and how can they help us understand how people view proof? *Educational Studies in Mathematics, 52*, 319–325.

Raman, M. (2004). Epistemological messages conveyed by three high-school and college mathematics textbooks. *Journal of Mathematical Behavior, 23*, 389–404.

Ramsden, P. (2003). *Learning to Teach in Higher Education*. Abingdon: RoutledgeFalmer.

Rav, Y. (1999).Why do we prove theorems? *PhilosophiaMathematica, 7*, 5–41.

Recio, A. & Godino, J. (2001). Institutional and personal meanings of mathematical proof. *Educational Studies in Mathematics, 48*, 83–99.

Reid, D. A. & Knipping, C. (2010). *Proof inMathematics Education: Research, Learning and Teaching*. Rotterdam: Sense Publishers.

Rips, L. (1994). *The Psychology of Proof: Deductive Reasoning in Human Thinking*. Cambridge, MA: MIT Press.

Rowland, T. (2002). Generic proofs in number theory. In S. R. Campbell & R. Zazkis (Eds.), *Learning and Teaching Number Theory: Research in Cognition and Instruction*, 157–184. Westport, CT: Ablex Publishing Corp.

Ryan, J. & Williams, J. (2007). *Children's Mathematics 4–15: Learning from Errors and Misconceptions*. Maidenhead: Open University Press.

Sangwin, C. J. (2003). New opportunities for encouraging higher level mathematical learning by creative use of emerging computer aided assessment. *International Journal of Mathematical Education in Science and Technology, 34*, 813–829.

Schoenfeld, A. H. (1985). Mathematical ProblemSolving. San Diego: Academic Press.

Schoenfeld, A. H. (1992). Learning to think mathematically: Problem solving, metacognition and sense making in mathematics. In D. Grouws (Ed.), *Handbook of Research on Mathematics Teaching and Learning*, 334–370. New York: Macmillan.

Seely, J. (2004). *Oxford A–Z of Grammar & Punctuation*. Oxford: Oxford University Press.

Segal, J. (2000). Learning about mathematical proof: Conviction and validity. *Journal of Mathematical Behavior, 18*(2), 191–210.

Selden, A. & Selden, J. (1999). *The Role of Logic in the Validation of Mathematical Proofs* (Tech. Rep.).Cookeville, TN, USA: Tennessee Technological University.

Selden, A. & Selden, J. (2003). Validations of proofs considered as texts: can undergraduates tell whether an argument proves a theorem? *Journal for Research in Mathematics Education, 34*(1), 4–36.

Selden, J. & Selden, A. (1995). Unpacking the logic of mathematical statements. *Educational Studies in Mathematics, 29,* 123–151.

Sfard, A. (1991). On the dual nature of mathematical conceptions: Reflections on processes and objects as different sides of the same coin. *Educational Studies in Mathematics, 22,* 1–36.

Skemp, R. R. (1976). Relational understanding and instrumental understanding. *Mathematics Teaching, 77,* 20–26.

Smith, G., Wood, L., Coupland, M., Stephenson, B., Crawford, K., & Ball, G. (1996). Constructing mathematical examinations to assess a range of knowledge and skills. *International Journal of Mathematical Education in Science and Technology, 27,* 65–77.

Solomon, Y., Croft, T., & Lawson, D. (2010). Safety in numbers: Mathematics support centres and their derivatives as social learning spaces. *Studies in Higher Education, 35,* 421–431.

Solow, D. (2005). *How to Read and Do Proofs.* Hoboken, NJ: John Wiley.

Speer, N. M., Smith, J. P. III, & Horvath, A. (2010). Collegiate mathematics teaching: An unexamined practice. *Journal of Mathematical Behavior, 29,* 99–114.

Sperber, D. & Wilson, D. (1986). *Relevance: Communication and Cognition.* London: Blackwell.

Stanovich, K. E. (1999). *Who is Rational? Studies of Individual Differences in Reasoning.* Mahwah, NJ: Lawrence Erlbaum.

Stewart, I. (1995). *Concepts of Modern Mathematics.* New York: Dover Publications.

Stewart, I. (2006). *Letters to a Young Mathematician.* New York: Basic Books.

Stewart, I. N. & Tall, D. O. (1977). *The Foundations of Mathematics.* Oxford: Oxford University Press.

Stylianides, A. J. (2007). Proof and proving in school mathematics. *Journal for Research in Mathematics Education, 38,* 289–321.

Stylianides, A. J. & Stylianides, G. J. (2009). Proof constructions and evaluations. *Educational Studies in Mathematics, 72,* 237–253.

Stylianou, D. A. & Silver, E. A. (2004). The role of visual representations in advanced mathematical problem solving: An examination of expert–novice similarities and differences. *Mathematical Thinking and Learning, 6,* 353–387.

Swinyard, C. (2011). Reinventing the formal definition of limit: The case of Amy and Mike. *Journal of Mathematical Behavior, 30,* 93–114.

Tall, D. O. (1989). The nature of mathematical proof. *Mathematics Teaching, 127*, 28–32.

Tall, D. O. (1995). Cognitive development, representations and proof. In *Proceedings of Justifying and Proving in School Mathematics*, 27–38. London: Institute of Education.

Tall, D. O. & Vinner, S. (1981). Concept image and concept definition in mathematicswith particular reference to limits and continuity. *Educational Studies in Mathematics, 12*, 151–169.

Thurston, W. P. (1994). On proof and progress in mathematics. *Bulletin of the American Mathematical Society, 30*, 161–177.

Toulmin, S. (1958). *The Uses of Argument*. Cambridge: Cambridge University Press.

Trask, R. L. (1997). *The Penguin Guide to Punctuation*. London: Penguin.

Trask, R. L. (2002). *Mind the Gaffe: The Penguin Guide to Common Errors in English*. London: Penguin Books.

Trigwell, K. & Prosser, M. (2004). Development and use of the approaches to teaching inventory. *Educational Psychology Review, 16*, 409–424.

Tsamir, P., Tirosh, D., & Levenson, E. (2008). Intuitive nonexamples: The case of triangles. *Educational Studies in Mathematics, 49*, 81–95.

Usiskin, Z., Peressini, A.,Marchisotto, E. A., & Stanley, D. (2003). *Mathematics for High School Teachers: An Advanced Perspective*. Upper Saddle River, NJ: Prentice Hall.

Vamvakoussi, X., Christou, K. P.,Mertens, L., & Van Dooren,W. (2011). What fills the gap between discrete and dense? Greek and Flemish students' understanding of density. *Learning and Instruction, 21*, 676–685.

Van Dooren, W., de Bock, D., Weyers, D., & Verschaffel, L. (2004). The predictive power of intuitive rules: A critical analysis of 'more A–more B' and 'same A–same B'. *Educational Studies in Mathematics, 56*, 179–207.

Van Dormolen, J. & Zaslavsky, O. (2003).The many facets of a definition:The case of periodicity. *Journal of Mathematical Behavior, 22*, 91–106.

Velleman, D. J. (2004). *How to Prove It: A Structured Approach*. Cambridge: Cambridge University Press.

Vermetten, Y. J., Lodewijks, H. G., & Vermunt, J. D. (1999). Consistency and variability of learning strategies in different university courses. *Higher Education, 37*, 1–21.

Vermunt, J. D. & Verloop, N. (1999). Congruence and friction between learning and teaching. *Learning and Instruction, 9*, 257–280.

Vinner, S. (1991).The role of definitions in teaching and learning. In D. O. Tall (Ed.), *Advanced Mathematical Thinking*, 65–81. Dordrecht: Kluwer.

Vinner, S. & Dreyfus, T. (1989). Images and definitions for the concept of function. *Journal for Research in Mathematics Education, 20*, 356–366.

Vivaldi, F. (2011). *Mathematical Writing: An Undergraduate Course*. Online at http://www.maths.qmul.ac.uk/~fv/books/mw/mwbook.pdf.

Weber, K. (2001). Student difficulty in constructing proofs: the need for strategic knowledge. *Educational Studies in Mathematics, 48*, 101–119.

Weber, K. (2004). Traditional instruction in advanced mathematics courses: A case study of one professor's lectures and proofs in an introductory real analysis course. *Journal of Mathematical Behavior, 23*, 1151–33.

Weber, K. (2005). On logical thinking in mathematics classrooms. *For the Learning of Mathematics, 25*(3), 30–31.

Weber, K. (2008). How mathematicians determine if an argument is a valid proof. *Journal for Research in Mathematics Education, 39*, 431–459.

Weber, K. (2009). How syntactic reasoners can develop understanding, evaluate conjectures, and generate examples in advanced mathematics. *Journal of Mathematical Behavior, 28*, 200–208.

Weber, K. (2010a). Mathematics majors' perceptions of conviction, validity and proof. *Mathematical Thinking and Learning, 12*, 306–336.

Weber, K. (2010b). Proofs that develop insight. *For the Learning of Mathematics, 30*, 32–36.

Weber, K. & Alcock, L. (2004). Semantic and syntactic proof productions. *Educational Studies in Mathematics, 56*, 209–234.

Weber, K. & Alcock, L. (2005). Using warranted implications to understand and validate proofs. *For the Learning of Mathematics, 25*(1), 34–38.

Weber, K. & Alcock, L. (2009). Proof in advanced mathematics classes: Semantic and syntactic reasoning in the representation system of proof. In D. A. Stylianou, M. L. Blanton, & E. Knuth (Eds.), *Teaching and Learning Proof Across the Grades: A K-16 Perspective*, 323–338. New York: Routledge.

Weber, K. & Mejia-Ramos, J. P. (2009). An alternative framework to evaluate proof productions: A reply to Alcock and Inglis. *Journal of Mathematical Behavior, 28*, 212–216.

Weber, K. & Mejia-Ramos, J.-P. (2011). Why and how mathematicians read proofs: An exploratory study. *Educational Studies in Mathematics, 76*, 329–344.

Weinberg, A. & Wiesner, E. (2011). Understanding mathematics textbooks through reader-oriented theory. *Educational Studies in Mathematics, 76*, 49–63.

Wicki-Landman, G. & Leikin, R. (2000). On equivalent and non-equivalent definitions: Part 1. *For the Learning of Mathematics, 20*(1), 17–21.

Williams, C. G. (1998). Using concept maps to assess conceptual knowledge of function. *Journal for Research in Mathematics Education, 29*, 414–421.

Yackel, E., Rasmussen, C., & King, K. (2000). Social and sociomathematical norms in an advanced undergraduate mathematics course. *Journal of Mathematical Behavior, 19*, 275–287.

Yang, K.-L. & Lin, F.-L. (2008). A model of reading comprehension of geometry proof. *Educational Studies in Mathematics, 67*, 59–76.

Yusof, Y. B. M. & Tall, D. O. (1999). Changing attitudes to university mathematics through problem solving. *Educational Studies in Mathematics, 37*, 67–82.

Zandieh, M. & Rasmussen, C. (2010). Defining as a mathematical activity: A framework for characterizing progress from informal tomore formal ways of reasoning. *Journal of Mathematical Behavior, 29*, 57–75.

Zaslavsky, O. & Shir, K. (2005). Students' conceptions of a mathematical definition. *Journal for Research in Mathematics Education, 36*, 317–346.

Zazkis, R. & Chernoff, E. J. (2008). What makes a counterexample exemplary? *Educational Studies in Mathematics, 68*, 195–208.

Sachverzeichnis

Printed in the United States
By Bookmasters